耐电晕聚酰亚胺薄膜
——制备、结构与性能

翁　凌　张笑瑞　刘立柱　著

科学出版社

北京

内 容 简 介

聚酰亚胺是一种性能优良的有机聚合物工程材料,具有突出的耐热性、耐化学性、高机械强度,被广泛应用于航空宇航、微电子等领域中。随着机电工业的迅速发展,高频电机与高压电机相继出现,电机所用的绝缘薄膜不仅需要较高的机械强度、模量和热稳定性,还需要有更高的电性能。本书全面介绍了耐电晕聚酰亚胺复合薄膜的研究进展,重点针对纳米 Al_2O_3、纳米 SiO_2 单掺杂及混合掺杂聚酰亚胺单/三层复合薄膜的制备、结构、性能进行了详细介绍。

本书可供从事聚酰亚胺改性和电力材料研发的工程师和设备操作人员学习参考,也可供高等院校、科研院所中高分子工程与技术、材料合成加工、材料学等专业的师生阅读。

图书在版编目（CIP）数据

耐电晕聚酰亚胺薄膜：制备、结构与性能/翁凌,张笑瑞,刘立柱著.—北京：科学出版社,2023.11
ISBN 978-7-03-077051-6

Ⅰ.①耐… Ⅱ.①翁… ②张… ③刘… Ⅲ.①聚酰亚胺－复合薄膜－研究 Ⅳ.①TQ323.7

中国国家版本馆 CIP 数据核字（2023）第 212837 号

责任编辑：张 庆 韩海童 / 责任校对：邹慧卿
责任印制：徐晓晨 / 封面设计：无极书装

科学出版社 出版
北京东黄城根北街 16 号
邮政编码：100717
http://www.sciencep.com
北京中石油彩色印刷有限责任公司 印刷
科学出版社发行 各地新华书店经销

*

2023 年 11 月第 一 版 开本：720×1000 1/16
2024 年 1 月第二次印刷 印张：14 3/4
字数：302 000

定价：**158.00 元**

（如有印装质量问题,我社负责调换）

前　言

随着机电工业的发展，电机设备对材料性能的要求也在不断提高，而我国现有技术尚且无法满足变频电机对高性能绝缘材料的需求，致使我国当前变频电机用高性能绝缘材料（耐电晕聚酰亚胺薄膜等）严重依赖进口。聚酰亚胺材料具有高热膨胀系数、低热导率和耐电晕性等优点，是电机等设备的重要应用材料。研发具有自主知识产权的高性能聚酰亚胺绝缘材料，对于打破国外垄断、降低国内企业生产成本、提升企业竞争力具有重要意义。

为了促进我国高性能耐电晕聚酰亚胺材料的研究和发展，作者基于所在团队在高性能聚酰亚胺材料领域20多年的研究成果撰写了本书。本书基于团队在材料设计方面秉持的"由单一的组分结构设计向多组分多结构协同设计发展"理念，从单一无机氧化物掺杂聚酰亚胺复合薄膜的制备方法入手，逐渐过渡到双组分掺杂的三层复合薄膜的制备和性能研究，通过详细介绍各类型耐电晕聚酰亚胺复合薄膜的制备工艺及其优化条件、微结构特征及宏观耐电晕性能，最终使读者明确复合薄膜的工艺、结构、性能三者的关联性及其调控方法。

在内容编排上，本书力求由简入深，由理论到实践、多方位多层次研究分析不同组分掺杂聚酰亚胺单/三层复合薄膜的制备工艺及性能调控方法，以期为我国高性能耐电晕聚酰亚胺材料的研制及生产提供理论和技术基础。本书主要由翁凌、张笑瑞、刘立柱撰写。其中，第1章由刘立柱负责撰写，第2、3章由张笑瑞负责撰写，第4、5、6章由翁凌负责撰写。对参与本书整理的关丽珠、朱平委表示感谢；对本书所引用的文献作者表示感谢。

由于作者学术水平有限，书中难免存在不足，敬请广大读者批评指正。

翁　凌

2023 年 1 月

目　录

第 1 章　绪　　论

聚酰亚胺（polyimide，PI）是主链上含有亚胺环的一类聚合物。这类聚合物首先由 T. Bager 等于 1908 年公开其合成路线，但直到 20 世纪 60 年代初，随着纯 PI 薄膜（杜邦 Kapton 系列）及清漆（Pyre ML）的商品化，聚酰亚胺才进入了一个大发展的时代。PI 复合薄膜以其优良的电气性能、阻燃性能、耐高温和耐辐射等多种优异性能，作为高性能绝缘材料被广泛应用于电子、电气等领域。随着微电子技术的精细化、电气技术的高压和超高压化，以及变频节能等技术的发展和普及，在不同领域从不同方面对占据绝缘重要地位的 PI 复合薄膜材料提出新的性能要求，促使 PI 复合薄膜向高性能及功能化方向发展[1-4]。

国外研究资料表明，变频电机绝缘系统过早损坏的主要原因是变频电机绝缘材料的耐电晕性能不能满足其运行条件的需要 [5-12]。最近几年国内外开始尝试用无机超细粉体（TiO_2、SiO_2、Al_2O_3、ZnO_2 等）对现有的高耐热绝缘材料进行改性，提高材料的耐电晕性能[13-16]，取得了很好的效果。美国杜邦公司生产的 Kapton CR 系列耐电晕纯 PI 薄膜的耐电晕寿命是普通薄膜的 500 倍[17]。我国在变频电机核心绝缘技术方面的研究起步较晚，变频电机用高性能绝缘材料和耐电晕 PI 复合薄膜等仍依赖进口[18]。因此，研究无机纳米杂化 PI 复合薄膜的制备、表征和性能，开发具有自主知识产权的高性能绝缘材料具有重要意义。

大量实验和应用都已证明，云母的耐电晕性能优异，云母带已成功用作大电机的耐电晕材料，经分析其中含有 TiO_2、SiO_2、Al_2O_3、MgO 等氧化物成分，SiO_2、Al_2O_3 是其主要成分，金云母主要成分的质量分数为 SiO_2 39.66%、Al_2O_3 17.00%，白云母主要成分的质量分数为 SiO_2 45.57%、Al_2O_3 36.72%。我们尝试把 SiO_2 和 Al_2O_3 加入纯 PI 薄膜中，以期提高 PI 复合薄膜的耐电晕性能，扩大其在变频电机等领域的应用。

有机-无机杂化膜，将无机物的刚性、尺寸稳定性、热稳定性和阻燃性与有机聚合物的韧性、加工性及介电性能综合在一起，从而产生许多新的、特殊的性能，在电工、电子等领域展现出广阔的应用前景，成为高分子化学和材料科学等领域的研究热点。

PI 在实际合成中，常采用聚酰胺酸（polyamide acid, PAA）为前驱体，N,N-二甲基乙酰胺（N,N-dimethylacetamide, DMAc）和氮甲基吡啶（N-methylpyridine, NMP）等为非质子溶剂。这类溶剂也是水和甲醇、乙醇等质子溶剂的良好溶剂，常温下能与水以任意比例混溶，因而有机聚合溶液在含有相当量水分的合成过程中也不会沉淀或失去本征特性，这就为溶胶-凝胶法在合成杂化材料时的水解缩合带来许多有利条件；更为重要的是由 PAA 转变为 PI 的亚胺化工艺为分子内缩合脱水过程，这些优良的合成特性为深入研究 PI 类杂化体系奠定了良好的基础，同时其高热稳定性和高玻璃化转变温度有助于稳定以纳米尺寸分散的微粒，不使其聚集，对合成杂化材料也十分有利。目前，人们已将聚酰亚胺与 SiO_2、TiO_2 和蒙脱土（montmorillonite clay，MMT）等单组分无机物制成杂化材料，并且表现出优异的物理化学性能，但是由于工艺、制备等因素的复杂性，将两种组分同时掺入 PI 基体中的深入报道较少。

1.1　聚酰亚胺的发展概况和发展趋势

1.1.1　聚酰亚胺的发展概况

PI 是主链上含有酰亚胺环的一类聚合物，如图 1-1 所示，其中以含有酞酰亚胺结构的聚合物尤为重要[19]。

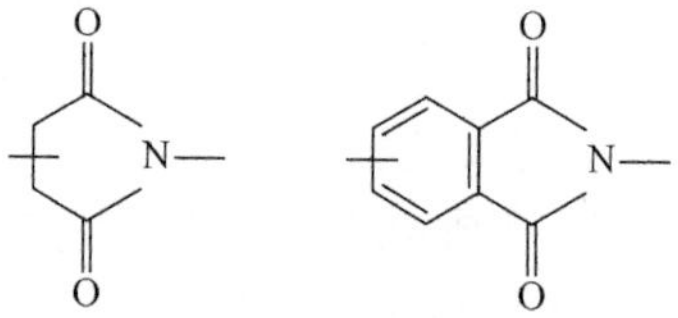

图 1-1　聚酰亚胺结构

这类聚合物虽然早在 1908 年就已有报道，但那时聚合物的木质还木被认识，所以没有受到重视，直到 20 世纪 40 年代中期才有一些专利出现，但真正作为一种高分子材料来发展则开始于 20 世纪 50 年代。当时美国杜邦公司申请了一系列专利，并于 20 世纪 60 年代初，首先将纯 PI 薄膜（杜邦 Kapton 系列）及清漆（Pyre ML）商品化，从此开始了一个 PI 蓬勃发展的时代。

1.1.2　聚酰亚胺的发展趋势

PI 材料发展的总趋势体现在以下几个方面：①通过可溶解可熔融 PI 的开发和研究，改善 PI 的加工性能和扩大其应用范围；②通过纳米技术在 PI 纳米复合材料制备中的应用，产生高性能和新功能的 PI 材料；③通过新的功能性单体，制备出耐高温、力学性能好、绝缘性能优异、对环境敏感的新型 PI 材料，以满足航空航天、微电子、电气、化工、能源技术等高新技术发展的要求。

PI 作为很有发展前途的高分子材料已经得到充分的认识，在绝缘材料和结构材料方面的应用正不断扩大，在功能材料方面崭露头角。但是在发展了 40 年之后仍未成为更大的品种，其主要原因在于：与其他聚合物相比，成本还是太高。因此，今后研究 PI 的主要方向之一仍应是在单体合成及聚合方法上寻找降低成本的途径。

在单体合成方面，由于 PI 的单体是二酐和二胺。二酐是比较特殊的单体，均苯四甲酸二酐和偏苯三酸酐可由石油炼制产品中芳香烃油中提取的均四甲苯和偏三甲苯用气相和液相氧化一步得到。其他重要的二酐已由各种方法合成，但成本十分昂贵。中国科学院长春应用化学研究所研究表明用邻二甲苯氯代、氧化再经异构化分离可以得到高纯度的 4-氯代苯酐和 3-氯代苯酐，以这两种化合物为原料可以合成一系列二酐，其降低成本的潜力很大，是一条有价值的合成路线[20]。

针对聚合工艺，目前所使用的二步法、一步法缩聚工艺都使用高沸点的溶剂，非质子极性溶剂价格较高，还难以除尽，最后需要高温处理。热塑性 PI 还可用二酐和二胺直接在挤出机中造粒，不再需要溶剂，可大大提高效率。用氯代苯酐不经过二酐，直接和二胺、双酚、硫化钠或单质硫聚合得到 PI 则是最经济的合成路线。

在 PI 加工方法方面，也涌现出多种加工方式。例如高均匀度的成膜、纺丝、气相沉淀、亚微米级光刻、深度直墙刻蚀、大面积、大体积成型、离子注入、纳米级杂化技术等[21]。

1.2　有机/无机杂化材料

杂化材料是继单组分材料、复合材料和梯度功能材料之后的第四代材料。杂化材料的出现先于概念的形成。早在 20 世纪 70 年代末，实际上就已出现了聚合物/SiO_2 杂化材料，只是人们还未认识到其特殊的性能与实际应用意义。杂化材料是一种均匀的多相材料，其中至少有一相的尺寸至少有一个维度在纳米数量级，纳米相与其他相间通过化学（共价键、螯合键）与物理（氢键等）作用在纳米水平上复合，即相分离尺寸不得超过纳米数量级。因而，它与具有较大微相尺寸的传统的复合材料在结构和性能上有明显的区别，近些年已成为高分子化学和物理、物理化学和材料科学等多门学科交叉研究的前沿领域，受到各国科学家的重视，我国在"攀登计划"中也设立了纳米材料科学组。纳米粒子一般是指尺寸在 1～100nm 范围内且具有体积效应和表面效应的粒子。体积效应和表面效应是指粒子达到纳米数量级后，其物理化学性能发生显著变化，产生诸如量子尺寸效应，宏观量子隧道效应，表面原子处于高度活化状态，以及热、电、光、磁等新奇特性[22]。

杂化体系非常复杂，目前还无统一的分类方法，在综合大量文献的基础上，其分类如表 1-1 所示。

表 1-1　杂化体系的分类

分类方法	种类
以参加杂化的组分性质分类	有机/无机杂化、有机/生物杂化、无机/生物杂化等
以参加杂化的组分数目分类	单组分（分子内）杂化、n/m 型多组分（分子间）杂化（n、m 指不同组分的数目）
以杂化体系的相分离状态分类	均相杂化、纳米杂化
以杂化的本质分类	反应杂化（强键合）、均匀混合杂化（弱键合）

单组分（分子内）杂化作为两相键合的一种极端情况，采用同时含有机和无机成分的单体进行聚合，得到有机/无机组分组成的共聚物，它不存在相分离。目前研究和开发的主要是多组分型杂化材料，包括聚酰亚胺无机杂化材料、聚乙烯无机杂化材料、环氧树脂无机杂化材料。

1.2.1　有机/无机杂化材料的制备方法

杂化材料最初是通过溶胶-凝胶法制备的，经过十几年的发展，其合成方法得到了不断的完善。目前制备有机/无机杂化材料的方法主要可以分为四类：超声机械共混法、溶胶-凝胶法、原位分散聚合法和插层法。

1.　超声机械共混法

共混法类似于聚合物的共混改性，是有机物（聚合物）与无机纳米粒子的共混，该法是制备杂化材料最简单的方法，适合于各种形态的纳米粒子；为防止无机纳米粒子的团聚，需对纳米粒子进行表面处理。根据共混方式，共混法大致可分为以下五种。

（1）溶液共混法。制备过程大致为：将基体树脂溶于良溶剂中，加入纳米粒子，充分搅拌使其均匀分散，最后成膜或浇铸到模具中，除去溶剂制得样品。

（2）乳液共混法。先制备聚合物乳液，再与纳米粒子均匀混合，最后除去溶剂（水）而成型。

（3）溶胶-聚合物共混法。无机物先水解，缩合形成溶胶再与有机高分子溶液或乳液共混，发生凝胶化而形成杂化材料。采用该法一般粒子的尺寸较大。

（4）熔融共混法。熔融共混法是将聚合物熔体与纳米粒子共混而制备杂化体系的方法。由于有些高聚物的分解温度低于熔点，不能采用此法，使得适于该法的聚合物种类受到限制。熔融共混法较其他方法耗能高，且球状粒子在加热时碰撞机会增加，更易团聚，因而表面改性更为重要。

（5）机械共混法。机械共混法是通过各种机械方法如搅拌研磨等来制备杂化材料的方法。如将碳纳米管用偶联剂处理后，再与超高分子量聚乙烯（UHMWPE）

在研磨机中研磨后制备分散良好的杂化材料。

共混法基本可归为三步：①制备纳米粒子（表面处理）；②合成聚合物；③均匀混合两种物系。该法容易控制粒子的形态和尺寸分布。其特点在于用粒子的分散剂、偶联剂和（或）表面功能改性剂等综合处理外，还可用超声波辅助分散。

对于无机纳米粒子掺杂的聚酰亚胺复合材料来说，目前使用最广泛的是超声机械共混法。此方法的关键是采用超声处理的方式将无机纳米粒子进行有效分散，然后再与聚酰胺酸共混，经亚胺化后获得复合材料。下面将详细介绍超声机械共混的基本原理。

（1）超声分散原理。

所谓超声波是指频率范围在 $10 \sim 10^6$ kHz 的机械波，波速一般约为 1500m/s，波长为 0.01~10cm。超声波的波长远大于分子尺寸，说明超声波本身不能直接对分子起作用，而是通过周围环境的物理作用转而影响分子，所以超声波的作用与其作用的环境密切相关。超声波化学又称声化学（sonochemistry），主要是指利用声空化能加速和控制化学反应，提高反应产率和引发新的化学反应的一门新的交叉学科，是声能量与物质间的一种独特的相互作用[23]。

声化学反应主要源于声空化效应以及由此引发的物理和化学变化。声空化是指液体中的微小泡核在声波作用下被激活，表现为泡核的振荡、生长、收缩乃至崩溃等一系列动力学过程。在空化泡崩溃的极短时间内，会在其周围的极小空间范围内产生出 1900~5200K 的高温和超过 50MPa 的高压，温度变化率高达 109K/s，并伴有强烈的冲击波和速度高达 400 km/h 的射流。这些条件足以打开结合力强的化学键（376.8~418.6kJ/mol），并且促进水相燃烧（aqueous combustion）反应。附着在固体杂质、微尘或容器表面上及细缝中微气泡或气泡，因结构不均匀造成液体内强度减弱的微小区域中析出气体等均可形成这种微小泡核。根据对声场的响应强度，一般将声空化分为稳态空化和瞬态空化两种类型。稳态空化是指那些在较低声强（小于 10W/cm^2）作用下即可发生的，内含气体与蒸汽的空化泡行为。稳态空化泡表现为持续的非线性振荡，在振荡过程中气泡定向扩大，当扩大到使其自身共振频率与声波频率相等时，发生声场与气泡的最大能量耦合，产生明显的空化效用。瞬态空化则在较大的声强（大于 10W/cm^2）下发生，而且它大都发生在一个声波周期内。在声波负压相中，空化泡迅速扩大，随之则在正压相作用下，被迅速压缩至崩溃。在瞬态空化泡存在的时间内，不发生气体通过泡壁的质量转移，而在泡内壁上的液体蒸汽与凝聚却可自由进行。

液体中的声化学主要取决于空化泡内爆过程引起的迅速加热与冷却的物理效应。内爆温度及反应的特征很容易通过改变声波频率、声波强度、环境温度、静态压力、采用的液体和采用的环境气体等因素来改变。空化泡内爆产生的热量可以将水分解为氢自由基和氢氧自由基。在迅速冷却阶段氢自由基和氢氧自由基又重新结合为过氧化氢及氢分子。在各种溶液中空化泡内爆产生"热点"时，"热点"处的液体分子可能被激发到高能状态，这些分子返回到基态时，就会辐射出可见光，这就是声致发光过程。同时，超声波对液体的作用也可用于增加液体中化合物的化学活性及促进两种不相溶液体的乳化。

液体中的固体表面声空化作用与空化泡内爆的动态特性的变化有关。当液体中空化作用发生在液体中固体表面附近时，那么空化泡的内爆作用与仅有液体时所观察到的球形对称作用大不相同，固体表面的存在使超声波场产生的压力发生畸变，于是固体表面附近的内爆作用显著地不对称。这一过程会使脆性的固体粉末分散并能够增加固体表面的化学活性，使它们具有良好的催化作用。

几乎在液体与固体发生反应的所有场合，超声波都是有用的工具。此外，超声波能够在液体中传播，适用于工业生产。

（2）超声波的分散作用。

Richards 等[22]曾观察到，洗净的容器内盛放纯净的水在受超声波作用后，产生光尘效应。这说明构成器皿壁的物质在超声波作用下分散在水中；Babanzadeh 等[23]曾经使镓在水中分散，并且得到了具有金属光泽的、浓缩的、稳定的悬浮液。由于镓的熔点较低，在超声波作用下，镓的表面溶化，而后它雾化在液体中；利用频率为 400kHz 的高超声波，Parvasi 等[24]获得了油脂和石蜡等分散极细的水乳浊液。

Wood 等[25]曾利用超声波的分散作用和搅拌作用来覆盖氧化物阴极的氧化物，超声波的分散作用也可以用于油漆生产中；Bittmann 等[26]在将 Al_2O_3 分散到环氧树脂中时指出，Al_2O_3 的分散性是影响复合材料性能的关键因素，因此利用超声波振荡的方式制备出性能优异的复合材料，在原有材料的基础上，复合材料的强度和储能模量都得到了很大的提升，因此超声波不仅是破坏 Al_2O_3 粒子团聚体的有效技术手段，更是复合材料中分散纳米颗粒的有效技术手段。超声波还可以实现金属纳米粒子在高分子聚合物中的均匀分散，在超声波的作用下，纳米金属颗粒的聚合在介质中被打破，超声波成为分散金属纳米颗粒的重要手段。超声波的功率越大，工作时间越长，则金属分散的粒度越小，分散性越大，放在超声波作用下液体中的金属粉碎得越好。但是，一般来说，若不采用辅助剂，仅仅在超声的作用下，分散纯净的金属固体效果是不好的。

超声波可以作为一种聚合物发生化学反应的催化方式。超声波在溶液或者熔融状态中会产生热效应，这种热效应能量集中，有利于打破化学反应中反应物的化学键，促进化学反应的发生。

Li 等[27]利用超声波辅助方法，将超声波作用于聚乙烯醇和植酸的酸性混合溶液，促使两者发生酯化反应。生成聚乙烯醇/植酸聚合物。用该聚合物制备成的薄膜电阻率大幅下降，并且提升了力学性能。孔璐等[28]对低剂量脉冲式超声波的生物学效应进行研究。

早在 1933 年，Flosdorf 和 Chambers[29]就证明：在频率为 722kHz 的超声作用下，以及在强力的高频可闻的声波作用下能够将大的高分子裂解为小分子。他们将动物胶、淀粉、橡胶、琼胶和阿拉伯树胶置于超声作用下，使溶液的黏度下降，他们还将蔗糖顺利地分解成单糖，但有人认为产生此效应主要归结于热过程。

超声处理对高分子化合物黏度的影响主要解释为：在超声波场中所附加于胶体粒子的能量，使粒子的碰撞达到分子的聚集遭到破坏的激烈程度。为了使粒子获得自由运动所必需的加速度，粒子就必须具有一定的自由程。粒度的大小决定粒子浓度的大小，在浓度很小时碰撞的次数也很少，而浓度大时则受限粒子之间的自由碰撞距离，因而每个粒子获得的加速度很小。目前已经有人证明了，在超声作用下，自由运动的胶体粒子的运动方向是和溶剂分子的运动方向相同的，所以碰撞次数不可能增加。在超声离心的作用下也观察不到任何解聚的现象，这就证明了：不论什么样的加速力都不起作用。试验证明：对于这些在超声波作用下的物质来说，溶液的结构胶凝作用力会发生变化和可能产生触变现象，这种现象会使黏度降低，因而起到了解聚的作用。触变现象可由如下事实来证明，即在超声作用下降低的黏度渐渐地恢复。但关于结构黏度的变化，即在超声的作用下氢键暂时断开，说明在超声波作用下可能产生了大分子真正的破裂。

通常在实际试验过程中，在利用超声波的分散作用和激发反应作用的同时，还要避免超声波对聚合反应的副作用和影响高聚物的分子量分布。为此，需要寻找较佳的超声频率 25～35kHz，使之达到试验的需求。

（3）超声波的空化作用。

超声波通过液体时，总见到小气泡出现。在超声波作用下出现小气泡有两种可能：第一，液体中早有微观气泡存在，在超声波作用下会结成较大的气泡，而变为可观者，易于上浮，聚集在声驻波的波腹处[30]；第二，溶于液体中的气体可能由于声波所产生的稀薄现象或超声强度很大时所产生的空化作用而形成气泡。在流体动力学中，在相当大破坏应力的作用下液体内形成空泡的现象，这就是空化现象，这种空泡在一瞬间就会闭合。

超声波既能引起聚合反应，又能引起解聚合反应。聚合反应的引发主要通过稳定的空化发生；而稳定的空化需要有通过反应溶液的气体。当无气体通过时，空化过程是瞬态的，它将产生有色化合物及引起解聚。当有氩气存在时，超声波作用时间为 80min 时，产物的平均分子量为 440000g/mol，接着超声波继续作用 90min 时，但这时不通氩气，产物的平均分子量降至 110000g/mol。当无气体通过时，主要反应是一种解聚合反应，但是当反应釜里通过一定的气体流率时，空化的性质就改变了，这时，聚合反应占主导地位。空化过程从刺耳的声音、瞬态的、有雾的空化过程向较安静的、稳定的（共振的）气体空化过程转变。上述产物的平均分子量有力地解释了声化学文献中有关解聚合与聚合引发之间互相矛盾的报道。利用振动的气泡作为许多"微小的反应器"以引发聚合反应，而且不需要升高温度就可以发生热引发反应。1983 年，Kruus[31]进一步研究了稳定的空化所引起的聚合和非稳定的空化所引发的解聚合及在不同的温度下和不同的气体存在下，超声波（(61±2)W，20kHz，60℃）引发聚合反应的情况。聚合反应的转化率与反应体积的平方根成反比。当温度高于 80℃时，热引发聚合速率太大以致不方便进行超声聚合；当温度低于 40℃时，转化率太低以致不能为凝胶渗透色谱（gel permeation chromatography，GPC）取样；当温度等于 60℃时，产物的相对分子质量为 650000(1±15%)，Kruus 用 2,2′-二苯基-β-芳基肼基（2,2-diphenyl-1-picrylhydrazyl，DPPH）测量了由超声波引起的绝对自由基形成速率。超声波引发聚合反应的引发速率相对而言与气体的性质无关，只要该气体与苯乙烯无潜在的反应性。使用高声强超声波作为甲基丙烯酸甲酯（methyl methacrylate, MMA）聚合反应的引发剂，纯净的、干燥的乙烯基单体可以用超声的方法聚合，但这种聚合过程也是既有聚合反应，又有降解反应。因此产物的分子量与超声波作用的时间关系复杂。热引发剂如偶氮化合物能在室温下分解，它给自由基聚合提供了一可控的低温引发系统的应用前景。为了证实聚合反应确实是超声波而不是由外界引发剂引发的，Kruus[31]在同样的条件下反复做了试验，即其他条件相同，超声波发生器接通或不接通的情况。结果表明，有或无偶氮二异丁腈（2,2'-azobis (2-methylpropionitrile)，AIBN）时，在无超声波时，18h 内根本未发生聚合反应。通常自由基聚合是由热引发或光化学引发的。热引发聚合要求加热 60℃以上达到可以接受的引发速率。在某些情况下，如用紫外光辐射时，不需要这么高的温度。为了研究利用超声波加速引发剂形成自由基的可能性，1991 年 Price[32]利用高功率超声（15.4W，22kHz，（25±1.0）℃）作为聚合反应的引发剂，对甲基丙烯酸甲酯（含质量分数 0.1%AIBN）的聚合作了试验。Price 成功地聚合了甲基丙烯酸甲酯，从而克服了不能在纯净的单体中聚合甲基丙烯酸甲酯的困难。甲基丙烯酸甲酯的聚合反应是一种自由基聚合反应。

（4）超声的热效应。

超声波场在液体内能引起显著的温度升高，在一般尺寸的容器中每分钟往往升高几度。温度升高是因为被辐射的液体吸收超声波，释放出热。

在反应的过程中，由于超声波的频率不高，超声波产生的热效应在反应体系中不太剧烈。该反应中热效应主要来自超声仪工作时释放的热，为了避免其副作用，我们采用了冷水循环，不但可以冷却超声仪工作时释放的热而维持其正常工作，还可以保持反应体系的温度起伏不大使反应正常进行。

2. 溶胶-凝胶法

溶胶-凝胶（sol-gel）法是指金属的有机或无机化合物在溶液（一般为有机溶

剂）中水解、缩合成溶胶液，然后去除溶剂和加热而转化成凝胶，最终制得固体氧化物或其他固体化合物的方法。

该法历史可追溯到 19 世纪中叶，Ebelman 发现正硅酸乙酯水解形成的 SiO_2 呈玻璃状，随后 Greham 研究发现 SiO_2 凝胶中的水可以被有机溶剂置换，此现象引起化学家注意，经过长时间探索，逐渐形成胶体化学学科。在 20 世纪 30 年代至 70 年代，矿物学家、陶瓷学家、玻璃学家分别通过溶胶-凝胶法制备出相图研究中均质试样，低温下制备出透明锆钛酸铅镧（lead lanthanum zirconate titanate，PLZT）陶瓷和 Pyrex 耐热玻璃。核化学家也利用此法制备核燃料，避免了危险粉尘的产生。这阶段把胶体化学原理应用到制备无机材料获得初步成功，引起人们的重视，认识到该法与传统烧结、熔融等物理方法不同，引出了"通过化学途径制备优良陶瓷"的概念，并称该法为化学合成法或溶液—溶胶—凝胶（solution-sol-gel，SSG）法[32]。另外，该法在制备材料初期就进行控制，使均匀性可达到亚微米级、纳米级甚至分子级水平，也就是说在材料制造早期就着手控制材料的微观结构，而引出"超微结构工艺过程"的概念进而认识到利用此法可对材料性能进行剪裁。

溶胶-凝胶法制备高聚物/无机物杂化材料根据具体的杂化方法又可分为以下几种类型。

（1）原位溶胶化法。无机物前驱体与有机高聚物在共溶剂中均匀混合后再进行溶胶、凝胶化而制得杂化材料的方法。该法最为直接简单，其关键是选择具有良好溶解性能的共溶剂，以保证两者具有很好的相容性，凝胶后不发生相分离。

（2）溶胶-原位聚合法。有机高分子单体与无机物溶胶均匀混合后再引发单体聚合形成杂化材料的方法。该法也可在单体或无机溶胶的金属原子（M）上引入交联剂和螯合剂增进聚合物-无机材料的相容性。

（3）有机-无机同步聚合法。有机高分子单体与无机溶胶前体均匀混合后，使单体聚合和前体水解缩合同步进行，形成互穿网络。

溶胶-凝胶法以金属醇盐（如异丙醇铝、正硅酸乙酯）和部分无机盐为前驱体，首先将前驱体溶于溶剂（水或有机溶剂）形成均匀的溶液，进一步水解或醇解，水解产物缩合聚集成粒径为 1nm 左右的溶胶（sol）粒子，溶胶粒子进一步聚集生长成凝胶（gel）粒子。概括而言，溶胶-凝胶法的基本原理可以用三个阶段来表述：

（1）单体（即前驱体）经水解，缩合生成溶胶粒子（初生粒子，粒径为 2nm 左右）。

（2）溶胶粒子聚集生长（次生粒子，粒径为 6nm 左右）。

（3）长大的粒子（次生粒子，相互连接成链，进而在整个液体介质中扩展成三维网络结构形成凝胶。

从以上溶胶-凝胶法来看，该法制备杂化材料的特点有：①材料均匀性好，化学成分可有选择性地掺杂；②制品纯度高，高度透明；③颗粒细，直径通常在 1～100nm；④烧结温度较传统的固相反应法低 200～300℃；⑤通过控制烷氧基化合物的水解-缩合来调节溶胶-凝胶化过程，从而在反应早期就能控制材料的表面与界面，产生结构极其精细的第二相；⑥溶胶-凝胶法制备的各类有机/无机纳米材料存在一个共同问题，即在制备凝胶的过程中，由于反应中释放出水和乙醇等小分子而引起收缩，产生的内应力会影响材料的力学和机械性能；⑦该法使用的无机物前体一般都较贵，且有毒性；⑧该法常用共溶剂，所用聚合物受到溶解性的限制[34]。

3. 原位分散聚合法

原位分散聚合法是先使纳米粒子在聚合物单体中均匀分散，再引发单体聚合的方法。根据胶体稳定性的理论，纳米粒子间的相互作用能是排斥力位能和引力位能综合作用的结果。

原位分散聚合法可在水相，也可在油相中发生，单体可进行自由基聚合。在油相中还可进行缩聚反应，适用于大多数聚合物/无机物杂化体系的制备。由于聚合物单体分子较小、黏度低，表面有效改性后无机纳米粒子容易均匀分散，保证了体系的均匀性及各项物理性能。

4. 插层法

插层法是利用层状无机物（黏土、云母、V_2O_5、Mn_2O_3 等层状金属盐类）作为无机相，将有机物（高聚物或单体）作为另一相插入无机相的层间，制得高聚物/无机物层型杂化材料的方法。层状无机物是一维方向上的纳米材料，粒子不易团聚，又易分散，其层间距离及每层厚度都在纳米尺度范围内。

根据高聚物插层形式的不同，高聚物/无机物插层型纳米杂化材料的制备方法又可分为以下几种。

（1）嵌入原位聚合方法。在合适的共溶剂中使单体嵌入无机物夹层间，再在热、光、电子、引发剂等作用下使其聚合而制得杂化材料。

（2）插入聚合同步法。借助层状无机物和聚合物单体间强有力的相互作用，使嵌入与聚合不需外力而能同步发生。

（3）聚合物插入法。它是通过聚合物熔体、溶液或乳液将高聚物直接嵌入无机物片层间的方法。该法的关键是寻找合适的单体和相容的聚合物黏土矿共溶剂体系，最大优点是简化了杂化过程，制得的杂化材料性能更稳定。

1.2.2　有机/无机杂化材料的分类

根据化学键的类型可将纳米杂化材料分为三类：共价键连接的共价型纳米杂

化材料；配位键连接的配位型纳米杂化材料；离子键连接的离子型纳米杂化材料。

制备共价型纳米杂化材料最典型的方法是溶胶-凝胶法。聚合物的有机单体可通过三官能团的烷氧化硅 RSi-(OR)₃ 制备出直接 SiO₂ 网络键接有机/无机杂化材料。有机相与无机相之间以 C—Si 共价键相连。

配位型有机/无机纳米杂化材料是一类有希望发展成为光电导体、电致发光、荧光、快离子导体等的功能性有机/无机纳米杂化材料。典型的聚合方法为溶剂聚合法，它是将无机半导体（镉盐）、无机大分子离子导体、稀土金属盐（铕盐）等溶于带配位基团的有机单体溶剂中，有机单体通过配位键与无机功能组分形成复合物，然后有机单体聚合成高分子基体，从而制得功能性有机/无机纳米杂化材料[35]。

就目前而言，应用范围最广、最有工业化前景的纳米杂化材料是离子型有机/无机纳米杂化材料。层状硅酸盐的聚合物插层法是制备这类纳米杂化材料的典型方法。

1.2.3 有机/无机杂化材料的特点与应用

有机/无机杂化材料综合了各组分的优势，具有多功能的作用。但它的形态结构相当复杂，各相的尺寸及尺寸分布、杂化均匀程度、微相形态、微相分离状况等都严重依赖于各组分的特性、相对含量、合成方法和合成条件。

采用扫描电子显微镜（scanning electron microscope，SEM）、透射电子显微镜（transmission electron microscope，TEM）、原子力显微镜（atomic force microscopy，AFM）和小角 X 射线散射（small angle X-ray scattering, SAXS）可以观察到，分子内杂化材料不存在相分离，而对于大多数存在微相分离（纳米数量级）的杂化体系（聚合物/陶瓷），无机物多以分立的球状体弥散在高聚物中，微粒间也存在互相连接、团聚等现象。由金属醇盐水解缩合制得的溶胶体系中，质点多为球形，形成过程遵循 Sanchez 提出的成核长大机制[36]。

溶胶-凝胶法也可制备其他形状的粒子，如 V₂O₅ 溶胶质点为丝状，氧化铁溶胶质点为带状等。插层法制备的杂化体系中质点为片层结构，微相分离状况也各异；蒙脱土、云母以完全剥离的单层形式均匀分散在聚合物中，各层以平行于膜表面的方式取向；滑石粉中存在少量的粒子聚集体，水辉石则绝大多数以聚集体的形式存在于基体中。插层杂化材料主要有两类结构：一类是层内插入型；另一类是层状分散型，此外，杂化材料的各相仍有自身的微结构，无机相中存在中空结构、核壳结构等，也可看到表面多孔性和活性基团的残留。

杂化材料中两相的相互作用一般都较强，存在氢键、配位键、螯合键、化学键等强的相互作用，也有界面吸附和穿插等现象。在杂化过程中部分或全部采用 R′M(OR)₃ 和 R₂′M(OR)₂ 作为无机物前体，可引起多方向的效应：①R—代替RO—使无机物的交联度降低；②R—的引入增加了两相的相容性；③在两相间形成了互穿网络,使两相结合更加紧密。R'若带上—NH$_2$、—OH、—CNO等功能基团则成为交联剂,能更有效地降低两相的相分离尺寸,直至无机物质量分数大于70%仍可得到透明的杂化物,甚至观察不到微相分离的存在[37]。

研究表明,杂化材料中粒子尺寸越小,粒子的比表面积越大,表面的物理和化学缺陷越多,粒子与聚合物分子链物理、化学结合的机会增多,使原本不相容的两种物质在纳米尺度上具有一定的相容性,从而改善了粒子与基体的黏合程度,使杂化材料强度提高。

目前,杂化材料的研究与开发还处于起步阶段,有待进一步研究的理论和实际问题还很多。其中,形成各种有机物(主要是高聚物)/无机物杂化材料的杂化机理,有机物与无机物的界面、键合形式、界面的稳定性、界面在剪切力作用下的行为,材料的结构与性能、各种功能性的开发,以及原料种类、含量、杂化条件等对成品材料性能的影响,都是很重要的研究课题。

有机/无机杂化材料由于其特殊的形态结构使其具有优异的力学性能、热学性能、电学性能、光学性能而被广泛应用于各种领域,例如用作结构材料[33, 34]、电学材料[38]、光学材料[39,40]、生物材料[41]等。

1.3　耐电晕聚酰亚胺复合材料

1.3.1　耐电晕机理分析

在固体介质中存在几种形式的击穿:由电导电流发热引起的热击穿以及其他几种仍处于争议中的物理机理引起的击穿。一般认为真空击穿(电极间没有绝缘体连接)、闪络(电极间发生连通)和体击穿等的机理各不相同。但所有的击穿现象有一些共同点,即通常都与入陷电荷(负或正或两者兼有)的出现有关。击穿通常与一些共有的参数如电压波形、电极极性、试样厚度等有关,这些共同点或许将揭开那些由其他形式击穿机理的关键。一般在介质中存在大量的局域能级,电荷的入陷现象很明显,入陷电荷在介质中能够存贮一定的时间,从秒数量级到数个世纪不等。一般将存贮时间较长,在试样中形成一定分布的现象称为介质中的空间电荷分布。相比较无机晶体材料的击穿研究情况,聚合物介质的击穿研究,无论从深度和广度来说,都是不够的。从目前的研究来看,空间电荷效应在聚合物击穿中的作用引起广大研究者的兴趣,一方面是空间电荷的测试技术的日趋成熟,人们已经能够借助这些测试方法比较定量地从动态角度研究击穿前材料中的空间电荷分布的变化,并且取得了一定的研究成果;另一方面,随着电气设备向高电压等级的发展、直流输电技术的迫切需求以及电子元件小型化,介质材料的绝缘强度的要求也越来越高，空间电荷的效应已经无法不做考虑。

空间电荷限制电流是介质材料在有空间电荷情况下的一种电导现象，空间电荷限制电流的表达式为[42]

$$J = \frac{9}{8} \frac{\varepsilon \mu V^2}{l^3} \quad (1\text{-}1)$$

式中，假定介质中的陷阱全部被填充；ε 为介质的相对介电常数；μ 为载流子的迁移率；V 为两电极间的电压；l 为两电极间的介质厚度。空间电荷限制电流反映了载流子在外施电场受空间电荷自建电场畸变时的输运以及入陷电荷的跃迁情况。由于空间电荷的分布受陷阱能级分布的影响，所以对空间电荷限制电流的研究可以获得电荷陷阱分布的信息。Jaworek 等[43]利用温度调制下的空间电荷限制电流研究了介质中的陷阱能级分布。与等温电流法比较，空间电荷限制电流法可以描述介质直至击穿前的电导，对于揭示陷阱对介质击穿的作用机制更直接。

许多学者的研究结果都表明，空间电荷分布强烈地影响介质的击穿强度。Ohadi 等[44]指出直流预应力影响聚乙烯的脉冲击穿强度。Mann 等[45]指出树枝化击穿受电压上升速率、直流预压时间、短路前的时间或反极性电压的施加等因素的影响。更直接地描述空间电荷对脉冲击穿强度的是 Bahder 等[46]提出的一个系数 K，它被用来定义直流预压对脉冲击穿场强的影响程度：

$$K = (V_{imp} - V_r) / V_{dc} \quad (1\text{-}2)$$

式中，V_{imp} 为雷电脉冲击穿电压；V_r 为叠加在直流预应力电压上的反极性脉冲击穿电压；V_{dc} 为直流预应力电压。

Langer 等[47]研究在低温和常温下乙丙橡胶（ethylene propylene rubber，EPR）发生直流短路树枝现象时，低温下的短路树枝起始电压高于室温下的起始电压，对此他们解释为低温时空间电荷的注入小于常温时空间电荷。另外，根据低温和常温空间电荷分布的测量结果表明，低温时空间电荷的扩散低于高温时空间电荷的扩散。Verweij 等[48]研究针尖对平板电极系统下不同的电压波形对 EPR 的击穿强度的影响。结果表明击穿电压的幅值依次为 $B_{dc} > B_{imp} > B_{imp+dc} \geqslant B_{dc}$（$B_{imp}$ 为雷电脉冲击穿电压增幅；B_{dc} 为直流预应力电压增幅）极性反转。这一点从空间电荷自建电场对外施电场的畸变作用来解释，即靠近电极的异极性电荷减小了击穿电压，而同极性电荷增加了击穿电压（这里异极性电荷是指电荷的极性与邻近电极的极性相反，同极性电荷的意思类似）。而当极性反转时，原先的同极性电荷此时成为异极性，它将减小击穿电压。从直流预压短路树枝起始电压的结果来看，正极性直流预压短路树枝起始电压要比负极性预压情况下的高一些。一般认为，在直流电压作用下，正极性注入的空穴较负极性注入的电子少。按上述的解释，短路过程中对电场的畸变也小，但是无法了解这种畸变产生的原因。虽然 Dissodo 等[49]也将空间电荷的效应引进他的电热联合老化模型中，并且认为他的模型不仅适用于直流的老化情况，而且也适用于交流的情况，只不过在交流时仅具有唯象意义。Dissodo 等将空间电荷分布产生的内部电化学应力引入老化模型，其实也是基于平均电场的考虑，还是没有涉及空间电荷的内部机制。

有一些试验现象，不是仅用电场畸变就能解释清楚的，比如聚合物在外施电场后，升高电场或保持电场恒定，在没有放电发生的前提下，降低电场却发现放电现象。在运用很低剂量的电子束轰击绝缘体的试验表明，破坏不是源于电子的轰击，而是电荷的脱陷过程。在一个关于石英晶体的试验中，人们发现表面成分的变化在表面电荷脱陷后可以由俄歇电子能谱观察得到，亦即贮存在入陷电子附近的能量足以产生可观察到的表面成分的变化。还有研究成果表明，机械断裂与电气击穿之间似乎存在着某种内在联系。具有较高介电常数的固体介质往往击穿强度较低。所有这些现象既与空间电荷效应有关，又不能简单地将它们与空间电荷电场畸变联系起来。近年来，越来越多的学者认为这些现象与空间电荷的入陷、极化子的形成、能量松弛和空间电荷的脱陷等过程有关。在这种情况下，Blaise 等[50]从空间电荷贮能角度提出了一种基于空间电荷的新的击穿模型。首先以极化子概念为基础，描述了电荷的入陷，入陷发生在极化率降低的位置处，入陷位置的束缚能 ΔW 如下：

$$\Delta W \cong 2E_R \frac{a_0 \Delta\varepsilon(\infty)}{r_p \varepsilon^2(\infty)} \tag{1-3}$$

式中，$\Delta\varepsilon(\infty)$ 入陷位置处局部 $\varepsilon(\infty)$ 的变化，当 $\Delta\varepsilon < 0$ 时，发生入陷；E_R 为 Rydberg 能量=13.56eV；a_0 为 Bohr 半径；$\varepsilon(\infty)$ 为介质平均电子介电常数；r_p 为入陷位置到 p 的矢量距离。

由入陷电荷电场诱导生成的偶极子导致介质内部能量的局部增加。对于任一位置 i 要形成一个偶极矩 P_i 的能量为

$$W(i) = \frac{1}{2} P_i E_{loc}(i) \tag{1-4}$$

式中，$E_{loc}(i)$ 是局部电场。因此对每个入陷电荷增加的总能量为 $U_p = \sum_i W(i)$，将其写成

$$U_p \cong 3\chi K(\chi) \tag{1-5}$$

式中，χ 为静电极化率；$K(\chi)$ 为随 χ 作微弱衰减的函数。

如果将 $\delta n_d / \delta t$ 表示成单位体积在单位时间内的脱陷电荷数，那么单位时间内释放的能量密度为

$$\frac{\delta U}{\delta t} = U_p \frac{\delta n_d}{\delta t} \tag{1-6}$$

由于能量的释放引起外激发射和介质的局部加热，当达到临界条件时，将发生击穿。从式（1-1）和式（1-4）可以看出，具有高介电常数的材料对击穿较为

敏感，这是不易贮能以及单位时间脱陷电荷释放能量大的原因，这与试验结果一致。在忽略材料中可移动电荷时，由外施电场和空间电荷建立的电场为

$$E(x,t) = E_m + E_{SC}(x,t) \qquad (1\text{-}7)$$

式中，E_m 为外施电场；$E_{SC}(x,t)$ 为空间电荷建立的电场。这里引入一个脱陷电场 E_d 的概念。按内部电场是否大于 $|E_d|$，在介质中形成的空间电荷可以是动态的或静态的。当 $\max|E(x,t)| < |E_d|$ 时，不发生脱陷，介质填充静态空间电荷；反之则形成动态空间电荷。据此本节讨论了介质厚度、介电常数等与空间电荷的关系。从空间电荷贮能方面研究击穿的过程，比较容易与介质的电老化联系起来，并且能够解释许多实验现象，下一步的工作难点是电荷脱陷后，电荷以何种方式释放能量，能量的载体是电子、空穴、光子还是声子，这些都涉及材料的微观结构，难度就比较大了。在这方面，运用高分辨率单色电子束和低温技术，将具有非常精细能量的电子作用在低温高真空系统中生长的纳米级薄膜上，研究电介质的电老化，对能量的载体形式、老化过程中陷阱能级的形成等都做出相应的研究。

有许多因素都能影响空间电荷的分布，从上面的分析可知，空间电荷分布影响介质的击穿，所以影响介质中空间电荷分布的因素间接地影响了介质的击穿。这些因素包括试样制备过程中受到的热处理、制备过程中引入的杂质、材料中的添加剂、本体材料的结构与组成、材料的氧化、材料的聚集形态、电极与试样的界面状态等。这些因素都可以作为调控材料绝缘强度的途径。

1.3.2　绝缘材料电老化机理模型

1. 单因子电老化模型

目前对于绝缘材料的机理研究知之甚少。下面是一般通用的单因子电老化模型：

$$L = kE^{-n} \qquad (1\text{-}8)$$

这是反幂模型，下面是指数模型：

$$L = a\exp(-bE) \qquad (1\text{-}9)$$

式中，E 是电场强度；k、n、a 和 b 是从试验获得的常数。电老化模型描述了经历电场的任何绝缘材料或系统的老化。不必知道老化过程中发生的确切过程，比如是否有局部放电存在等。在低应力下，反幂模型（双对数型）和指数模型（单对数型）的线性形状不再正确。

2. 多因子电老化模型

实际上，绝缘材料很少会只承受单因子作用，多数情况下是多个因子共同作用，多个因子作用还涉及因子间相互作用的影响。比如绝缘材料在同时承受热和电场的作用时，所受破坏将比两种应力单独施加时更快，老化的结果不仅仅是电老化和热老化的代数和。在多数情况下，当施加多应力时，将会出现新的破坏机

理。在多因子老化中，协同效应被描述不同老化因子间的相互作用。一般说有两种不同形式的相互作用：直接的相互作用和间接的相互作用。

直接的相互作用：同时施加影响因子会产生相互作用，这不同于顺序施加影响因子的结果。产生直接相互作用的因子不必都是老化因子。直接相互作用的例子是氧化，氧和热应力必须同时施加产生协同效应。

间接的相互作用：同时施加影响因子会产生相互作用，在顺序施加时保持基本不变。间接相互作用只能由老化因子产生。尽管同时作用不是老化因子产生间接相互作用的前提，但老化因子的次序是决定性的。比如机械和电应力可以相互作用，由机械应力产生的微孔会引起局部放电。如果微孔只在机械应力施加时才出现，老化将受机械和电应力的间接相互作用的影响。如果由机械应力形成的微孔是永久的，那么将发生间接相互作用。绝缘材料或系统可能先受材料内部微孔的机械应力的作用，随后受电应力作用，也可以是两种应力同时施加。在这两种情况下，老化可能受协同效应（此处指局部放电）作用而加速。

由上述可知，老化因子可以相互作用，所以在寿命模型中应考虑老化因子相互作用的影响。以下就是考虑到老化因子的多因子模型。

（1）Simoni 模型。

Simoni 模型是由 L. Simoni 提出的，老化与选定的评估老化特性 p 有关，将这种依赖关系命名为函数 F，即老化为 $F(p)$。当老化进行时，特性 p 下降，最终 p 降到绝缘材料绝缘失效或系统无法运行[51]。在绝缘材料绝缘失效或系统无法维持运行的点，p 达到了极限值 p_L，这一刻的老化时间称为寿命：

$$L = \frac{F(p_L)}{R} \tag{1-10}$$

式中，R 是老化速率。老化速率 R 可以描述电热联合老化过程。Simoni 对电热联合老化的描述是从动力学开始的：

$$R = A\exp\left(-\frac{B}{T}\right)\exp\left(\left(a+\frac{b}{T}\right)f(E)\right) \tag{1-11}$$

式中，$f(E)$ 是电场的一个非特定函数；a、b、A 和 B 都是从实验获得的常数。尽管速率方程表达了电场对热活化过程的影响，但影响的确切形式却没有描述。速率方程确立后，Simoni 的模型得以建立，他提出：

$$f(E) = \ln\left(\frac{E}{E_0}\right) \tag{1-12}$$

其中，E_0 是参考位，在此之下不发生电老化。基于此 $f(E)$ 的选择，Simoni 推导了对于电热联合老化的寿命模型，这里称模型 1，与电老化的反幂模型一致：

$$L(T,E) = L_0 \exp\left(-B\Delta\left(\frac{1}{T}\right)\right)\left(\frac{E}{E_0}\right)^{-N}, \quad E \geqslant E_0 \tag{1-13}$$

式中，L_0 为室温和 $E = E_0$ 时的击穿时间；$N = n - b\Delta(1/T)$；$\Delta(1/T) = 1/T - 1/T_0$；$n$ 是常数。作为另一种考虑，Simoni 提出 $f(E) = E - E_0$，在这种情况下，老化模型与电老化的指数模型一致，称模型 2：

$$L = \frac{1}{A}\exp\left(\frac{B}{T}\right)\exp\left(-\left(a + \frac{b}{T}\right)(E - E_0)\right); \quad E \geqslant E_0 \tag{1-14}$$

Simoni 模型是一个线性的，然而实验结果有时在低应力范围不符合线性模型。如果绝缘材料或系统的寿命曲线在接近工作条件的实验应力下是水平的，那么这种特殊系统的老化可以由 Montanari 和 Simoni 提出的阈值模型描述更佳[52]。

（2）Ramu 模型。

Ramu 模型是从经典单应力速率加成获得的，模型是通过将反幂常数看作温度函数来考虑协同效应的。Ramu 模型由下式给出：

$$L(T,E) = c(T)E^{-n(T)}\exp\left(-B\Delta\left(\frac{1}{T}\right)\right) \tag{1-15}$$

式中，$c(T) = \exp\left(c_1 - c_2\Delta\left(\frac{1}{T}\right)\right)$，$n(T) = n_1 - n_2\Delta\left(\frac{1}{T}\right)$，$c_1$、$c_2$、$n_1$ 和 n_2 都是常数。

$\Delta(1/T)$ 与 Simoni 模型中定义的相同。Ramu 模型可以简单写成

$$L(T,E) = cE^{-\left(n_1 - n_2\Delta\left(\frac{1}{T}\right)\right)}\exp\left(-B\Delta\left(\frac{1}{T}\right)\right) \tag{1-16}$$

式中，c 和 B 为常数。在这种形式中只有四个常数需要估计。

（3）Fallou 模型。

Fallou 模型是基于电老化是指数模型推导出的一个半经验公式：

$$L = \exp\left(A(E) + \frac{B(E)}{T}\right), \quad E > 0 \tag{1-17}$$

式中，$A(E) = A_1 + A_2 E$，$B(E) = B_1 + B_2 E$。其中，A_1、A_2、B_1、B_2 是常数，与在恒定温度下，通过实验得到的击穿-时间曲线有关。这个模型未考虑电老化时阈值电场的存在性。

（4）Crine 模型。

上述提到的模型主要是经验形式。Crine 模型提出老化过程以能量势垒来表征，能量势垒将绝缘材料初始"好的"绝缘性能与最终击穿或破坏状态分开。Crine 期望赋予模型的参数以物理意义，他认为单个能量势垒的穿透时间等于整个势垒的穿越时间，这可以由热力学关系描述：

$$L = \left(\frac{\hbar}{k_B T}\right)\exp\left(\frac{\Delta G}{k_B T}\right)\text{csch}\left(\frac{e\lambda E}{k_B T}\right) \tag{1-18}$$

式中，$\hbar$ 为普朗克常数；k_B 为玻尔兹曼常数；ΔG 为活化的自由能；λ 为势垒间的

距离；e 为参与老化过程的粒子电荷量。值得指出的是，如果电场为零时，Crine 模型未作定义。当高场时有 $e\lambda E \gg k_B T$，Crine 模型变成

$$L = \left(\frac{\hbar}{k_B T}\right) \exp\left(\frac{\Delta G - e\lambda E}{k_B T}\right) \tag{1-19}$$

从式（1-19）可以看出，协同效应在 Crine 模型中的表现形式，电场降低了势垒，因此降低了 L 值。

实际上 Ramu 模型和 Fallou 模型可以用 Simoni 模型代替，Simoni 模型区别于前两者是它给出了模型建立的详细描述。Simoni 模型和 Crine 模型都是基于热力学获得的。热力学描述了一个热活化过程是如何受外施电场的影响，热活化过程可以是一个化学反应，或者是一个带电粒子的迁移。Simoni 和 Crine 都没有描述是什么过程主宰老化过程，Crine 比 Simoni 多走的一步是假定一个带负电的粒子参与了老化过程。Simoni 模型和 Crine 模型的重要区别是它们如何将寿命与老化速率联系起来。在 Simoni 模型中，寿命与老化速率成反比，而 Crine 则认为寿命与互易的老化速率相等。一般来说，热力学是基于概率考虑的，反应速率给出了一个事件的平均频率。Crine 用热力学来描述单个事件（单个能量势垒形式），所以他的模型有值得怀疑的地方。另外，尽管热力学是 Simoni 模型和 Crine 模型共同的基础，但在解释电热联合老化时，由 Simoni 提出的经验修正使他的结论相异于 Crine 的。在 Crine 模型中，协同效应由能量势垒的变形来表述，它加速了热活化过程。Simoni 以相同的方式描述了电场的影响，此外还包括了其他效应，即单因子老化模型中描述的电老化。因此 Crine 将电热联合老化看作一个由电场加速的热活化过程，而 Simoni 则认为电场既是参与了加速过程，又参与了电老化。

1.3.3　耐电晕聚酰亚胺复合材料研究进展

聚酰亚胺薄膜由于其在绝缘方面优异的性能而被普遍应用在电机的槽绝缘上。在变频电机中，脉冲过电压产生的电晕放电会导致纯聚酰亚胺材料快速老化并在短时间内发生击穿，所以提高聚酰亚胺薄膜的耐电晕性能是延长变频电机寿命的主要途径。国内外研究显示，在聚酰亚胺基体中加入无机颗粒，如氧化硅[53]、氧化铝[54]、氧化钛[55-61]、氮化铝[62]和氧化锌[63]等都可以有效延长聚酰亚胺的耐电晕寿命。在聚酰亚胺制备和机理方面主要有以下研究进展。

Hu 等[64]通过原位分散法制备了聚酰亚胺/氧化铝复合薄膜。力学测试结果表明，随着氧化铝含量的增加，复合薄膜的拉伸强度及断裂伸长率出现了明显的下降趋势，且均低于纯膜；介电性能测试表明，随着氧化铝含量及频率的增加，介电常数表现出下降趋势；复合薄膜的介电损耗均高于纯膜，且在低频率下呈下降趋势，在高频率下呈上升趋势；击穿场强及耐电晕性能测试表明无机质量分数在 10%~20%时可以显著增加复合薄膜的击穿场强及耐电晕性能。Li 等[65]通过先将

氧化铝粒子改性然后采用原位分散的方法制备了聚酰亚胺/氧化铝复合薄膜并对其进行性能分析。结果显示，掺杂的氧化铝含量少的时候，氧化铝粒子多以一次粒子的形式存在于聚酰亚胺基体中；掺杂量大的时候，氧化铝粒子之间出现团聚；耐电晕测试表明薄膜的耐电晕时间随着氧化铝含量的增加而不断增加。Ma 等[66]在超声波条件下，利用溶胶-凝胶法制备了一系列不同氧化铝含量的聚酰亚胺复合薄膜。实验结果表明溶胶-凝胶法制备的氧化铝粒子均匀地分散在聚酰亚胺基体中；适当地掺杂氧化铝使复合薄膜表现出更好的热稳定性、尺寸稳定性、机械性能和耐电晕性能。夏旭等通过研究三层结构聚酰亚胺复合薄膜的电性能，提出了三层结构复合薄膜的耐电晕机理[67,68]。上下两个复合层中的氧化铝可以降低薄膜的表面电阻，在薄膜表面形成电晕阻挡层。中间层相对提高薄膜体积电阻率，与表层形成载流子势垒，使电场应力集中在上下两个复合层。廖波等[69]使用原位分散法制备了二氧化硅/聚酰亚胺复合薄膜，研究了二氧化硅的掺杂量对复合薄膜力学性能、击穿场强以及耐电晕性能的影响。结果表明随着二氧化硅掺杂量的增大，复合薄膜的拉伸强度变化不明显，但断裂伸长率逐渐下降，击穿场强表现为先升高后降低，当二氧化硅的掺杂量（质量分数）为6%时击穿场强达到最大值；复合薄膜的耐电晕性能随着二氧化硅掺杂量增大明显得到提高。

孔宇楠等[70]采用原位分散法制备了不同含量的聚酰亚胺/二氧化钛复合薄膜，实验结果表明，随着二氧化钛掺杂量的增加，复合薄膜的介电常数和介电损耗增大，而击穿场强先增加后降低；在相同测试条件下，复合薄膜耐电晕老化寿命随着掺杂量的增加而增加；由于二氧化钛颗粒具有较强的耐电晕能力，在和聚酰亚胺复合之后能与其形成界面，改善了材料内部的陷阱能级，使材料有利于空间电荷的扩散和热量的散失，并且在老化过程中可以在材料表面积聚形成阻止放电对内部伤害的屏蔽层，因此提高了材料的耐电晕老化寿命。冯宇等[71]通过原位分散法制备了聚酰亚胺/二氧化钛纳米复合薄膜，复合薄膜的性能测试和表征结果表明，复合薄膜中的陷阱密度由于引入二氧化钛而获得了增加，在掺杂量（质量分数）为5%的复合薄膜表面出现了分形，薄膜结构变得致密；复合薄膜的寿命随着二氧化钛质量分数的增加而持续增加，另外复合薄膜的紫外吸收能力明显提高；并且在电晕放电下复合薄膜表面表现为聚酰亚胺的分解和二氧化钛颗粒逐渐地积累，二氧化钛在表面的积聚起到了屏蔽电晕侵蚀的作用。因此，多种因素的协同效应共同提高了复合薄膜的耐电晕性能。Zhao 等[72]研究了聚酰亚胺复合薄膜中二氧化钛和薄膜的厚度对电晕老化的影响，他们认为电晕过程中薄膜表面二氧化钛的聚集是提高薄膜电晕寿命的重要因素。Feng 等[73]也对聚酰亚胺/二氧化钛复合薄膜中二氧化钛的聚集对薄膜表面电晕破坏的影响进行了研究，并探讨了相关机理，研究了掺杂量和老化时间对薄膜的影响，同时研究了薄膜的热稳定性以及纳米粒子的分散状态，结果表明薄膜的耐电晕性能随着氧化锌含量的提高获得了较大幅度的提高；击穿场强虽有所下降但仍满足实际需要；并通过对电场和氧化锌粒子本身的特性分析讨论了耐电晕性能的老化机理。

Chen 等[74, 75]采用原位分散法制备了不同组分的单层、三层聚酰亚胺/氮化铝复合薄膜，研究了具有不同层次结构的聚酰亚胺复合薄膜的电晕性能，结果表明双面掺杂层中间纯层的三层复合薄膜比单层复合薄膜表现出更优异的耐电晕性能的同时还能保持良好的力学性能；其又用蒙脱石和氮化铝共同掺杂聚酰亚胺薄膜并研究了薄膜在电晕放电下的结构变化。徐跃等[76]利用耐电晕测试系统研究了频率和温度对聚酰亚胺薄膜损伤的影响，结果表明在不同温度下聚酰亚胺薄膜的电晕老化寿命与施加的电压频率呈非线性衰减关系；温度的升高会使放电经历显著增强、平稳、再剧烈的三个过程；频率的增加会导致放电次数增多，从而缩短了材料的耐电晕寿命。Kozako 等[77]研究了表面放电对聚酰胺材料的影响，研究结果表明无机纳米复合材料比起纯的有机材料要有更大的抗耐电晕能力，而且仅仅 2%的添加量（质量分数）足够改善由于电晕放电引起的表面粗糙度的变化。高波等[78]为探明添加无机纳米粒子对聚酰亚胺薄膜耐电晕性能的影响，分别从薄膜结构、介电性能、导热性能三个方面系统地研究了杜邦复合薄膜的耐电晕机理。实验结果表明该薄膜呈三层结构，无机纳米粒子主要分布在薄膜的上下两个表层内，在电晕老化过程中可以在表面起到抵抗电晕的作用并对夹层内的聚酰亚胺分子起到保护作用；同时纳米粒子可以提高薄膜的电导率，加快电荷衰减速度；还可以提高薄膜的热导率，这样可以使电晕过程中产生的热量更容易散出，降低了热击穿的危险以及热积聚对材料的破坏作用。陈昊等[79,80]通过对聚酰亚胺复合薄膜进行电晕预处理探讨了薄膜的耐电晕机理，结果发现在适当的电晕预处理条件下，聚酰亚胺复合薄膜的耐电晕寿命会提高，复合薄膜的耐电晕寿命与载流子陷阱能级的分布有关，电晕的预处理会改善陷阱能级的分布，从而提高了耐电晕时间。

罗杨等[81]研究在不同放电老化阶段下的聚酰亚胺薄膜表面及横截面的形貌和结构变化，结果发现聚酰亚胺薄膜的电晕降解存在一个由表面逐渐向内部发展的过程；放电侵蚀是聚酰亚胺降解的本质原因，聚酰亚胺分子主链上的醚键（C—O—C）和酰亚胺环键（C—N—C）在放电老化作用下发生断裂。为了在电晕放电下研究聚酰亚胺分子发生的种种变化，能更深入认识聚酰亚胺分子热降解的微观机理，他们还利用分子动力学软件对聚酰亚胺分子的微观降解机理进行了研究[82]，研究发现聚酰亚胺分子主链结构上的醚键（C—O—C）和酰亚胺环键（C—N—C）上的碳氮键（C—N）较弱，在受热过程中容易发生断裂，造成聚酰亚胺分子聚合度的下降；软件分析还表明聚酰亚胺有两种不同的降解路径，虽然降解路径不同，但其最终降解产物主要都是水、一氧化氮、一氧化碳、二氧化碳和二氧化氮等可挥发气体。孙志等[83-85]利用电场力显微镜研究了聚酰亚胺纯膜和聚酰亚胺复合薄膜表面电荷的生成及其衰减特性。结果表明，在相同的电荷注入条件下，纯膜被注入了更多的电荷量，拥有更长的衰减时间常数。复合薄膜被注入的表面电荷数量少且注入后衰减较快。分析表明，复合薄膜中由于掺杂了无机成分使电荷注入变得困难。这样减少了复合薄膜表面电荷的积累，均化了电场，从而延长了聚酰亚胺的耐电晕寿命。

雷清泉等[86]分别研究了电晕老化前后聚酰亚胺纯膜和复合薄膜的电导电流特性。结果发现在电晕老化前纯膜的欧姆区电流明显小于复合薄膜，而纯膜的空间电荷限制电流区电流则明显大于复合薄膜；电晕老化后，复合薄膜的陷阱载流子密度和电老化阈值均增大，而纯膜的对应值均减小。张沛红[87]研究了纳米复合聚酰亚胺薄膜的介电性能、高场电导特性、电老化阈值及局部放电对薄膜表面形貌的影响，并利用扫描电子显微镜和原子力显微镜分析了杜邦 100CR 耐电晕聚酰亚胺薄膜的结构，比较了电晕老化前后聚酰亚胺纯膜和耐电晕聚酰亚胺薄膜的表面形貌，得出耐电晕聚酰亚胺薄膜之所以耐电晕，是因为高热导率的无机物质集中在薄膜的表面，可以及时导走电晕产生的热量，减小薄膜发生热击穿的概率，同时由于电晕放电产生的伤害主要集中在薄膜的表面，而表层的无机物有更好的抵抗电晕放电破坏的能力，因此提高了材料的耐电晕能力。尹毅等[88]认为，材料的耐电晕性能提高的原因是添加无机纳米粒子可提高其浅陷阱密度，浅陷阱可使注入的电子被陷阱捕获后在材料表面形成屏蔽电场。Kaufhold 等[89]认为变频电机匝间绝缘材料击穿的主要原因是由局部放电引起的，因为在没有局部放电之后，即使大幅度提高材料所受到的电应力和热应力，材料也没有发生击穿现象；而当存在局部放电时，聚酰亚胺薄膜会在较短时间内被击穿。Tanaka 等[90]根据层状纳米材料的阻挡保护作用提出了多核模型，在层状纳米材料的作用下，电晕放电的破坏通道被延长了，从而提高了材料的耐电晕性能。Tanaka[91]还提出了耐电晕性能和介电常数的关系，并认为电晕放电集中于具有较高介电常数的纳米材料时，复合材料的耐电晕能力明显获得了提高，这是因为无机纳米粒子具有较强的耐电晕放电性能。Yin[92]认为复合材料耐电晕性的提高不是单因素造成的，是无机粒子引起或者导致的电场均化、热稳定性能提高、电子及紫外线屏蔽作用等多种效应共同作用的综合结果。刘立柱和殷景华等课题组的研究表明无机粒子的大小、含量和薄膜的结构对复合薄膜的耐电晕性能有很大影响[53,54]。陈昊等[79]在研究聚酰亚胺电晕老化机理的同时还研究了空气湿度对材料的耐电晕性能的影响，发现材料的耐电晕时间随着湿度的增加而减少，从环境因素上考察了薄膜的耐电晕性能。

在聚酰亚胺薄膜中引入无机粒子提高其耐电晕性能的机理研究方面尚无统一的观点，这可能是因为无机粒子本身就具有优异的耐电晕性能，也有可能是因为在聚合物基体中引入无机成分之后改变了薄膜的介电性能，进而提高了其耐电晕能力。对于聚酰亚胺在电晕放电下破坏失效的原因主要有以下几种观点和理论。

（1）热电子理论。在高电场条件下，载流子注入材料内部，并且不断扩大，形成碰撞电离，从而产生正离子和自由电子。电场将会对这些带电粒子产生影响，分离出正负粒子并阻止它们再次结合，同时加速带电粒子的运动。由于电子的加强具有更高的电荷体积比，电子被加速到更高的速率，进一步可能与中性原子碰撞产生电子、正离子对。这些电子、正离子对然后经历同样的分离过程，产生电子雪崩。在这些过程中，等离子具有的能量进一步被转换成最初的电子分离能，产生进一步雪崩，最终引起击穿[85-87]。

（2）陷阱理论。陷阱理论认为聚酰亚胺薄膜中分布着不同深度的陷阱能级，对于纯聚酰亚胺膜来说存在大量的深陷阱，在高电场的作用下，载流子进入材料内部容易被深陷阱俘获，因此可能在注入载流子的电极附近形成空间电荷积累，这样就容易造成较为严重的电场畸变，容易引发过早的破坏击穿[45, 61, 82]。

（3）电晕的破坏作用[88, 89]。电晕放电产生高能电子束、紫外线、臭氧等，对薄膜表面进行侵蚀破坏，使介质表面的有机物发生化学及物理降解，降解的有机物最终作为气体挥发。随着老化的进行，薄膜被腐蚀的区域增大并逐渐向内部发展而形成放电通道，并最终发展成贯穿性通道，使薄膜发生击穿。

（4）多核模型。该模型认为在电晕老化过程中，材料的表层以及球形粒子的外层首先遭到破坏，随着电晕的进一步发展，进入薄膜内部的载流子经过基体和粒子的界面层形成曲折的"之"字形运输通道，这样延长了载流子的传播路径，同时避免了空间电荷的积累，因而聚酰亚胺材料的耐电晕性能得到了提升[93]。Kozako 等[94]通过研究聚酰胺与层状硅酸盐，也是认为纳米粒子在薄膜内部形成了一种多核结构。

（5）协同效应。这种理论认为最终造成聚酰亚胺薄膜的电晕老化击穿并不是由单一的因素引起的，导致薄膜最终破坏是由电晕放电破坏、热效应和空间电荷积累共同作用的结果。电晕放电会对薄膜的结构和性能造成明显的破坏，首先，申晕放电会破坏薄膜表面，造成薄膜的质量损失和薄膜的厚度变薄；其次，薄膜内部的大量电荷由于无法释放无形之中使薄膜承受更大的电场强度；最后，在电晕放电过程中释放大量的热，对绝缘材料的热冲击很严重，使之发生热老化，这些因素造成的综合效应导致了薄膜电晕击穿的提前发生。

（6）空间电荷的积聚。当波峰上升速度增加后，空间电荷就会在电极和绝缘材料之间积累，这些积累的空间电荷会使绝缘材料承受更大的电场强度，因而过高的电场强度会使绝缘材料过早发生击穿破坏；通过聚酰亚胺薄膜在模拟变频情况下的实验研究发现，电荷积累对绝缘材料老化寿命具有明显的影响[95-98]。

（7）热积累。主要依据是电晕要在有空气存在的情况下才能发生，而在没有空气时，变频电机中绝缘材料的破坏仍然可以发生。尽管温度对传统意义上电晕的强弱有一定的影响，但并不是最重要的影响因素，而在变频电机中，温度的高低直接影响了绝缘材料的破坏。另外，材料的电晕老化是一个相对较长的过程，而变频电机中绝缘材料的破坏可以在很短的时间内发生，所以极有可能是热积累引起了材料提前老化破坏。

综上所述，在对耐电晕聚酰亚胺复合薄膜的制备和研究过程中，研究人员提出了很多模型和相关机理去解释复合薄膜耐电晕提升的原因，但各种机理之间并没有建立起内在的联系，也没有形成统一的认识。耐电晕复合薄膜的制备也仅限于采用原位分散法和溶胶-凝胶法，未见采用离子交换法制备耐电晕复合薄膜的报道；对聚酰亚胺薄膜在电晕放电下击穿发生时击穿位置出现的规律也未见报道，在电晕放电下聚酰亚胺的降解动力学的分析也未见报道。因此，结合离子交换法制备聚酰亚胺复合薄膜并对聚酰亚胺在电晕放电下的降解动力进行分析，对研究解释无机材料、提高材料的耐电晕机理具有非常重要的意义。

参 考 文 献

[1] 何天白, 胡汉杰. 功能高分子与新技术[M]. 北京: 化学工业出版社, 2001: 274.

[2] Nagaoka S, Ashiba K, Kawakami H. Interaction between biocomponents and surface modified fluorinated polyimide[J]. Materials Science and Engineering C, 2002, 20(1-2):181-185.

[3] Kanno M, Kawakami H, Nagaoka S, et al. Biocompatibility of fluorinated polyimide[J]. Journal of Biomedical Materials Research, 2002, 60(1):53-60.

[4] 张雯, 张露, 李家利, 等. 国外聚酰亚胺薄膜概况及其应用进展[J]. 绝缘材料, 2001(2): 21-23.

[5] Yazici B. Statistical pattern analysis of partial discharge measurements for quality assessment of insulation systems in high-voltage electrical machinery[J]. IEEE Transactions on Industry Applications, 2004, 40(6):1579-1594.

[6] Kaufhold M, Aninger H. Electrical stress and failure mechanism of the winding insulation in PWM-inverter-fed low-voltage induction motors[J]. IEEE Transactions on Industrial Electronics, 2000, 47(2):396-402.

[7] Hussain M K, Gomez P. Optimized dielectric design of stator windings from medium voltage induction machines fed by fast front pulses[J]. IEEE Transactions on Dielectrics & Electrical Insulation, 2017, 24(2):837-846.

[8] Bonnet A H. Comparison between insulation system available for PWM-inverter-fed motors[J]. IEEE Transaction on Industrial Applications, 1997 (5): 1331-1334.

[9] Hwang D H, Young D, Kim Y J, et al. Analysis of insulation characteristics of PWM inverter-fed induction motors[C]. 2001 IEEE International Symposium on Industrial Electronics(IEEE ISIE-2001), Pusan, Korea, 2001: 477-481.

[10] Stone G, Campbell S, Tetreault S. Inverter-fed drives: which motor stators are at risk[J]. IEEE Industrial Applications Magazine, 2000 (9): 17-22.

[11] Hudon C, Seguin J N, Amyot N, et al. Turn insulation aging of motors exposed to fast pulses of inverter drives[J]. Elect. Insul. Conf., Chicago USA, 1997: 413-417.

[12] Bellomo J P, Lebey T, Oraison J M, et al. Electrical aging of stator insulation of low voltage rotating machines supplied by inverters[C]. IEEE International Symposium on Electrical Insulation. IEEE, 1996: 210-213.

[13] Yin W, Bultemeier K, Barta D, et al. Critical factors for early failure of magnet wires in inverter-fed motors[C]. Conference on Electrial Insulation and Dielectric Phenomena, Annual Report, 1995: 258-261.

[14] Meloni P A. High temperature polymeric materials containing corona resistant composite filler and methods relating thereto: US 7015260 B2[P]. 2006-03-21.

[15] Draper R E, Jones P G, Rehder R H , et al. Sandwich insulation for increased corona resistance: US 5989702 A[P]. 1999-11-23.

[16] Hake J E, Metzler D A. Method of coating electrical conductors with corona resistant multi-layer insulation: US

06056995A [P]. 2000-05-02.

[17] Chen X Y, Tien-Binh N, Kaliaguine S, et al. Polyimide membranes for gas separation: synthesis, processing and properties[M]. New York: Nova Sciences Publishers, 2016.

[18] 李鸿岩, 郭磊, 刘斌, 等. 聚酰亚胺/纳米氧化钛复合薄膜的介电性能研究[J]. 绝缘材料, 2005(6): 30-33.

[19] 丁孟贤, 何天白. 聚酰亚胺新型材料[M]. 北京：科学出版社, 1998: 2-4.

[20] 谢威扬, 大伟, 高连勋, 等. 氯代苯酐的合成[J]. 化工进展, 2001(10):7-10, 27.

[21] 王彦, 史国芳. 聚酰亚胺的发展及应用[J]. 航空材料导报, 1994, 14(1): 56-62.

[22] Richards W T, Loomis A L. The chemical effects of high frequency sound waves I. A preliminary survey[J]. Journal of The American Chemical Society, 1927, 49(12):3086-3100.

[23] Babanzadeh S, Mehdipour-Ataei S, Mahjoub A R. Preparation and characterization of novel polyimide/SiO$_2$ nano-hybrid films by in situ polymerization[J]. Journal of Inorganic & Organometallic Polymers & Materials, 2012, 22(6):1404-1412.

[24] Parvasi P, Khaje H A, Jahanmiri A. A Comparative study on droplet coalescence in heavy crude oil emulsions subjected to microwave and ultrasonic fields[J]. Separation Science and Technology, 2013, 48(11/14):1591-1601.

[25] Wood R W, Loomis A L, The physical and biological effects of high-frequency sound waves of great intensity[J]. Philosophical Magazine Letters, 2001,4(7):417-426.

[26] Bittmann B, Haupert F, Schlarb A K. Ultrasonic dispersion of inorganic nanoparticles in epoxy resin[J]. Ultrasonics Sonochemistry, 2009, 16(5): 622-628.

[27] Li J, Li Y, Song Y, et al. Ultrasonic-assisted synthesis of polyvinyl alcohol/phytic acid polymer film and its thermal stability, mechanical properties and surface resistivity[J]. Ultrasonics Sonochemistry, 2017, 39:853-862.

[28] 孔璐, 杨红, 赵进顺. 低剂量脉冲超声波对培养细胞的生物学效应[J]. 中国工业医学杂志, 2005(1): 16-18.

[29] Flosdorf E W, Chambers L A. The chemical action of audible sound[J]. Journal of the American Chemical Society, 1933, 55:3051-3060.

[30] Boyle R W. Cavitation in the propagation of sound[J]. Trans. Canada, 1922,16(3):157-175.

[31] Kruus P. Polvmerization resultina from ultrasonic Cavitation[J]. Ultrasonics, 1983, 21(5): 201-204.

[32] Price T J. Chemistry with ultrasound[J]. Chemical Society Reviews, 1991,396(1):443-451.

[33] 徐庆玉, 范和平, 井强山. 聚酰亚胺无机纳米杂化材料的制备、结构和性能[J]. 功能高分子学报, 2002, 15(2): 207-218.

[34] Ahmad Z, Sarwar M I, Wang S, et al. Preparation and properties of hybrid organic-inorganic composites prepared from poly(phenylene terephthalamide) and titania[J]. Polymer, 1997, 38(17):4523-4529.

[35] Lan T, Pinnavaia T J. Synthesis, characterization and mechanical properties of epoxy-clay nanocomposites[J]. Chem. Mater., 1994(6): 2216-2219.

[36] Sanchez C, Alonso B, Chapusot F, et al. Molecular design of hybrid organic-inorganic materials with electronic properties code: BP12[J]. Sol-gel Sci&Tech. Chem. Soc., 1994(2): 161-166.

[37] 官建国, 袁润章. 光学透明材料的现状和研究进展:有机-无机纳米复合光学透明材料[J]. 武汉工业大学学报, 1998, 20(3): 11-13.

[38] 曹峰, 朱子康, 印杰. 新型光敏聚酰亚胺/SiO$_2$ 杂化材料的制备与性能研究[J]. 功能高分子学报, 2000, 13(3): 325-328.

[39] Jones S M, Friberg S E, Sjöblom J. A bioactive composite material produced by the sol-gel method[J]. Journal of Materials Science, 1994 (29): 4075-4080.

[40] 刘俊, 何明鹏, 陈昊, 等. 二氧化硅/聚酰亚胺纳米复合薄膜的制备与性能研究[J]. 绝缘材料, 2009, 42(6): 1-3,8.

[41] El-Hag A H, Simon L C, Jayaram S H, et al. Erosion resistance of nano-filled silicone rubber[J]. IEEE Transactions on Dielectrics and Electrical Insulation, 2006, 13(1): 122-128.

[42] Rui J M. Preparation of novel corona-resistance polyimide/spherical SiO$_2$ hybrid films[J]. Advanced Materials Research, 2013, 716: 172-176.

[43] Jaworek A, Krupa A. Corona discharge from a multipoint electrode in flowing air[J]. Journal of Electrostatics, 1996, 38(3):187-197.

[44] Ohadi M M, Nelson D A, Zia S. Heat transfer enhancement of laminar and turbulent pipe flow via corona discharge[J]. International Journal of Heat & Mass Transfer, 1991, 34(4-5):1175-1187.

[45] Mann D, van den Bos J C, Way A. Plastics and reinforcements used in automobile construction[J]. Automotive Plastics and Composites (second edition), 1999: 25-60.

[46] Bahder G, Rabinowitz M, Sosnowski M. Bulk solid dielectric for cryogenic cables[J]. Cryogenics, 1983, 23(2):95-101.

[47] Langer J J, Krzyminiewski R, Kruczyński Z, et al. EPR and electrical conductivity in microporous polyaniline[J]. Synthetic Metals, 2001, 122(2): 359-362.

[48] Verweij J F, Klootwijk J H. Dielectric breakdown I: a review of oxide breakdown[J]. Microelectronics Journal, 1996, 27(7): 611-622.

[49] Dissodo L, Mazzanti G, Montanari G C. The incorporation of space charge degradation in the life model for electrical insulating material[J]. IEEE Transactions on Dielectrics and Electrical Insulation, 1995,2(6): 1147-1158.

[50] Blaise G, Sarjeant W J. Chapter 4-electrical aging and breakdown in dielectric materials[J]. Handbook of Low and High Dielectric Constant Materials and Their Applications, 1999, 2: 137-207.

[51] Simoni L, Mazzanti G. A general multi-stress life model for insulation materials with or without evidence for thresholds[J]. IEEE Transactions on Electrical Insulation, 1993, 28(3): 349-364.

[52] Montanari G C，Simoni L. Aging phenomenology and modeling[J]. IEEE Transactions on Electrical Insulation, 1993, 28(5): 755-776.

[53] 张明艳. PI/SiO$_2$ 纳米杂化薄膜的制备及性能研究[D]. 哈尔滨: 哈尔滨理工大学, 2006: 33-46.

[54] 李园园, 刘立柱, 翁凌, 等. 微量 SiO$_2$ 对 PI/Al$_2$O$_3$ 复合薄膜性能的影响[J]. 功能材料, 2014(13): 13122-13125,13130.

[55] 查俊伟, 党智敏. 无机纳米/聚酰亚胺复合杂化膜的绝缘特性研究[J]. 绝缘材料, 2008, 41(6):4-7, 13.

[56] 梁凤芝, 陈磊, 陈昊, 等. 纳米硅/铝氧化物杂化聚酰亚胺薄膜的制备与电性能研究[J]. 绝缘材料, 2011(1):1-4.

[57] Li G Y, Yin J H, Yao L, et al. Particle size effect on the corona resistant properties of PI/TiO$_2$ composite films[J]. Advanced Materials Research, 2014(2): 914-917.

[58] Xia X, Yin J, Li G, et al. Study on the corona resistant property of polyimide/TiO$_2$@SiO$_2$ films[C]. The 8th International Forum on Strategic Technology, 2013(2): 101-104.

[59] Feng Y, Yin J, Chen M, et al. Effect of nano-TiO$_2$ on the polarization process of polyimide/TiO$_2$ composites[J]. Materials Letters, 2013, 96: 113-116.

[60] Liu X, J Yin, Kong Y, et al. The property and microstructure study of polyimide/nano-TiO$_2$ hybrid films with sandwich structures[J]. Thin Solid Films, 2013, 544: 54-58.

[61] Zha J, Chen G, Dang Z, et al. The influence of TiO$_2$ nanoparticle incorporation on surface potential decay of corona-resistant polyimide nanocomposite films[J]. Journal of Electrostatics, 2011, 69: 255-260.

[62] 陈明华. PI/(MMT+AlN)纳米复合薄膜结构、耐电晕特性及机理研究[D]. 哈尔滨: 哈尔滨理工大学, 2013: 6-19.

[63] 查俊伟, 党智敏. 聚酰亚胺/纳米 ZnO 耐电晕杂化膜的绝缘特性[J]. 中国电机工程学报, 2009(34): 122-127.

[64] Hu W, Du B X, Li J, et al. Electrical and mechanical characteristics of polyimide nanocomposite films for wind generator[C]. IEE Innovative Smart Grid Technologies-Asia, 2012(1): 21-24.

[65] Li H, Liu G, Liu B, et al. Dielectric properties of polyimide/Al$_2$O$_3$ hybrids synthesized by In-situ polymerization[J]. Materials Letters, 2006, 61(7): 1507-1511.

[66] Ma P C, Nie W, Yang Z H, et al. Preparation and characterization of polyimide/Al$_2$O$_3$ hybrid films by sol-gel process[J]. Journal of Applied Polymer Science, 2008, 108(2): 705-712.

[67] 夏旭. 聚酰亚胺/三氧化二铝复合薄膜耐电晕性能及机理[D]. 哈尔滨: 哈尔滨理工大学, 2014: 17-24.

[68] Kong Y N, Yin J H, Tie W L, et al. Preparation and corona resistant of polyimide/TiO$_2$ nanocomposite films[J]. Journal of Inorganic Materials, 2013, 29(1):98-102.

[69] 廖波, 张步峰, 王文进, 等. 纳米氧化硅改性聚酰亚胺薄膜的制备与性能研究[J]. 绝缘材料, 2014(1): 37-39.

[70] 孔宇楠, 殷景华, 铁雯鹭, 等. 聚酰亚胺/二氧化钛纳米复合薄膜制备与耐电晕性[J]. 无机材料学报, 2014(1): 98-102.

[71] 冯宇, 殷景华, 陈明华, 等. 聚酰亚胺/TiO$_2$纳米杂化薄膜耐电晕性能的研究[J]. 中国电机工程学报, 2013(22): 142-147.

[72] Zhao X, Yin J H, Jin R, et al. Effect of content and layer thickness on the corona-resistance of PI/TiO$_2$ nanocomposite films[C]. The 3rd International Conference on Advanced Design and Manufacturing Engineering, 2013, 395-396: 133-137.

[73] Feng Y, Yin Y, Chen M, et al. Study on corona-resistance of polyimide/Nano-TiO$_2$ hybrid films[J]. Proceedings of the Chinese Society of Electrical Engineering, 2013, 33(22):142-147.

[74] Chen M H, Yin J H, Song D J, et al. Fabrication and characterization of polyimide/AlN nanocomposite films[J]. Polymers and Polymer Composites, 2014, 22(2): 221-226.

[75] Chen M H, Yin J H, Bu W B, et al. Microstructure changes of polyimide/MMT-AlN composite hybrid films under corona aging[J]. Applied Surface Science, 2012, 263(48): 302-306.

[76] 徐跃, 邓小军. 不同频率和温度的电晕放电对聚酰亚胺薄膜的损伤特性研究[J]. 绝缘材料, 2014(1): 85-88.

[77] Kozako M, Fuse N, Ohki Y, et al. Surface degradation of polyamide nanocomposites caused by partial discharges using IEC (b) electrodes[J]. IEEE Transactions on Dielectrics and Electrical Insulation, 2004, 11(5): 833-839.

[78] 高波, 吴广宁, 曹开江, 等. 聚酰亚胺纳米复合薄膜的耐电晕机理[J]. 高电压技术, 2013(12): 2882-2888.

[79] 陈昊, 范勇, 杨瑞宵, 等. 聚酰亚胺薄膜绝缘材料耐电晕机理研究[J]. 电机与控制学报, 2013(5): 28-31.

[80] Chen H, Fan Y, Zhou H, et al. The impact of corona pretreatment on coronaresistant polyimide films[C]. The 6th International Forum on Strategic Technology, 2011, 1: 130-132.

[81] 罗杨, 吴广宁, 刘继午, 等. 表面放电对聚酰亚胺薄膜材料的电气损伤特性研究[J]. 中国电机工程学报, 2013(25): 27, 187-195.

[82] 罗杨, 吴广宁, 曹开江, 等. 聚酰亚胺分子降解的微观动力学模拟[J]. 高电压技术, 2012, 38(10): 2707-2716.

[83] 孙志, 王暄, 韩柏, 等. 聚酰亚胺薄膜表面电荷的开尔文力显微镜研究[J]. 中国电机工程学报, 2014(12): 1957-1964.

[84] Sun Z, Han B, Wang X, et al. Study the surface charge of both original and corona-resistant polyimide films by electrostatic force microscope[C]. The 9th International Conference on Properties and Applications of Dielectric Materials, 2009(1): 942-945.

[85] 孙志, 韩柏, 张冬, 等. 耐电晕聚酰亚胺薄膜表面电荷特性[J]. 纳米技术与精密工程, 2010, 6: 532-536.

[86] 雷清泉, 石林爽, 口付弧, 等. 电晕老化前后100HN和100CR聚酰亚胺薄膜的电导电流特性实验研究[J]. 中国电机工程学报, 2010, 30: 109-114.

[87] 张沛红. 无机纳米-聚酰亚胺复合薄膜介电性及耐电晕老化机理研究[D]. 哈尔滨: 哈尔滨理工大学, 2006: 12-33.

[88] 尹毅, 肖登明, 屠德民, 等. 空间电荷在评估绝缘聚合物电老化程度中的应用研究[J]. 中国电机工程学报, 2002, 22(1): 43-48.

[89] Kaufhold M, Borner G, Eberhardt M, et al. Failure mechanism of the interturn insulation of low voltage electric machines fed by pulse-controlled inverters[J]. IEEE Electrical Insulation Magazine, 1996(5): 9-16.

[90] Tanaka T, Montanari G C, Mulhaupt R. Polymer nanocomposites as dielectric and electrical insulation-perspectives for processing technologies, material charaterization and future applications[J]. IEEE Transaction and Electrical Insulation, 2004, 11(5): 763-784.

[91] Tanaka T. Dielectric nanocomposites with insulating properties[J]. IEEE Transactions on Dielectrics and Electrical Insulation, 2005, 12(5):914-928.

[92] Yin W. Failure mechanism of winding insulations in inverter-fed motors [J]. IEEE Electrical Insulation Magazine, 1997(6): 18-23.

[93] Liu L Z, Shi H, Weng L, et al. The effects of particle size on the morphology and properties of

polyimide/nano-Al$_2$O$_3$ composite films[J]. Polymers and Polymer Composites, 2014, 22(2):117-122.

[94] Kozako M, Fuse N, Shibata K, et al. Surface change of polyamide nanocomposite caused by partial discharges[C]. The Conference on Electrical Insulation and Dielectric Phenomena, 2003: 75-78.

[95] Du B X, Li J, Du H, et al. Effect of surface fluorination on space charge behavior in multilayered polyimide films[J]. IEEE Transactions on Dielectrics and Electrical Insulation, 2014, 21(4):1817-1823.

[96] Zhou L R, Wu G N, Gao B, et al. Study on charge transport mechanism and space charge characteristics of polyimide films[J]. IEEE Transactions on Dielectrics and Electrical Insulation, 2009, 16(4):1143-1149.

[97] Fabiani D, Montanari G C, Palmieri F. Space charge measurements on enameled wires for electrical winding[C]. CWIEME'01, Berlin, Germany, 2001: 110-115.

[98] 周力任, 吴广宁, 高波, 等. 聚酰亚胺薄膜中电荷输运机理和空间电荷特性[J]. 电工技术学报, 2009, 24(12):6-11.

第 2 章 纳米 Al_2O_3/PI 复合薄膜的制备与性能研究

当下，国外对于纳米 Al_2O_3 掺杂制备复合薄膜的研究并不多见。Al_2O_3 虽然具有优异的导热性和绝缘性，但其表面活化能较高，使得 Al_2O_3 具有一个致命的缺点，就是容易发生团聚，这样就阻碍了 Al_2O_3 在聚酰胺酸中的良好分散。因此，研发新的掺杂方式成为打破美国杜邦公司 Kapton CR 薄膜垄断地位的一种可行的途径，从而降低耐电晕 PI 复合薄膜的产品成本[1]。从 20 世纪 90 年代开始，国内研究学者陆续开展了聚酰亚胺/Al_2O_3 复合薄膜的制备和性能研究工作[2-7]，研究表明，无机组分的引入大大提高了薄膜的局部电学性能、热性能及耐电晕时间，而击穿场强下降，且不同掺杂量的复合薄膜性能变化不同。研究制备出一种综合性能优良的复合薄膜是研究的重点。

2.1 原位聚合法制备纳米 Al_2O_3/PI 单层复合薄膜

2.1.1 Al_2O_3 颗粒的偶联改性

硅烷偶联剂是在分子中同时具有两种不同反应性基团的有机硅化合物。其化学结构一般可用通式 $YRSiX_3$ 来表示。X 为可水解性基团，通常是烷氧基，还有卤素及酰氧基等，能够与无机材料发生化学反应或吸附在材料表面，从而提高与无机材料的亲和性。Y 为可与聚合物进行反应的有机官能团，如乙烯基、氨基、环氧基、甲基丙烯酸基等。因此，通过硅烷偶联剂能使两种不同性质的材料很好地"偶联"起来，即形成无机相-硅烷偶联剂-有机相的结合层，从而使复合材料获得较好的黏结强度。硅烷偶联剂长期以来是作为提高无机材料与有机聚合物的界面黏结力而使用的。但近年来复合材料的发展需要寻求除黏结力之外的高性能，即在赋予材料黏结性的同时附加耐热性、耐磨性、耐水性、耐药品性和抗静电性等表面特性[8]。

有机聚合物种类很多，大多数聚合物因具有特定的官能团而表现出该聚合物的特性。硅烷偶联剂通过与聚合物的官能团发生化学反应产生偶联效果。硅烷偶联剂通式 YRSiX 中的 Y 基团对有机聚合物具有反应选择性。值得注意的是，在硅烷偶联剂与有机聚合物作用的同时，聚合物本身也在进行化学反应。如果硅烷与聚合物的反应速度过慢或聚合物自身的反应速度太快，即只有少部分硅烷参与聚合物反应就会影响到偶联作用效果。一般说来，硅烷偶联剂中活性基团的活性越大，则与聚合物的反应机会就越多偶联效果也就越好。硅烷偶联剂的作用机理如图 2-1 所示[9]。

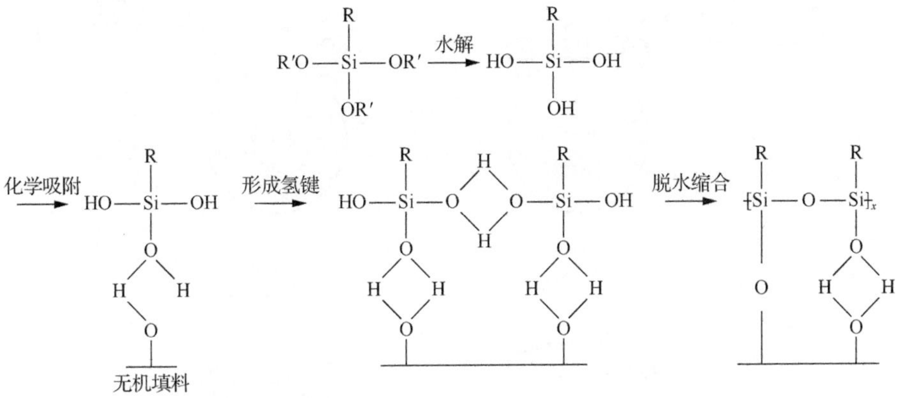

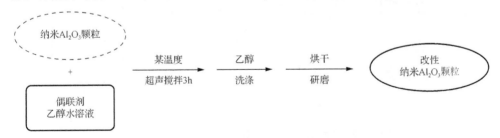

图 2-1　硅烷偶联剂的作用机理

2.1.2　原位聚合法制备纳米 Al₂O₃/PI 复合薄膜的合成

对纳米 Al₂O₃ 颗粒进行表面改性的过程见图 2-2。经干燥处理后的纳米 Al₂O₃ 颗粒先与硅烷偶联剂及体积分数为 95% 的乙醇水溶液在某温度下进行间歇式超声辅助混合搅拌，经过冷凝回流反应约 3h。实验中，偶联剂用量为所需改性纳米 Al₂O₃ 质量的 2%。待结束反应停止，经无水乙醇洗涤后的改性纳米 Al₂O₃ 颗粒，放入烘箱中干燥 8~10h，再经研钵研磨，最后存入干燥器中备用[10]。

图 2-2　纳米 Al₂O₃ 颗粒表面硅烷偶联剂改性

原位聚合法制备纳米 Al₂O₃/PI 复合薄膜的主要工艺流程见图 2-3 及图 2-4[11]。纯聚酰亚胺薄膜的铺膜方法与纳米 Al₂O₃/PI 复合薄膜的铺膜方法一致，然后进行相同的梯度升温亚胺化、脱膜，即得到纯聚酰亚胺薄膜。

需要注意的是，薄膜在制备过程中可能会出现以下问题：①成膜或脱膜过程中存在应力不均或取向问题；②脱膜后由于浸泡吸潮引起薄膜的空间电荷积聚。

采用对薄膜进行后处理可解决以上问题，并能够提高薄膜的亚胺化程度。薄膜后处理所采用的温度梯度如下：80℃，10min；100℃，10min；180℃，10 min；220℃，10 min；300℃，10 min，最后升温到350℃关闭烘箱。

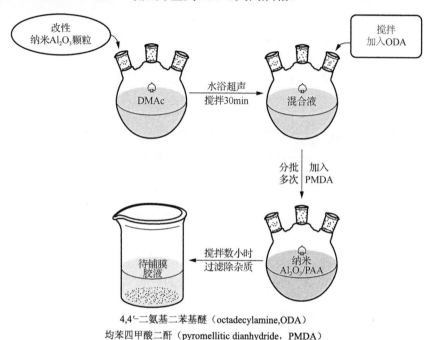

4,4′-二氨基二苯基醚（octadecylamine,ODA）
均苯四甲酸二酐（pyromellitic dianhydride，PMDA）

图 2-3　纳米 Al$_2$O$_3$/聚酰胺酸胶液的原位聚合法制备过程

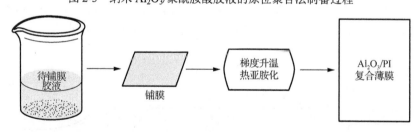

图 2-4　Al$_2$O$_3$/PI 复合薄膜铺膜及热亚胺化过程

2.1.3　纳米 Al$_2$O$_3$/PI 复合薄膜微结构分析

对不同纳米 Al$_2$O$_3$ 颗粒质量分数为 4%、8%、12%、16%的聚酰亚胺复合薄膜进行扫描电子显微镜分析（放大倍数为 1000 倍），观察无机颗粒在聚酰亚胺基体中的分散情况，其结果如图 2-5～图 2-8 所示[12]。

由图 2-5～图 2-8 可以看出，复合薄膜表面主要是由两部分组成，其中孤立的浅色部分为纳米 Al$_2$O$_3$ 颗粒的浓相，即在该区域纳米氧化铝粒子的密度较高；而连续的深色部分则为纳米 Al$_2$O$_3$ 颗粒的稀相，即在该区域纳米氧化铝粒子的密度较低。

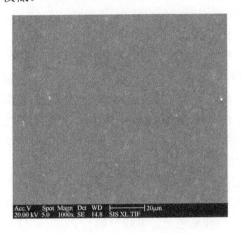 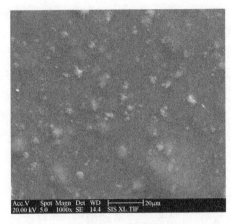

图 2-5　质量分数为 4%复合薄膜的 SEM 图　　图 2-6　质量分数为 8%复合薄膜的 SEM 图

图 2-5 中，当无机填料质量分数为 4%时，因无机含量（书中均指无机粒子的质量分数）较小，纳米 Al$_2$O$_3$ 颗粒只能够较分散地分布在聚酰亚胺基体中，颗粒之间的间距较大，不足以形成网络结构，同时还发现与掺杂之前相比，纳米 Al$_2$O$_3$ 颗粒的粒径有所增大，这是由于纳米 Al$_2$O$_3$ 颗粒的表面自由能较大，在掺杂过程中，颗粒之间会发生团聚现象以降低其表面自由能。

图 2-7　质量分数为 12%复合薄膜的 SEM 图　　图 2-8　质量分数为 16%复合薄膜的 SEM 图

图 2-6、图 2-7 中，随着无机含量的增大，纳米 Al$_2$O$_3$ 颗粒的密度提高，颗粒之间的间距变小，在聚酰亚胺基体中纳米 Al$_2$O$_3$ 颗粒开始形成较完整的连续网络结构，此外，随着无机含量的提高，颗粒之间出现的团聚概率增大，团聚程度也

逐步加强，并且有比较明显的两相界面出现。但是从整体效果来看，纳米 Al_2O_3
颗粒在这两种不同掺杂量下，虽然都会出现团聚现象，但团聚程度均较轻，纳米
Al_2O_3 颗粒均能较好地分散在聚酰亚胺基体中，形成纳米 Al_2O_3 无机相和聚酰亚胺
有机相之间相互紧密包裹的网状结构，两相之间具有较好的相容性。这是因为，
首先所采用的原位聚合法中高速机械搅拌以及超声波分散能够使无机颗粒非常均
匀地分散在基体中，避免出现大量无机颗粒聚集在一起的现象；其次 KH550 偶联
剂含有—NH_2 活性基团，可与聚酰胺酸中的羧基发生反应，或者与在其主链末端
的酸酐基团发生反应，在有机相与无机相结合过程中起到桥梁作用，使得无机相
与有机相之间具有较强的相互作用，使纳米 Al_2O_3 颗粒更好地分散在聚酰亚胺基
体中，从而使得两者能够很好地相融在一起。

　　对纯聚酰亚胺薄膜及不同质量分数 Al_2O_3 的聚酰亚胺复合薄膜进行紫外-可见
光谱分析表明（图 2-9），与纯聚酰亚胺薄膜相比，不同掺杂量聚酰亚胺复合薄膜
的紫外-可见光透过率均偏低，并且这种紫外-可见光透过率随着纳米 Al_2O_3 的增加
而呈现出下降的趋势。这可能是因为紫外-可见光在无机纳米粒子以及聚酰亚胺基
体中的透过率是不同的，且在聚酰亚胺基体中的透过率要强于在无机纳米粒子中，
纳米颗粒会对紫外-可见光具有较强的反射和折射作用。

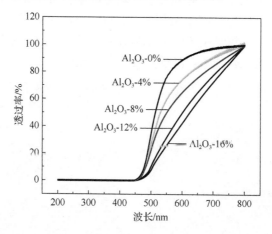

图 2-9　不同质量分数纳米 Al_2O_3/PI 复合薄膜的透过率曲线

　　表 2-1 是当紫外-可见光波长为 600nm 时，纯膜以及不同无机含量（质量分数）
的聚酰亚胺复合薄膜的透过率。由表中数据可知，Al_2O_3 颗粒的加入使得聚酰亚胺
复合薄膜的透过率普遍发生下降，且无机含量对薄膜透过率的影响较大：低无机
含量（质量分数为 4%、8%）的聚酰亚胺复合薄膜的透光性较好，当掺杂的无机
含量较高（质量分数为 12%、16%）时，由于团聚程度的加深以及明显两相界面
的产生，薄膜体系的透光性出现明显的降低。

表 2-1　不同质量分数纳米 Al$_2$O$_3$/PI 复合薄膜的透过率

试样	透过率/%
纯膜（Al$_2$O$_3$-0%）	88.6
Al$_2$O$_3$-4%	74.3
Al$_2$O$_3$-8%	64.8
Al$_2$O$_3$-12%	50.0
Al$_2$O$_3$-16%	42.2

2.1.4　纳米 Al$_2$O$_3$/PI 复合薄膜性能分析

1.　热失重性能

在电机电器的工作过程中，会有大量的热产生，当纳米 Al$_2$O$_3$/PI 复合薄膜作为绝缘材料应用于电气设备中时，必然会承受高温的作用，因此其耐高温能力是衡量纳米 Al$_2$O$_3$/PI 复合薄膜性能好坏的重要指标之一[13]。表 2-2 列出了纯膜和不同质量分数（4%、8%、12%和 16%）纳米 Al$_2$O$_3$/PI 复合薄膜的初始热分解温度 T_d、失重 10%的温度 $T_{10\%}$ 以及失重 30%的温度 $T_{30\%}$ 测试结果。

表 2-2　纳米 Al$_2$O$_3$/PI 复合薄膜的热分解温度　　　　　单位：℃

试样	T_d	$T_{10\%}$	$T_{30\%}$
纯膜（Al$_2$O$_3$-0%）	582.20	594.40	646.13
Al$_2$O$_3$-4%	585.49	603.39	649.70
Al$_2$O$_3$-8%	596.94	602.63	652.78
Al$_2$O$_3$-12%	584.17	605.93	670.69
Al$_2$O$_3$-16%	593.15	609.30	685.75

图 2-10 是不同无机含量复合薄膜的热失重（therme gravimetric，TG）曲线，其中曲线分别为纯膜以及纳米 Al$_2$O$_3$ 质量分数为 4%、8%、12%和 16%的聚酰亚胺复合薄膜的 TG 曲线。

试验结果表明，纳米 Al$_2$O$_3$/PI 复合薄膜的热稳定性好于纯聚酰亚胺薄膜，且随着纳米 Al$_2$O$_3$ 无机含量的增加，复合薄膜的热稳定性也逐渐提高。从图 2-10 中可以看出，在 300～500℃热失重曲线走势平缓，质量几乎没有损失，这可以表明薄膜中低分子物质含量较少，亚胺化程度较高，单体反应比较完全。由表 2-2 可知，纯膜的初始热解温度为 582.20℃，失重 10%时温度 $T_{10\%}$ 和失重 30%时温度 $T_{30\%}$ 分别为 594.40℃和 646.13℃，纳米 Al$_2$O$_3$/PI 复合薄膜与之相比具有更好的热稳定性，初始分解温度 T_d、失重 10%温度 $T_{10\%}$ 以及失重 30%温度 $T_{30\%}$ 都有了明显提高，同时整体上来看，薄膜的热稳定性随着无机含量的增加而逐步提高。

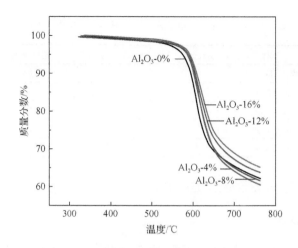

图 2-10　不同无机含量复合薄膜的 TG 曲线

　　通过热失重分析可知，在聚酰亚胺基体中掺入纳米 Al_2O_3 颗粒有利于提高薄膜体系的耐热性能。这是由于与聚酰亚胺相比，纳米 Al_2O_3 颗粒具有更高的热导率，它可以将某一区域上多余的热量更加迅速地传递到其他区域上，从而起到分散热量的作用，可以有效地防止局部热量的集聚导致材料破坏，有利于提高薄膜的耐热性能；其次，由于纳米 Al_2O_3 颗粒的引入，在薄膜体系中形成一种有机相-无机相-有机相的网状结构，通过纳米 Al_2O_3 颗粒与聚酰亚胺之间的氢键、化学键以及机械啮合等物理作用，使得有机相和无机相之间具有很好的结合强度，这种结合强度能够提高聚酰亚胺分子链的刚性以及断裂能，从而增加薄膜的热稳定性。随着无机含量的提高，这两种作用越来越明显，因此聚酰亚胺复合薄膜的耐热性能越来越好。

2. 力学性能

　　纳米 Al_2O_3/PI 复合薄膜作为一种功能复合材料，具有良好的力学性能是对其最基本的要求，它是聚酰亚胺复合薄膜获得其他一系列优异性能的前提。良好的力学性能不仅能够提高聚酰亚胺复合薄膜的综合性能，而且能够有效地拓宽其应用领域。力学性能包括很多性能，如可以确定材料的弹性极限、伸长率、弹性模量、比例极限、面积缩减量、拉伸强度、屈服点、屈服强度和其他拉伸性能指标。表 2-3 为不同无机含量（质量分数）纳米 Al_2O_3/PI 复合薄膜的力学性能测试结果。

表 2-3　不同无机含量（质量分数）纳米 Al$_2$O$_3$/PI 复合薄膜的力学性能

试样	拉伸强度/MPa	断裂伸长率/%
纯膜（Al$_2$O$_3$-0%）	123.1	20.3
Al$_2$O$_3$-4%	117.8	19.7
Al$_2$O$_3$-8%	119.9	20.0
Al$_2$O$_3$-12%	114.5	13.4
Al$_2$O$_3$-16%	109.1	10.1

由表 2-3 可知，纳米 Al$_2$O$_3$/PI 复合薄膜的拉伸强度和断裂伸长率随着无机含量的增加呈现出先增加后减小的趋势，并且在掺杂的纳米 Al$_2$O$_3$ 无机含量（质量分数）为 8%时，纳米 Al$_2$O$_3$/PI 复合薄膜的拉伸强度和断裂伸长率达到最大值，分别为 119.9 MPa 和 20.0%。

拉伸强度和断裂伸长率的提高可以用复合材料界面理论来解释。一个典型的复合材料由连续相基体及以颗粒、纤维或其他形式分散在其中的分散相构成，各个组分具有各自独立的作用，而复合材料界面则起到使各组分之间不孤立存在、彼此相互依存的作用，可以说，界面的结构和性能在很大程度上决定着复合材料力学性能的好坏以及它的应用领域[14, 15]。图 2-11 为聚酰亚胺基体中有机-无机相界面模型。

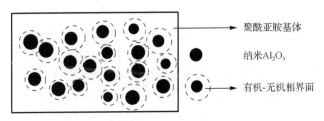

聚酰亚胺基体

纳米Al$_2$O$_3$

有机-无机相界面

图 2-11　聚酰亚胺基体中有机-无机相界面模型

一个好的界面结合性能可以使复合材料具有良好的拉伸性能、层间剪切强度及抗疲劳性能等力学性能[16]。当在聚酰亚胺基体中引入增强体纳米 Al$_2$O$_3$ 颗粒后，基体与无机粒子之间可以通过化学键、机械物理作用和分子之间扩散及渗透作用，形成一种界面结构，表现在整个体系中就是形成一种三维网络状结构，它可以有效地增强薄膜中聚酰亚胺分子间的相互作用，从而提高薄膜的拉伸强度和断裂伸长率。

但当无机含量（质量分数）大于 8%时，纳米 Al$_2$O$_3$/PI 复合薄膜的力学性能反而急剧下降。这其中的原因可能是由于当无机含量较大时，纳米 Al$_2$O$_3$ 颗粒之间的团聚程度较大，这相当于在薄膜中形成多个应力集中点，在外力作用下，载荷会集中作用在这些颗粒团聚点上，使薄膜从这些点上开始破坏；同时当无机含量过大时，它破坏了薄膜体系中原有的有序三维网络状结构，相当于在亚胺基体引入了杂质分子，造成较多的缺陷，从而降低了连续相聚酰亚胺分子间的相互作用力，导致复合薄膜的力学性能下降；偶联剂的加入可以提高无机相与有机相的相容性，但不能阻挡破坏力。

3. 介电击穿

电力系统中的事故大多数是由于电气设备的绝缘损坏而造成的，因此绝缘材料的性能好坏会直接影响电力系统和电气设备的可靠性。所有绝缘材料所能承受的电场强度都具有一定的上限，即绝缘材料只能在该强度以下保持其绝缘性能，当外电场超过这一上限时，绝缘材料就会被击穿而使其结构遭到破坏。这种在外电场作用下，绝缘材料失去其绝缘性能，使电极之间出现短路的现象，被称为介电击穿现象，使其发生介电击穿时所施加的电压，称为击穿电压。

常规击穿强度试验主要可以分为两种，即耐电压试验和击穿试验。所谓耐电压试验是对试样施加一定的电压，并在该电压下持续一定的时间，观察试样是否会被击穿，若不发生击穿，则证明该试样是合格的，是一种定性试验；击穿试验同样是对试样施加一定的电压，但是电压会持续升高直到试样被击穿为止，这样便可以测得击穿电压以及击穿场强，是一种定量试验。耐电压试验只能证明试样的击穿强度不低于某一程度，击穿试验则可以直接测得试样准确的击穿电压和击穿场强值。

除了与其本身组成及结构有关外，电压波形、电压作用时间、电场均匀性、电压极性、试样厚度与均匀性以及所处环境条件都会对绝缘材料的击穿强度产生影响[17]。在实验室制备聚酰亚胺薄膜时要保证薄膜厚度的均一性，因为在进行介电强度测试时，随着试样厚度的增加，电极边缘的电场分布更不均匀，试样内部产生的热量不易散发，内部存在缺陷的概率增大，会导致击穿场强下降。相反，随着薄膜试样厚度的减小，电子碰撞电离的概率减小，试样的击穿场强会提高。

图 2-11 为纯膜及无机含量（质量分数）分别为 4%、8%、12% 和 16% 的纳米 Al_2O_3/PI 复合薄膜（薄膜平均厚度为（30±2）μm）的击穿场强测试结果。

从图 2-12 中可以看出，纯聚酰亚胺薄膜的击穿场强为 218.1kV/mm，在经过不同含量的纳米 Al_2O_3 掺杂后，复合薄膜的击穿场强均有所增加。但是薄膜的击穿场强会随着无机含量的提高呈现先增大后减小的趋势，当无机含量（质量分数）为 8% 时，复合薄膜击穿场强达到最大值，为 229.7kV/mm，与纯聚酰亚胺薄膜相比，提高 5.3%。

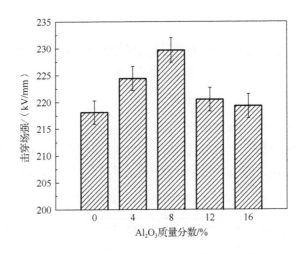

图 2-12　不同无机含量的 Al₂O₃/PI 复合薄膜的击穿强度

聚酰亚胺作为一种聚合物材料，它在电场作用下的老化现象与空间自由电荷的积累有关。空间自由电荷可使聚酰亚胺内部的电场分布发生变化，并能够储存机械能，从而在材料内部形成微孔、断键以及应力，导致聚酰亚胺的击穿。所有绝缘材料内部都会有着许多陷阱的存在，即许多俘获能级，这些陷阱是由材料结构缺陷及材料内部所含有的杂质所产生的。当绝缘材料在外电场作用下，俘获能级能够俘获电场中的电荷，使之受陷。受陷空间电荷在材料内部造成局部电场畸变，一旦材料所处环境发生改变，例如外部施加电压提高或者温度升高，都会使这些受陷空间电荷脱陷，在材料内部形成大量的空间自由电荷，从而造成绝缘材料被击穿破坏[18]。

当在聚酰亚胺薄膜中掺入少量纳米 Al₂O₃ 颗粒后，无机颗粒可以非常均匀地分散在聚酰亚胺基体中，并在薄膜内部形成一种有机相-无机相-有机相的有序三维网络状结构，这种三维网络状结构可以将聚合物分子更加紧密地连接在一起，并使空间自由电荷能够在分子间移动，减小空间自由电荷受陷的可能，同时这也可以避免内部空间自由电荷的集聚，使内电场均匀化。此外，两相界面也可以捕获一些空间自由电荷。通过这些作用，纳米 Al₂O₃ 颗粒可以有效地增强聚酰亚胺薄膜的耐电击穿性能，提高材料的击穿场强。

但是，当掺入的纳米 Al₂O₃ 颗粒过多时，纳米 Al₂O₃/PI 复合薄膜的击穿场强反而降低，这可以由以下三个方面来解释：首先，随着无机含量的增大，颗粒之间的团聚程度更大，这会使电场集中在这些颗粒团聚点上，导致热量集中并来不及向周围扩散，最终使纳米 Al₂O₃/PI 复合薄膜发生热击穿；其次，掺入过多的纳米 Al₂O₃颗粒会将原有的有序三维网络状结构破坏，使聚合物分子间的联系减弱，造成空间自由电荷不能顺利地在分子间移动，提高了空间自由电荷受陷的可能；最后，过多的纳米 Al₂O₃ 颗粒会形成大量的结构缺陷，在薄膜内部产生更多的俘获能级。

2.2　纳米 Al_2O_3 颗粒分散方式对纳米 Al_2O_3/PI 复合薄膜性能的影响

本节分别在未分散、砂磨分散、超声分散三种分散情况下采用原位聚合法制备无机含量（质量分数）为 16%的纳米 Al_2O_3/PI 复合薄膜，研究不同分散方式对纳米 Al_2O_3/PI 复合薄膜性能的影响。具体的材料组分如表 2-4 所示。

表 2-4　纳米 Al_2O_3/PI 复合薄膜

薄膜	Al_2O_3 质量分数/%	胶液固质量分数/%	无机粉体分散方式
Al_2O_3/PI	16	10	未分散
Al_2O_3/PI	16	10	砂磨分散
Al_2O_3/PI	16	10	超声分散

2.2.1　分散方式对纳米 Al_2O_3/PI 复合薄膜结构影响

为了研究不同的分散方式对纳米颗粒在 PI 基体中分散均匀性的影响，对未分散、砂磨分散以及超声分散三种分散情况下原位聚合法制备的掺杂量（质量分数）为 16%的纳米 Al_2O_3/PI 复合薄膜进行 SEM 分析，观察不同分散方式下，无机纳米颗粒在 PI 基体中的分散均匀性，结果如图 2-13 所示。由图 2-13 可知纳米 Al_2O_3/PI 复合薄膜的组分为两部分，纤维状物质为 PI 基体，颗粒状物质为纳米 Al_2O_3 颗粒。由于纳米 Al_2O_3/PI 复合薄膜的掺杂量（质量分数）为 16%，因此三种纳米 Al_2O_3/PI 复合薄膜的无机纳米颗粒的掺杂量相同，但从 SEM 图明显可见，图 2-13（b）中的颗粒状物质最多，其次是图 2-13（c），颗粒状物质含量最低的是图 2-13（a）。复合薄膜无机粉体含量相同的情况下，薄膜断面扫描图中颗粒状物质表观含量不同，说明无机粉体的分散情况有较大不同。从图 2-13 可知，通过砂磨分散或超声分散的无机粉体分散情况优于未分散的无机粉体的情况，其中砂磨分散法制备的纳米 Al_2O_3/PI 复合薄膜无机纳米颗粒的分散效果最优。

未分散直接原位聚合法制备的纳米 Al_2O_3/PI 复合薄膜中的无机纳米颗粒由于未受到外界任何的作用促进其分散，因此无机纳米颗粒在 PI 基体中的分散效果较差。超声分散原位聚合法制备的纳米 Al_2O_3/PI 复合薄膜中无机纳米颗粒分散较均匀，这是由于在 PAA/无机纳米颗粒混合胶液制备过程中，首先将无机纳米颗粒在超声波的作用下均匀分散于溶液介质中，然后在混合液中合成 PAA 胶液，由于经超声波分散的无机纳米颗粒可以较长时间处于均匀分散的状态，因此 PAA 合成过程中无机纳米颗粒也可保持较均匀的分散。砂磨分散法制备的纳米 Al_2O_3/PI 复合薄膜中，无机纳米颗粒的分散最均匀。在砂磨分散法制备纳米 Al_2O_3/PI 复合薄膜的过程中，首先无机纳米颗粒在高速搅拌下分散于溶剂中，在高剪切力、拉伸应力的作用下保证了无机纳米颗粒的均匀分散，在 PAA 胶液的制备过程中依旧保证了一定的机械搅拌促进无机纳米颗粒的分散，而且随着 PAA 胶液黏度的增大，无机纳米颗粒的分散效果得到了一定保持。合成黏度适中的 PAA 胶液后，又进一步对 PAA 胶液进行研磨、机械分散，保证无机纳米颗粒均匀分散于 PAA 胶液中。

（a）未分散　　　　　　　　　　　（b）砂磨分散

（c）超声分散

图 2-13　纳米 Al_2O_3/PI 复合薄膜断面的 SEM 图

　　纯 PI 薄膜和纳米 Al_2O_3/PI 复合薄膜的傅里叶变换红外光谱仪（Fourier transform infrared spectrometer，FTIR）图如图 2-14 所示[19]。纯 PI 薄膜的 FTIR 图中，$1775cm^{-1}$、$1725cm^{-1}$、$725cm^{-1}$ 处的峰分别对应于酰亚胺 C═O 键的不对称、对称和弯曲振动，亚胺环 C—N—C 键的伸缩振动的特征峰出现于 $1369cm^{-1}$ 处，$1500cm^{-1}$ 和 $3080cm^{-1}$ 处的峰分别为苯环的特征吸收峰和芳环 C—H 伸缩振动的特征峰，1,2,4,5 取代苯的 C—H 键和对位双取代苯的 C—H 键的弯曲振动分别出现在 $880cm^{-1}$ 和 $820cm^{-1}$ 处。从纯 PI 薄膜的 FTIR 图中可知酰胺羰基在 $1650cm^{-1}$ 处的特征峰并未出现,这说明薄膜已经完全热亚胺化。纳米 Al_2O_3/PI 复合薄膜的 FTIR 图中酰亚胺 C=O 键的特征峰依旧存在,因此无机纳米颗粒的加入并未影响 PI 基体的分子结构,而且 $1650cm^{-1}$ 处也未出现酰胺羰基的特征峰,所以粉体的加入也未影响纯 PI 薄膜的亚胺化程度,纳米 Al_2O_3/PI 复合薄膜已完全亚胺化。红外光谱图中,基团特征峰峰强的高低度表征了试样中的分子官能团数和分子振动时偶极矩的变化率。纯 PI 薄膜的红外谱图中 $700\sim900cm^{-1}$ 的峰大多数为特征基团弯曲振动的峰,纳米 Al_2O_3/PI 复合薄膜的红外光谱图中此区间的峰与纯 PI 薄膜相比,谱带强度较弱。这是由于纳米粉体的加入使复合薄膜中出现了有机-无机相界面,加入的纳米粉体以及有机-无机相界面一定程度上阻碍了分子的弯曲振动。

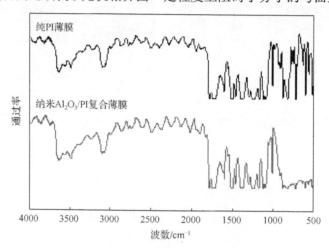

图 2-14　纯 PI 薄膜和纳米 Al_2O_3/PI 复合薄膜的 FTIR 图

　　图 2-15 为纳米 Al_2O_3 颗粒以及未分散、砂磨分散和超声分散三种分散情况下制备的掺杂量(质量分数)为 16% 的纳米 Al_2O_3/PI 复合薄膜的 X 射线衍射(x-ray diffraction,XRD)谱图。纳米 Al_2O_3 颗粒的 XRD 谱图中,分别在 $2\theta=67.04°$,$45.45°$,$36.71°$,$32.61°$ 的位置出现强度较高的尖锐峰,因此 Al_2O_3 颗粒的成分为 γ-Al_2O_3[20]。未分散、砂磨分散和超声分散制备纳米 Al_2O_3/PI 复合薄膜的 XRD 谱图中尖锐峰出现的位置与纳米 Al_2O_3 颗粒的 XRD 谱图中尖锐峰的位置相同,因此不同的分散方式都未破坏纳米 Al_2O_3 颗粒的晶型,纳米 Al_2O_3/PI 复合薄膜中 Al_2O_3 颗粒的晶型依旧为 γ 型。另外,纳米 Al_2O_3/PI 复合薄膜的 XRD 谱图在 $2\theta=18.3°$ 的位置出现了一个馒头峰,说明 PI 基体具有一定的有序度。未分散、砂磨分散和超声分散三种分散情况下原位聚合法制备的纳米 Al_2O_3/PI 复合薄膜的 XRD 谱图中馒头峰的强弱略有不同,其中砂磨分散制备的复合薄膜 XRD 谱图的馒头峰的强度最强,然后依次是超声分散和未分散原位聚合法制备的薄膜,说明砂磨分散法制备的纳米 Al_2O_3/PI 复合薄膜中 PI 基体的有序度最高。

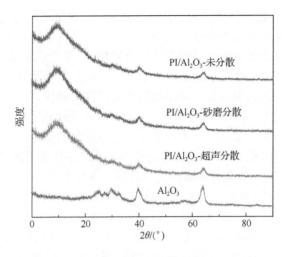

图 2-15　Al₂O₃ 颗粒及 PI 复合薄膜的 XRD 谱图

2.2.2　分散方式对纳米 Al₂O₃/PI 复合薄膜性能影响

图 2-16 为未分散、砂磨分散以及超声分散三种分散情况下原位聚合法制备的掺杂量（质量分数）为 16% 的纳米 Al₂O₃/PI 复合薄膜的拉伸强度、断裂伸长率。从图中可知，砂磨分散情况下的纳米 Al₂O₃/PI 复合薄膜的力学性能最优，拉伸强度、断裂伸长率分别为 115.4MPa、12.72%，其次分别是超声分散制备的纳米 Al₂O₃/PI 复合薄膜和无机粉体未分散条件下制备的纳米 Al₂O₃/PI 复合薄膜。

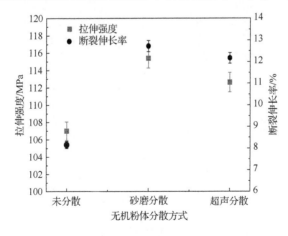

图 2-16　纳米 Al₂O₃/PI 复合薄膜的拉伸强度、断裂伸长率

拉伸试验中，拉伸强度为试样直至断裂前所承受的最大拉伸应力，试样在拉断时的位移值与试样原长的比值称为断裂伸长率。纯 PI 薄膜在拉伸试验中，PI 分子链段在外力的作用下发生运动和断裂，因此纯 PI 薄膜的拉伸强度和断裂伸长

率主要反映了 PI 链段能承受的最大拉力以及链段在断链前的运动能力。砂磨分散情况下的纳米 Al_2O_3/PI 复合薄膜的力学性能最优，其次分别是超声分散制备的复合薄膜和无机粉体未分散条件下制备的复合薄膜，这与无机粉体在 PI 基体中分散的均匀性相同。可见纳米颗粒的团聚对纳米 Al_2O_3/PI 复合薄膜的力学性能有较大影响，纳米颗粒分散情况越好，薄膜的综合力学性能越优。一方面是由于无机粉体的加入在一定程度上影响了 PI 基体的有序度，从而降低了高分子链段间的相互作用力，劣化薄膜力学性能。在无机粉体掺杂量相同的条件下，无机粉体分散越均匀，对 PI 基体有序度的影响越小，因此纳米 Al_2O_3/PI 复合薄膜力学性能越优。另一方面，纳米 Al_2O_3/PI 复合薄膜的力学性能与薄膜中 PI 基体和无机纳米颗粒之间的界面有很大关系，较好的有机-无机相界面可以使纳米 Al_2O_3/PI 复合薄膜具有很好的拉伸强度、抗疲劳强度和层间剪切强度等性能。如果纳米 Al_2O_3/PI 复合薄膜中无机纳米颗粒均匀地分散于基体中，那么无机纳米颗粒在 PI 基体中的相容性较好，不易形成较大缺陷，界面区域结合好、缺陷少。但如果无机纳米颗粒在 PI 基体中形成一定团聚，团聚颗粒由于其较大的颗粒尺寸与 PI 基体相容性较差，有机-无机相界面结合不好，易形成缺陷。因此，砂磨分散情况下的纳米 Al_2O_3/PI 复合薄膜由于无机纳米颗粒分散情况最优，从而具有最优的力学性能。

　　图 2-17 为未分散、砂磨分散及超声分散三种分散情况下原位聚合法制备的无机含量（质量分数）为 16% 的纳米 Al_2O_3/PI 复合薄膜的击穿场强。从图中可知，超声分散制备的复合薄膜的击穿场强最优可达 217.5kV/mm，砂磨分散法制备的薄膜击穿场强较差，仅为 189.84kV/mm。

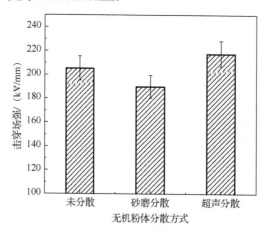

图 2-17　纳米 Al_2O_3/PI 复合薄膜的击穿场强

　　砂磨分散法制备的复合薄膜中无机粉体分散最均匀，有机-无机相结合较好，击穿测试时界面区域的载流子运动受限较少，容易在薄膜中形成导电通道，复合薄膜易被击穿老化。超声分散法制备的复合薄膜中无机粉体的分散不如砂磨分散法制备的薄膜，但优于未分散情况下制备的薄膜，无机粉体在薄膜中有一定的团聚现象，但纳米 Al$_2$O$_3$ 颗粒的团聚现象不明显，PI 基体与无机纳米 Al$_2$O$_3$ 颗粒之间形成有机-无机相界面会引入较多缺陷，载流子在界面区域的运动会受到缺陷的阻碍，而且载流子运动中较易发生频繁的入陷、脱陷，导电通道不易产生，从而使复合薄膜具有较高的击穿场强。但对于未分散情况下制备的复合薄膜，薄膜中粉体分散情况最差，复合薄膜中界面区域出现了过多的缺陷，界面区域大量缺陷的形成降低了界面的陷阱效应，因此复合薄膜的击穿场强不如超声分散法制备的复合薄膜。

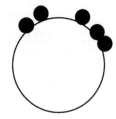

图 2-18 标注出了 5 次纳米 Al$_2$O$_3$/PI 复合薄膜击穿场强测试后击穿老化孔的位置，白色空心圆区域为薄膜接触电极的部分，实心圆所在处即为击穿老化孔所在位置。图 2-18 为薄膜击穿老化区域的 SEM 图，图 2-19（a）和图 2-19（b）分别为击穿老化孔以及击穿老化孔附近腐蚀区域的 SEM 图。从图中可知，击穿老化孔的大小为 0.5~1mm，肉眼明显可见，而且击穿老化孔附近在高压下受到了较严重的腐蚀，但击穿老化的破坏孔形状较规则，并未形成片状破坏。

图 2-18　薄膜击穿老化孔位置统计图

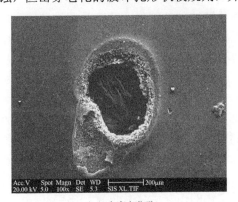

（a）击穿老化孔

（b）击穿老化孔边缘形貌

图 2-19　纳米 Al$_2$O$_3$/PI 复合薄膜击穿老化区域 SEM 图

由图 2-19 可知，击穿老化孔都位于电极的外部边缘。击穿场强测试中所使用的是棒电极，电极与薄膜接触部分为圆形，当给电极通直流电并以 1kV/s 的速度进行升压时，大量电子流过圆柱形电极，由于同性电荷相互排斥且电场很强，大量带负电的电子无法在电极内部流动，而是沿着电极的表面流动，因此，圆柱电极表面的电荷量最大，电场强度也最大，对薄膜的破坏作用也最强，最终发生介电击穿破坏时，击穿老化孔的位置就在电极的外边缘。在纳米 Al$_2$O$_3$ 颗粒均匀分散的情况下，纳米粒子可以在复合薄膜击穿老化的情况下有效保护 PI 基体，使材料不易被破坏，因此形成形状规则的击穿老化孔。

表 2-5 为未分散、砂磨分散及超声分散三种分散情况下原位聚合法制备的无机含量（质量分数）为 16% 的纳米 Al_2O_3/PI 复合薄膜的厚度及耐电晕时间。由于薄膜的耐电晕性能与薄膜厚度有很大的关系，因此厚度相近的薄膜耐电晕性能才具有可比性，本试验制备了一系列厚度为 0.025mm 的复合薄膜，误差±0.001。

表 2-5　纳米 Al_2O_3/PI 复合薄膜的耐电晕时间

薄膜	厚度/mm	耐电晕时间/min
Al_2O_3-16%未分散	0.025	28
Al_2O_3-16%砂磨分散	0.024	332
Al_2O_3-16%超声分散	0.026	184

砂磨分散法制备的纳米 Al_2O_3/PI 复合薄膜的耐电晕时间最长，可达 332min，然后是超声分散法制备的纳米 Al_2O_3/PI 复合薄膜。纳米 Al_2O_3/PI 复合薄膜的耐电晕寿命和无机粉体在复合薄膜中的分散情况有很大关系。若纳米 Al_2O_3/PI 复合薄膜中粉体均匀分散，那么由于无机粉体的加入可使纳米 Al_2O_3/PI 复合薄膜中的深陷阱转变为浅陷阱，从而阻碍空间电荷的聚集，而且无机粉体的导热性较好，如果其均匀分散于 PI 基体中，在高压作用下有利于薄膜产生热量的扩散，从而防止局部热量聚集而出现的热老化，因此砂磨分散法制备的复合薄膜具有优异的耐电晕性能。超声分散法制备的复合薄膜和无机粉体未分散情况下制备的复合薄膜中无机粉体分散情况不如砂磨分散法制备的纳米 Al_2O_3/PI 复合薄膜，Al_2O_3 颗粒出现少量的团聚，PI 基体与 Al_2O_3 颗粒的界面结合较差，在纳米 Al_2O_3/PI 复合薄膜中产生少量缺陷，空间电荷易受限于缺陷中，出现电荷团聚现象，从而导致复合薄膜的电晕击穿。而且无机粉体分散情况不均的纳米 Al_2O_3/PI 复合薄膜的导热性能较差，可能会出现局部受热，出现热老化现象，进一步劣化薄膜的耐电晕性能。

图 2-20 给出了纳米 Al_2O_3/PI 复合薄膜耐电晕测试后的实物图及标注出了多次耐电晕测试后薄膜的腐蚀区域以及电晕老化的击穿老化孔位置，灰色圆环区域为电晕老化腐蚀区，实心圆所在处即为电晕老化的击穿老化孔位置，图中共标注出了 9 次电晕老化击穿试验的击穿老化孔位置，击穿老化孔的大小用肉眼难以分辨，远小于击穿老化孔的大小，为 10～20μm。可见，耐电晕老化击穿与电老化击穿的击穿机理不同，电晕老化击穿是由于空间电荷的积累造成的，而并非由电击穿引起的。

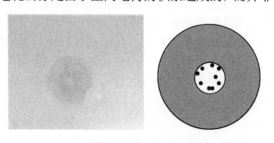

图 2-20　薄膜电晕老化区域实物图及击穿老化孔位置统计图

图 2-21 为纳米 Al$_2$O$_3$/PI 复合薄膜电晕老化区域的 SEM 图，其中图 2-21（a）为电晕老化未腐蚀区域的 SEM 图，对应于图 2-20 示意图的白色空心，圆形区域。从图 2-21（a）中可知电晕老化过程中电极中部位置的确未被电晕老化，而且击穿老化孔形状规则呈圆形，位于电晕老化腐蚀区域和未腐蚀区域交接处附近。图 2-21（b）为电晕老化击穿老化孔的 SEM 图，从图中可知电晕老化孔为规则的圆形，电晕老化击穿老化孔边缘被腐蚀，但腐蚀程度远小于击穿老化孔边缘的腐蚀。图 2-21（c）为电晕老化腐蚀区域的 SEM 图，从图中可知越靠近电晕老化腐蚀中心，薄膜的腐蚀程度越严重，而且薄膜的腐蚀区域出现许多微孔，腐蚀表面被絮状物质覆盖，并形成颗粒网状结构，说明复合薄膜在电晕老化过程中，PI 基体首先被破坏，Al$_2$O$_3$ 颗粒在薄膜表面形成保护层，阻碍了 PI 复合薄膜被进一步电晕腐蚀，提高了薄膜电晕性能。

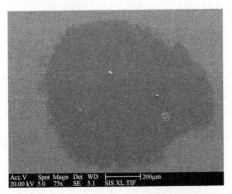
（a）电晕老化未腐蚀区域

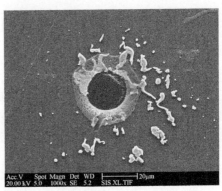
（b）电晕老化击穿老化孔

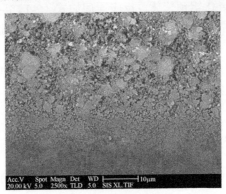
（c）电晕老化腐蚀区域

图 2-21　纳米 Al$_2$O$_3$/PI 复合薄膜电晕老化区域的 SEM 图

耐电晕试验中的电极类型为 ϕ6mm 圆柱/平板电极，电晕老化测试时与薄膜接触作用部分也为圆形，但测验电压仅为 2kV，远小于电击穿试验中的电压，圆柱电极表面的电荷量较小，不会在电极边缘发生击穿。由于 ϕ6mm 圆柱电极存在

ϕ1mm 的倒角，圆柱上电极只能紧贴在测试区域的中部，此区域未形成放电气隙，表面放电量很少，侵蚀作用弱，因此其表面几乎未被腐蚀。电晕老化试验时，圆柱/平板电极四周的气隙内发生电晕放电，PI 复合薄膜表层被侵蚀，微组织发生变化，所以电晕老化腐蚀区域为环形。耐电晕试验采用的是高频方波脉冲电压，电极的正负电性一直在周期性变化。当电极为负电性时，带负电的电子进入薄膜内部，当电极变为正电性时，薄膜内部的负电子又受正电荷的吸引而向上运动。负电子受到靠近于电极表面正电荷的吸引而做曲线运动，最终落到靠近中心的电晕老化腐蚀区域和未腐蚀区域的交接处附近。随着电极正负性的周期性变化，在如此反复的高频作用下空间电荷不断地在此区域积累，最终导致电晕老化击穿。击穿老化孔位置出现在电晕老化腐蚀区域和未腐蚀区域交接处附近。

2.3　水热法合成纳米 Al_2O_3/PI 复合薄膜

水热反应是指在特制的高压反应釜，采用水溶液作为反应介质，指通过控制高压釜的温度，创造一个高温、高压反应环境，使那些通常不溶和难溶的物质溶解，或者经反应生成该种物质的溶解产物，然后析出晶体的方法。水热法所制得的粉体成分纯净、粒度分布窄、团聚程度低，是制备结晶完好的粉体材料的新工艺方法。

2.3.1　水热合成法基本原理及配方

试验中异丙醇铝水解过程是缓慢进行的，相邻分子之间可能发生缩合反应，形成聚合度不高的氢氧化铝预聚体。反应原理如式（2-1）～式（2-5）所示[21]。预聚体在水热反应过程中，预聚体中的 Al^{3+} 和 O^{2-} 进行晶格重排，生成勃姆铝石晶体。
水解反应：

$$Al[OCH(CH_3)_2]_3 + H_2O \longrightarrow Al[OCH(CH_3)_2]_2OH + (CH_3)_2CHOH \quad （2-1）$$

$$Al[OCH(CH_3)_2]_2OH + H_2O \longrightarrow Al[OCH(CH_3)_2]_2(OH)_2 + (CH_3)_2CHOH \quad （2-2）$$

缩聚反应：

$$Al(OH)(OC_3H_7)_2 + Al(OC_3H_7)_3 \longrightarrow Al(OC_3H_7)_2OAl(OC_3H_7)_2 + C_3H_7OH$$
$$（2-3）$$

$$2Al(OH)(OC_3H_7)_2 \longrightarrow Al(OC_3H_7)_2OAl(OC_3H_7)_2 + H_2O \quad （2-4）$$

水热反应：

$$Al(OH)_3 \longrightarrow \gamma\text{-AlOOH} + H_2O \quad （2-5）$$

水热法制备的 γ-Al_2O_3 纳米粒子结晶较完整，晶粒长大，且分散性很好，原因是纳米粒子在溶胶中各自携带有电荷，带有同种电荷的粒子会因排斥力而保持一定的距离，也正是因为这个原因，体系中的粒子会较为稳定地均匀分布在基体中，不易发生团聚现象，同时引入体系中的勃姆铝石粒子具有—OH 基团，可以和基体聚酰胺酸中的酰胺酸基团形成氢键，使复合体系中两项之间具有良好的相容性，良好的分散状态会伴随聚酰胺酸热亚胺化而被固定于复合薄膜中。

　　本节中主要介绍两种体系的水热法制备纳米 Al₂O₃ 粒子及其聚酰亚胺/Al₂O₃ 复合薄膜，即以甲苯为溶剂和以水为溶剂的两种情况。表 2-6～表 2-9 为不同体系纳米 Al₂O₃/PI 复合薄膜的组成情况。其中 A 系列为甲苯体系铝溶胶原位法制备的 PI 复合薄膜，方式及配比如表 2-6；B 系列为水体系铝溶胶经未完全烘干原位法制备的复合薄膜，方式及配比如表 2-7；C 系列为甲苯体系参与水热合成反应水量为变量制备的系列复合薄膜，方式及配比如表 2-8；D 系列为其他不同变量制得的复合薄膜，方式及配比如表 2-9。

表 2-6　A 系列 PI 复合薄膜的制备方式及配比

薄膜	组分	制备方式	铝溶胶体系	无机含量（质量分数）/%
A	PI	—	—	—
A1	PI/3.5g 水铝溶胶	原位	甲苯体系	4
A2	PI/3.5g 水铝溶胶	原位	甲苯体系	6
A3	PI/3.5g 水铝溶胶	原位	甲苯体系	8
A4	PI/3.5g 水铝溶胶	原位	甲苯体系	10
A5	PI/3.5g 水铝溶胶	原位	甲苯体系	12

表 2-7　B 系列 PI 复合薄膜的制备方式及配比

薄膜	组分	制备方式	铝溶胶体系	无机含量（质量分数）/%
B1	PI/铝溶胶	未全干、原位	水体系	4
B2	PI/铝溶胶	未全干、原位	水体系	6
B3	PI/铝溶胶	未全干、原位	水体系	8
B4	PI/铝溶胶	未全干、后加	水体系	8

表 2-8　C 系列 PI 复合薄膜的制备方式及配比

薄膜	组分	制备方式	铝溶胶体系	无机含量（质量分数）/%
C1	PI/1.75g 水铝溶胶	原位	甲苯体系	8
C2	PI/2g 水铝溶胶	原位	甲苯体系	8
C3	PI/3.5g 水铝溶胶	原位	甲苯体系	8

表 2-9　D 系列 PI 复合薄膜的制备方式及配比

薄膜	组分	制备方式	铝溶胶体系	无机含量（质量分数）/%
D1	PI/3.5g 水铝溶胶	未经水热、原位	甲苯体系	8
D2	PI/3.5g 水铝溶胶	2%偶联剂、原位	甲苯体系	8
D3	PI/3.5g 水铝溶胶	后加	甲苯体系	8
D4	PI/3.5g 水铝溶胶	原位	甲苯体系	8

2.3.2 不同体系纳米 Al_2O_3/PI 复合薄膜成型性分析

制备较高综合性能的水热合成纳米 Al_2O_3 复合薄膜的工艺参数影响很多，这里主要就水热合成体系溶剂的选择、甲苯体系水热合成水量、向聚酰胺酸体系引入铝溶胶的方式及是否引入常用偶联剂进行初步尝试，并讨论相关现象出现的可能因素。

水热合成体系溶剂首先是水，因水既是水热反应常用的溶剂，又是异丙醇铝进行水解的反应物之一；其次，考虑使用聚酰胺酸体系的溶剂——N, N-二甲基乙酰胺（DMAc）；最后使用甲苯作为水热合成体系的体系溶剂，其特点是可以在引入聚酰胺酸体系时可减少对后续体系影响。试验结果表明，当进行水热反应釜反应后，N, N-二甲基乙酰胺（DMAc）因高温、高压的环境产生了分解，体系变黄，并有浓重的氨水气味，故以 N,N-二甲基乙酰胺（DMAc）作为水热合成体系不可行；水体系经前述试验步骤，可以获得均一稳定的铝溶胶；甲苯体系经前述试验步骤，可获得甲苯体系的铝溶胶，具有透光性且无较大团聚，但并不均一，随储存时间增加会析出上层甲苯清液。

将相同 Al 质量分数为 8%的水体系及甲苯体系以原位法引入聚酰胺酸体系欲获得杂化胶液，甲苯体系组可正常获得较高的体系黏度，水体系铝溶胶加入体系中，体系无法获得黏度，无法成膜。原因可能为体系中逐渐生成的聚酰胺酸在无水或少水的情况下，黏度下降比较缓慢，而在有水大量存在的时候会加速 PAA 的水解反应发生，如图 2-22 所示。

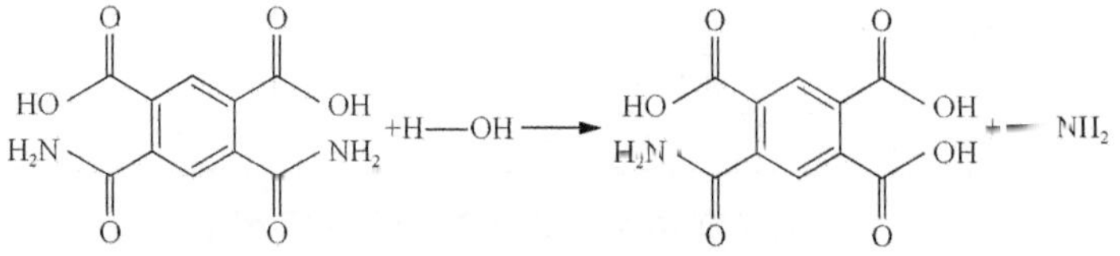

图 2-22　PAA 的水解方程

因此为了得到可以成膜的杂化聚酰胺酸体系，应尝试去除引入铝溶胶中作为反应物或者是溶剂的水。为对比性质，将相同 Al 质量分数的水体系铝溶胶和甲苯体系溶胶进行烘干处理，在 95℃下烘干 6h 以上，使其完全烘干，后经研磨后再以原位方式加入聚酰胺酸体系中，甲苯体系组分散较好，但不如直接加入未烘干甲苯体系铝溶胶分散性好、水体系组团聚严重、成膜厚，有肉眼可见的大量团聚点形成。综上所述，甲苯体系为较优体系。

制备不同水量参与的三种甲苯体系铝溶胶即 B 系列试验。B1 系列铝溶胶表观看透光性较差，体系基本无黏度，容易析出上层清液，B2 系列铝溶胶透光度较上一组有所提高；B3 系列铝溶胶，黏度较大，透光性比较好，静止析出上层清液时间较长。将以上三组甲苯体系铝溶胶分别以原位法方式 Al 当量（质量分数）8%加入聚酰胺酸体系中制得相应杂化聚酰胺酸，均可达到成膜所需黏度，获得表观较好的纳米 Al_2O_3 复合薄膜。

　　薄膜 B3，透光度最好，颗粒感低，薄膜 B2 和薄膜 B1 表观无明显差异。由图 2-23 可知，薄膜 B3 粒径明显小于前两组，水组分含量，会直接影响复合薄膜中分布的粒子粒径大小，薄膜 B3 的制备方案优于其他两组。

（a）薄膜B1

（b）薄膜B2

（c）薄膜B3

图 2-23　不同水含量铝溶胶制备复合薄膜 SEM 图

　　对于水体系铝溶胶未经烘干处理组，原位法加入聚酰胺酸反应体系中是不能达到铺膜所需黏度要求的，此种情况下应先使聚酰胺酸体系反应至黏度达到爬杆现象刚刚开始时刻，再向体系逐滴滴加水体系铝溶胶，而后再补加一定量的二酐，仍可使黏度达到相对高的状态，可供后续成膜。

　　对于甲苯体系铝溶胶组，则原位加入及后加入在体系黏度上无特别大的差异，但在成膜后可明显观察到，原位法的团聚现象较少，薄膜透光性更好。

　　通过图 2-24 可以明显看出，聚集在一起的白色颗粒为 Al_2O_3 无机粒子，周围为聚酰亚胺基体，有机相为连续相。图 2-24（a）中原位法制得的复合薄膜表面较平整，相比图 2-24（b）中后加法制备的复合薄膜，勃姆铝石颗粒聚集性较低，无明显团聚，分散性较好，因此原位法应为甲苯体系铝溶胶复合薄膜较为理想的引入方式。

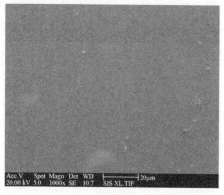　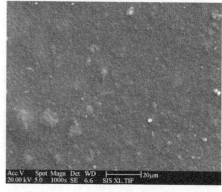

（a）薄膜D3　　　　　　　　　　　　　　　　　（b）薄膜D4

图 2-24　铝溶胶不同加入方式下复合薄膜 SEM 图

对于水体系铝溶胶经过烘干处理达到未全干状态，而后引入聚酰胺酸反应体系中原位法和后加法均能达到铺膜所需黏度要求，利于制备力学性能较优的复合薄膜。

图 2-25 为水体系铝溶胶经过烘干处理达到未全干状态，通过不同加入方式引入聚酰胺酸体系制得的复合薄膜，各组分 Al 质量分数均为 8%，图 2-25（a）为原位方式，图 2-25（b）为后加方式。从图可看出，图 2-25（a）在无机粒子和聚酰亚胺基体之间没有明显的相分离，表明无机相与有机相的相容性很好，无团聚现象发生，相比较的图 2-25（b）有一定的团聚情况出现，无机粒子呈不规则条状分布于 PI 基体中，因此，在水体系未完全烘干铝溶制备胶复合薄膜较优的引入方式。

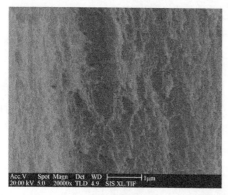　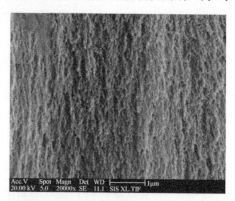

（a）薄膜B2　　　　　　　　　　　　　　　　　（b）薄膜B3

图 2-25　铝溶胶不同加入方式下复合薄膜 SEM 图

以甲苯体系 3.5g 水铝溶胶掺杂聚酰胺酸制备薄膜均采用有机物质量分数为 10%制备聚酰胺酸胶液，设置一组对照试验：一组只加入 Al 质量分数 8%的铝溶胶制薄膜，即薄膜 A3；另一组引入 Al 质量分数 8%的铝溶胶溶液，同时铝溶胶溶液中加入质量分数为 2%的偶联剂（KH550），即薄膜 D3。引入偶联剂会使聚酰胺酸黏度有所下降，但成膜后表观无明显差异，比对扫描电子显微镜如图 2-26 所示。

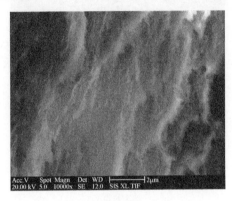
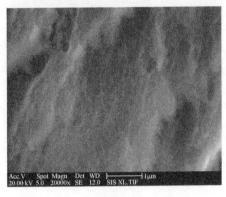

（a）薄膜A3　　　　　　　　　　　　　　　　（b）薄膜D3

图 2-26　引入偶联剂前后复合薄膜 SEM 图

由图 2-26 中可观察到无机粒子成云状较均匀分散在 PI 基体中，无机粒子与基体间有较好的相容性，无机相和聚酰亚胺基体间界面模糊，相容性均较好，对比图 2-26（a）与图 2-26（b），并无明显差异，因此可推测向甲苯体系制备复合薄膜过程中引入偶联剂，不能达到提高无机粒子分散性的目的。

2.3.3　复合薄膜的微结构与性能

A 系列为甲苯体系铝溶胶原位法制备系列薄膜，其变量为无机含量掺杂的 PI 复合薄膜。图 2-27（a）薄膜 A1、图 2-27（b）薄膜 A3、图 2-27（c）薄膜 A5 分别为甲苯体系 Al₂O₃ 铝溶胶掺杂量（质量分数）为 4%、8%和 12%的纳米复合薄膜的断面形貌。

图中白色的小颗粒为纳米勃姆铝石。通过观察可知聚酰亚胺基体中存在很多孔洞，是由于 Al₂O₃ 相的存在，使聚酰亚胺基体在受热收缩时受到了一定的制约，原位产生了一些微孔。在无机粒子和聚酰亚胺基体之间没有明显的相分离，表明无机相与有机相的相容性很好。勃姆铝石含量（质量分数）从 4%到 12%，随着掺杂量的增加，复合薄膜中的勃姆铝石粒子浓度增加，但是其平均粒度均较小，且均匀分散在基体中。从图 2-27（a）和图 2-27（b）可知，当掺杂量较低时，无机纳米颗粒的数量不足以在整个基体中形成连续的网状结构，仅以分散相的形式存在于 PI 中。随着掺杂量增加，由于粒子浓度增加，间距变小，无机粒子在基体中逐渐形成连续的分布结构，当掺杂量（质量分数）达到 12% 时，无机相以网状结构分布在基体中。从图 2-27（c）可知，纳米 Al_2O_3 颗粒也比图 2-27（a）和图 2-27（b）更大，还可以观察到一些小的粒子簇，说明随无机离子含量增加，团聚的机会逐渐增加。

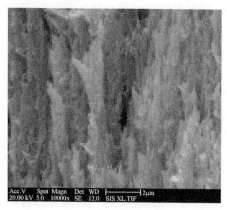
（a）薄膜 A1

（b）薄膜 A3

（c）薄膜 A5

图 2-27　甲苯体系不同掺杂量复合薄膜的断面形貌

B 系列中 B1 及 B2 为加入水体系铝溶胶制备的系列薄膜，其变量为复合薄膜的无机含量。图 2-28（a）和图 2-28（b）分别为水体系铝溶胶掺杂量（质量分数）为 4% 和 8% 的纳米复合薄膜的断面形貌，放大倍数均为 20000 倍。

从图 2-28（a）可看出，复合薄膜断裂表面比较粗糙，有少量微孔，纳米勃姆铝石分散性非常好，未发生团聚现象，两相之间相容性很好，纳米勃姆铝石以分散相的形式存在于复合薄膜中。由图 2-28（a）与图 2-28（b）对比可知，随掺杂量增加，勃姆铝石粒子浓度增加，连续相面积略有增加，微孔增加，仍然没有团聚现象发生。

从图中可以看出，复合薄膜表面光滑，无机粒子与聚酰亚胺基体相容性很好，镶嵌入内部，无机粒子尺寸较小，均未发生团聚现象。原因可能是：首先以上两组无机离子掺杂量并不很高，无机相与有机相之间存在电荷和氢键作用，有助于粒子在 PI 基体中均匀分散。

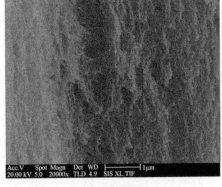

（a）薄膜B1　　　　　　　　　　　　（b）薄膜B2

图 2-28　水体系无机粒子掺杂量不同的复合薄膜的断面形貌

图 2-29（a）和图 2-29（b）分别为水体系铝溶胶掺杂量（质量分数）为 4% 和 8% 的纳米复合薄膜的表面形貌，放大倍数均为 1000 倍。

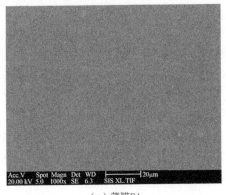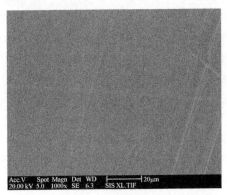

（a）薄膜B1　　　　　　　　　　　　（b）薄膜B2

图 2-29　水体系无机粒子掺杂量不同的复合薄膜的表面形貌

对甲苯体系无机粒子掺杂量不同的纳米 Al_2O_3/PI 复合薄膜进行拉伸试验，测试结果如表 2-10 所示。从表 2-10 中可以看出，总体上数据有一定波动，这可能与薄膜的各处取向不同及缺陷程度不同有关，甲苯体系复合薄膜的拉伸强度及断裂伸长率均低于纯膜（薄膜 A1）。掺杂量（质量分数）低于 8% 时，断裂伸长率为最低，随掺杂量增加而呈下降趋势。质量分数高于 8% 时断裂伸长率又增大，质量分数为 12% 时相对质量分数为 10% 时更低。

表 2-10　A 系列 PI 复合薄膜力学性能

力学性能	薄膜 A	薄膜 A1	薄膜 A2	薄膜 A3	薄膜 A4	薄膜 A5
拉伸强度/MPa	106	102	79	82	96	97
断裂伸长率/%	19	11	6	4	7	8

　　在聚酰亚胺基质中引入勃姆铝石粒子组分对聚酰亚胺分子的化学结构、分子有序度、产生应力集中等都会有影响。分子堆叠紧密程度直接影响到聚合物的力学性能：分子间堆砌得越紧密，分子间作用力越大，聚合物的抗拉强度越高。当无机粒子含量低时，粒子在聚酰亚胺基质中呈非连续分布，且微粒尺寸较小，此时无机粒子具有强烈的表面效应，因而复合薄膜的拉伸强度和断裂伸长率均接近纯膜[22]。当纳米粒子分布于聚酰亚胺的无定型区时，纳米粒子与聚酰亚胺基质间有较强的相互作用，随着无机粒子含量的增加，无机粒子在聚酰亚胺基质中的分布从分散状态逐步过渡到连续网状结构，对聚酰亚胺分子排列有序度产生破坏，导致复合薄膜拉伸强度和断裂伸长率下降。在低掺杂量对两种体系力学性能分析，水体系明显性能更好，拉伸强度和断裂伸长率更大。试验分析认为，力学性能与胶液黏度大小有很大关系，掺杂量（质量分数）为 8%时，胶液黏度偏小，所制薄膜力学性能很差。掺杂量（质量分数）为 10%时，所制杂化胶液黏度很高，因而拉伸强度与断裂伸长率均增大。掺杂量（质量分数）达到 12%时的下降是因为无机粒子含量较大，出现团聚现象及缺陷增加等，导致力学性能的下降。

　　表 2-11 是 B 系列水体系 PI 复合薄膜的拉伸强度和断裂伸长率，薄膜 A 为纯 PI 薄膜，B1～B3 分别为原位方式铝溶胶掺杂量（质量分数）为 4%、6%、8%的水体系的复合薄膜。由表中数据可以看出，水体系复合薄膜的拉伸强度及断裂伸长率均低于纯 PI 薄膜。随掺杂量增加而呈下降趋势掺杂量（质量分数）为 8%时，断裂伸长率为最低。这首先是由于随着溶胶含量的增加，纳米 Al_2O_3 颗粒相互碰撞的概率加大，聚集倾向增大，使其与 PI 基体的相容性变差，削弱了无机粒子的纳米效应，其次是由于这些无机小分子的引入以及溶胶中残留的水等小分子，相当于引入的杂质，会在薄膜内部产生更多的缺陷，导致分子链之间的相互作用力降低，使其在拉伸过程中断裂伸长率下降。

表 2-11　B 系列 PI 复合薄膜力学性能

力学性能	薄膜 A	薄膜 B1	薄膜 B2	薄膜 B3
拉伸强度/MPa	106	103	94	81
断裂伸长率/%	19	13	7	6

　　结果表明，在无机粒子掺杂量较低时，能够提高薄膜的力学性能，随掺杂量增加，复合薄膜的拉伸强度和断裂伸长率均有不同程度的下降。具体力学性能的波动也受胶液黏度及聚酰胺酸分子量等因素影响。

对掺杂量不同的复合薄膜进行击穿场强测试,分析不同掺杂量对击穿场强的影响。图 2-30 为不同含量甲苯体系铝溶胶的复合薄膜的击穿场强。

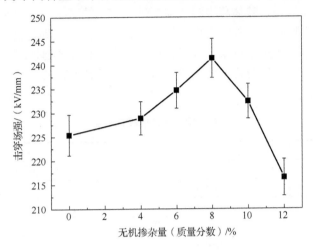

图 2-30 复合薄膜的击穿场强

所有绝缘材料都只能在一定的电场强度下保持其绝缘特性,当电场强度超过一定限度时,便会瞬间失去其绝缘的功能,因而选择电气设备和绝缘材料的参照指标主要就是绝缘强度。绝缘材料的绝缘强度一般采用平均击穿场强来表征,指聚合物材料处于高电压下,单位厚度能够承受的被击穿时的电压。图 2-30 显示了不同无机粒子掺杂量的复合薄膜的击穿场强。从图中可以看出,随勃姆铝石溶胶含量增加复合薄膜的击穿场强先增大后减小。勃姆铝石溶胶质量分数为 8% 时击穿场强为 241.4kV/mm,比纯膜的 225.4kV/mm 更大。铝溶胶质量分数增加到 12% 时,击穿场强下降到 216.5kV/mm,低于纯膜。分析是由于勃姆铝石溶胶含量相对高,出现团聚,进而起到缺陷的作用导致击穿场强下降。根据缺陷理论[23],因纳米粒子的表面能很大,在复合薄膜中总会存在一些由团聚的纳米粒子和其他物质形成的缺陷,随纳米粒子的增多,这些缺陷也会增多。纳米粒子与聚酰亚胺分子之间不能形成紧密连接,在微粒界面处存在的空隙就成为介质的缺陷,导致其击穿容易发生。而所测击穿场强在掺杂量不太高时均比纯膜稍高,说明这种理论对于纳米复合薄膜是不适应的,纳米粒子的分散性赋予了复合薄膜新的性能。也说明了所制纳米复合薄膜中缺陷比较少,薄膜质量较好。

根据缺陷理论所描述的,表面能很高的纳米粒子在聚酰亚胺基体中都会存在由粒子团聚或者其他因素造成的缺陷,伴随粒子浓度的增大,缺陷逐渐增多。聚酰亚胺基体与纳米粒子连接都不是很紧密,微粒界面周围的细小空隙就会成为介质的缺陷,击穿现象极易在此发生。

对 Al$_2$O$_3$/PI 纳米复合薄膜进行电学性能测试,测试结果见表 2-12 和图 2-31、图 2-32。

从表 2-12 可知，无机粒子的引入，降低了复合薄膜的表面电阻率与体积电阻率，且均低于纯膜。分析表明，在纳米 Al_2O_3/PI 复合体系中，聚酰亚胺为连续相，纳米 Al_2O_3 为分散相，其体积电阻率与聚酰亚胺、纳米 Al_2O_3 以及两相间的界面密切相关。聚合物制造过程中会引入许多离子作为输运电荷的载流子。当在聚酰亚胺中纳米 Al_2O_3 含量超过某一临界值后，纳米 Al_2O_3 本身所携带的杂质离子数量不能忽略，再加上颗粒之间距离减小，载流子迁移所需的势垒降低，造成体积电阻率的下降。

表 2-12　电性能测试数据

薄膜	表面电阻率/Ω	体积电阻率/（Ω·m）
A	2.9E+16	2.9E+14
A1	1.2E+15	2.4E+13
A2	8.4E+13	1.4E+13
A3	3.9E+14	1.4E+13
A4	3.3E+14	3.3E+12
A5	2.4E+14	3.2E+12

由图 2-31 可知，引入纳米粒子的聚酰亚胺薄膜，其介电常数均高于纯聚酰亚胺薄膜的介电常数，伴随掺杂量的增加，介电常数也呈增大趋势。分析认为，一方面，可能是由于体系中分布着纳米粒子，形成了面积巨大、数量众多的无机-有机相界面，将使极化增强，导致介电常数值变大，另一方面，由于纳米粒子所具有的表面效应，在复合薄膜与测试界面接触时发生界面极化，因而介电常数值增加。

由图 2-32 可知，掺杂无机粒子的复合薄膜，其损耗角正切值高于未掺杂的聚酰亚胺薄膜，且随掺杂量增加呈增大趋势。

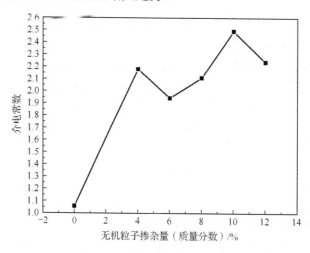

图 2-31　复合薄膜的介电常数

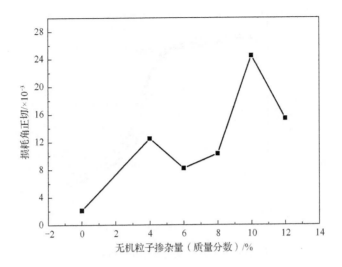

图 2-32　复合薄膜的损耗角正切

分析认为，纳米 Al₂O₃/PI 复合材料的介质损耗主要来源于极性基团的松弛损耗和电导损耗。由上述分析可知，复合材料中极性基团在电场作用下产生一定强度的极化，在去掉电场的瞬间产生极化松弛，从而引起介质的松弛损耗。同时由于复合材料中的导电载流子数量随着纳米 Al₂O₃ 含量的增加而增加，在交变电场的作用下，引起载流子的迁移，造成介质的热损耗。掺杂量（质量分数）为 4% 时，介电常数与损耗角正切的数值明显增大，这与无机粒子的大小无关，与表面效应相关，界面极化强，大的极化松弛引起松弛损耗增大。

对无机粒子掺杂量不同的复合薄膜的热稳定性进行测试，并与纯膜进行比较。结果见表 2-13 和图 2-33。图 2-33 曲线分别为纯膜和铝溶胶掺杂量（质量分数）为 4%、6%、8%、10%、12%的复合薄膜热失重分析（thermo gravimetric analysis, TGA）曲线。

表 2-13　聚酰亚胺复合薄膜的热分解温度

薄膜	T_d/℃	$T_{10\%}$/℃	$T_{30\%}$/℃
A	585	600	643
A1	599	606	653
A2	588	610	662
A3	587	606	667
A4	595	610	671
A5	587	612	691

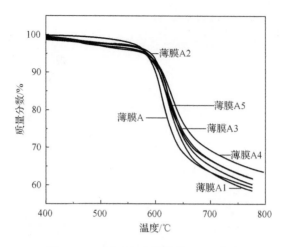

图 2-33　A 系列复合薄膜的 TGA 曲线

结果表明，不同薄膜材料在温度达到 450℃之前有少量质量减少，主要是因为吸附水的失去，此温度区间（400～450℃）一般没有质量变化，也极少发生热效应，说明被测物具有较高的耐热等级和高温稳定性，不易热分解。掺杂无机粒子的复合薄膜比纯膜的热稳定性更好，随着掺杂量的增加复合薄膜的热稳定性增加。薄膜的热分解温度在 585～599℃，热失重 10% 和 30% 的温度分别在 600～612℃和 643～691℃，当无机粒子掺杂量（质量分数）达到 12% 时，薄膜的热稳定性达到最佳，分解 10% 的热分解温度为 612℃，比纯膜高很多，热失重 30% 时更明显。分析认为，同纯膜相比，热分解温度升高是由于无机粒子与聚酰亚胺强烈的相互作用，改变了聚酰亚胺材料中的应力作用点，使主链运动受阻，柔性减少，从而热分解温度提高。无机粒子对杂化材料热性能影响是多方面的，一方面是有机聚合物和无机粒子形成氢键或其他配位键，客观上限制聚酰亚胺的热振动，致使材料的热性能提高，另一方面由于引入的无机粒子形成新型结构，有利于提高材料热性能。

由图 2-34 可知，不同勃姆铝石溶胶含量复合薄膜的耐电晕时间与无机粒子掺杂量的关系，本节试验设计中的参照组纯膜的耐电晕时间只有 25min，掺杂量（质量分数）为 4% 时，其耐电晕时间仅为 40min，掺杂量（质量分数）达到 12% 时，耐电晕时间达到 136h。添加勃姆铝石溶胶可有效提高复合薄膜的耐电晕时间，随着加入量的提高，耐电晕时间逐渐增加，这可能是由于与无杂质的纯聚酰亚胺薄膜相比，有无机粒子分布于聚酰亚胺基体中时，增加了薄膜中的陷阱密度。无机粒子自身及基体的变化可使其产生陷阱能级，来自电晕放电的电子可以被这些陷阱能级俘获，且被俘获后的电子形成的空间电荷还能进一步阻挡来自电晕放电电荷的作用。这可能就是聚酰亚胺复合薄膜耐电晕老化能力提高的重要原因之一[24]。

根据 Tanaka 等[25]关于耐电晕多核模型中对界面不同层次划分，可以将纳米 Al$_2$O$_3$/PI 复合薄膜中存在的界面分为半固定层、固定层及自由层，这是按照聚酰亚胺分子链段能否活动或转移区分的。作为基体的聚酰亚胺与纳米粒子通过共价键和离子键的共同作用形成紧密相连的状态，致使有机分子链段被固定于填料的表面，失去了活动的机会，成了固定层。聚酰亚胺分子通过与前述固定层的聚合物分子链段的相互缠绕，具有有限的运动能力，成了半固定层。半固定层的链段由于受到固定层的制约而不能自由运动，因此呈现有序状态，且有一定的结晶度。引入无机粒子令复合材料中出现无机粒子与聚酰亚胺的界面。由于界面不同的结构层所具有的陷阱能级具有差异，使得空间电荷按特定顺序先后释放。伴随无机粒子的引入，可减少放电对基体的损坏，从而在一定程度上提高了耐电晕能力[26,27]。

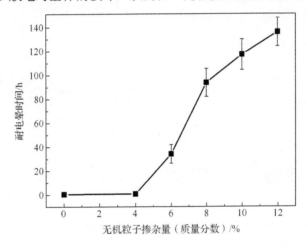

图 2-34　不同勃姆铝石溶胶含量的纳米 Al$_2$O$_3$/PI 复合薄膜耐电晕时间

扫描电子显微镜对纯 PI 薄膜和纳米 Al$_2$O$_3$/PI 复合薄膜在电晕测试击穿后的表面形貌测试结果如图 2-35 所示。可以明显看出，在经耐电晕测试后，电极周边复合薄膜中的 PI 基受到严重损坏，也可以看出复合薄膜中无机组分含量越多，作为复合薄膜基体中的 PI 受到的损伤就越小；而纳米 Al$_2$O$_3$ 颗粒还留在聚酰亚胺基体的表面，进一步的分析表明，向聚酰亚胺内加入 Al$_2$O$_3$ 颗粒或引入铝的溶胶后，尤其是可以达到均匀分散时，其可协助聚酰亚胺有效提高电子的转移速度，从而防止机体内电子积累。此外 Al$_2$O$_3$ 还具有很高的热传导性，在局部放电发生时，Al$_2$O$_3$ 可迅速将热量及电能传导出去，降低局部过热可能，从整体上提高了聚酰亚胺薄膜的传热能力，以上两种方式协同作用，从而可以有效提高耐电晕能力[28-30]。

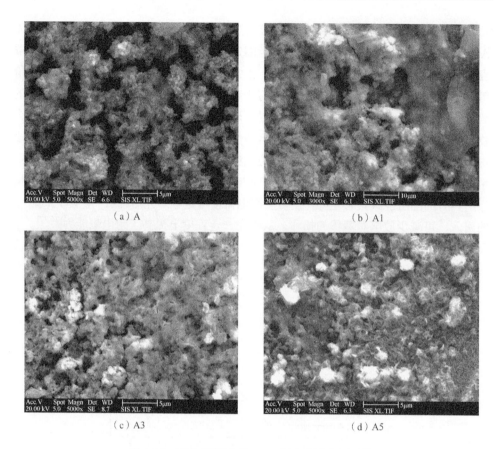

（a）A　　　　　　　　　　　　　（b）A1

（c）A3　　　　　　　　　　　　　（d）A5

图 2-35　耐电晕测试后 Al_2O_3 复合薄膜表面形貌

2.4　微量 SiO_2 对纳米 Al_2O_3/PI 复合薄膜的影响

　　为了改善纳米 Al_2O_3/PI 复合薄膜中无机纳米颗粒的分散情况以及有机—无机相界面，试图采用微量纳米 SiO_2 颗粒对纳米 Al_2O_3/PI 复合薄膜进行改性。由于纳米 Al_2O_3 颗粒和纳米 SiO_2 颗粒表面静电荷电性相反，而且亲水性纳米 SiO_2 颗粒表面含有较多的—OH，有利于促进纳米 Al_2O_3 颗粒的均匀分散，因此首先采用掺杂量不同的亲水性纳米 SiO_2 颗粒对纳米 Al_2O_3/PI 复合薄膜进行改性，分析改性纳米 Al_2O_3/PI 复合薄膜的最佳掺杂量，然后进一步采用疏水性纳米 SiO_2 颗粒对纳米 Al_2O_3/PI 复合薄膜进行改性，分析亲水性和疏水性两种纳米 SiO_2 颗粒对纳米 Al_2O_3/PI 复合薄膜性能的不同影响。具体的组成配方如表 2-14 所示。

表 2-14　纳米 SiO₂/Al₂O₃/PI 复合薄膜

复合薄膜	Al₂O₃ 含量 （质量分数）/%	SiO₂ 含量 （质量分数）/%	SiO₂ 种类	胶液固体含量 （质量分数）/%	无机粉体 分散方式
SiO₂-Al₂O₃/PI	16	0	—	10	砂磨分散
SiO₂-Al₂O₃/PI	16	1	亲水性	10	砂磨分散
SiO₂-Al₂O₃/PI	16	3	亲水性	10	砂磨分散
SiO₂-Al₂O₃/PI	16	5	亲水性	10	砂磨分散
SiO₂-Al₂O₃/PI	16	7	亲水性	10	砂磨分散
SiO₂-Al₂O₃/PI	16	3	疏水性	10	砂磨分散
SiO₂-Al₂O₃/PI	16	5	疏水性	10	砂磨分散
SiO₂-Al₂O₃/PI	16	7	疏水性	10	砂磨分散

2.4.1　亲水性纳米 SiO₂ 颗粒和疏水性纳米 SiO₂ 颗粒的表征

采用纳米 SiO₂ 颗粒对纳米 Al₂O₃/PI 复合薄膜进行改性时，无机纳米颗粒的粒径、表面官能团及晶型都对纳米 Al₂O₃/PI 复合薄膜的性能有不同程度的影响，为了证明亲水性和疏水性两种纳米 SiO₂ 颗粒仅有亲疏水性不同，因此对两种纳米 SiO₂ 颗粒的粒径、表面官能团及晶型分别通过 TEM、FTIR 以及 XRD 进行表征说明。

1. TEM 分析

粒径越小的无机纳米颗粒表面能越大，颗粒之间发生团聚的可能性越大；无机纳米颗粒的粒径越大，掺杂到 PI 复合薄膜中时，相当于粒径小的无机纳米颗粒在 PI 复合薄膜中发生团聚，对 PI 基体形态影响较大，而且有机-无机相界面较明显，影响无机纳米颗粒和 PI 基体的相容性，因此无机纳米颗粒粒径的大小对改性后的 PI 复合薄膜的性能有较大影响。为表征亲水性和疏水性两种纳米 SiO₂ 颗粒的粒径，对其进行 TEM 分析。

亲水性 SiO₂ 颗粒和疏水性 SiO₂ 颗粒的 TEM 图，如图 2-36 所示，图中深色物质为纳米颗粒。从亲水性 SiO₂ 颗粒的 TEM 图可知，亲水性 SiO₂ 颗粒的形状为球形，颗粒大小为 20~25nm。疏水性 SiO₂ 颗粒的 TEM 图显示其形状为球形，颗粒大小约为 20nm。对比两种颗粒的 TEM 图可知，亲水性 SiO₂ 颗粒和疏水性 SiO₂ 颗粒的形状均为球形，而且两种颗粒的粒径相似。但由于亲水性 SiO₂ 颗粒表面所含有不同键合状态的—OH 基团与疏水性 SiO₂ 颗粒相比较多，表面能较大，因此亲水性 SiO₂ 颗粒较易发生团聚。

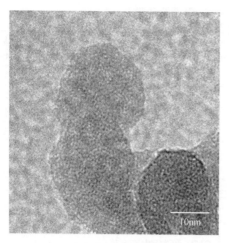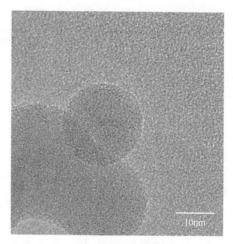

（a）亲水性SiO_2颗粒　　　　　　　　　　　　（b）疏水性SiO_2颗粒

图 2-36　亲水性 SiO_2 颗粒和疏水性 SiO_2 颗粒的 TEM 图

2. FTIR 分析

　　无机纳米颗粒表面基团的类型不同，掺杂到 PI 复合薄膜中，与 PI 基体的键合情况不同。如果无机纳米颗粒表面含有易与 PI 基体中基团结合的基团，那么此种纳米颗粒改性的 PI 复合薄膜中，由于无机纳米颗粒表面基团与 PI 基体中的基团能够较好地结合，因此无机纳米颗粒可均匀分散于 PI 复合薄膜中，而且 PI 基体与无机纳米颗粒可以很好地结合在一起，有机-无机相界面区域出现很少的缺陷，改性后的薄膜性能优异。但如果无机纳米颗粒表面含有的基团不易与 PI 基体中基团键合，有机-无机相界面的结合较差，界面区域会形成较多缺陷，也不利于无机纳米颗粒的分散，因此此种纳米颗粒改性的薄膜性能较差。为了表征亲水性和疏水性两种纳米 SiO_2 颗粒的表面基团，对其进行 FTIR 分析。

　　图 2-37 为亲水性纳米 SiO_2 颗粒和疏水性纳米 SiO_2 颗粒的 FTIR 图，在亲水性纳米 SiO_2 颗粒的谱图中，$3423cm^{-1}$ 处为氧化硅表面 O—H 键的特征振动峰，$800cm^{-1}$、$1102cm^{-1}$、$471cm^{-1}$ 分别为 Si—O 键的对称伸缩振动、不对称伸缩振动、弯曲振动的峰。疏水性纳米 SiO_2 颗粒的 FTIR 图中，在与亲水性纳米 SiO_2 颗粒谱图中出现特征峰的相同位置出现了同样的峰，因此疏水性纳米 SiO_2 颗粒和亲水性纳米 SiO_2 颗粒同为 SiO_2，而且两种颗粒表面的—OH 出现在同一位置，说明疏水性纳米 SiO_2 颗粒和亲水性纳米 SiO_2 颗粒表面基团相同，同为—OH 基团。亲水性纳米 SiO_2 颗粒和疏水性纳米 SiO_2 颗粒的 FTIR 图相比较，亲水性纳米 SiO_2 颗粒的 FTIR 图中 $2360cm^{-1}$ 处出现一个强度较弱的峰，此峰为 CO_2 的吸收峰。在同样的

测试条件下，亲水性纳米 SiO$_2$ 颗粒的红外谱图中出现了 CO$_2$ 的吸收峰，而疏水性纳米 SiO$_2$ 颗粒的 FTIR 图中并未出现此峰，说明亲水性纳米 SiO$_2$ 颗粒的吸附性强于疏水性纳米 SiO$_2$ 颗粒。

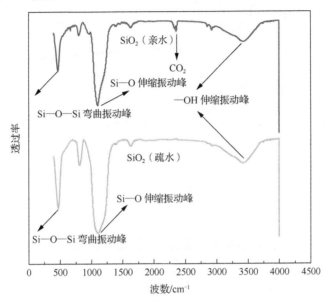

图 2-37　亲水性纳米 SiO$_2$ 颗粒和疏水性纳米 SiO$_2$ 颗粒的 FTIR 图

3. XRD 分析

无机纳米颗粒的晶型不同，颗粒的结晶度有可能不同，采用晶型不同的无机颗粒改性 PI 复合薄膜时，对 PI 复合薄膜的有序度影响不同，从而对改性后的 PI 复合薄膜性能的影响不同。为了表征亲水性和疏水性两种纳米 SiO$_2$ 颗粒晶型，对其进行 XRD 分析。

亲水性纳米 SiO$_2$ 颗粒和疏水性纳米 SiO$_2$ 颗粒的 XRD 测试结果如图 2-38 所示。亲水性纳米 SiO$_2$ 颗粒的 XRD 谱图中并未出现较尖锐的峰，只有在 $2\theta=22°$ 的位置出现了一个馒头峰，说明亲水性纳米 SiO$_2$ 颗粒为非晶体无机颗粒，并且存在一定的有序度。疏水性纳米 SiO$_2$ 颗粒的 XRD 谱图与亲水性纳米 SiO$_2$ 颗粒的 XRD 谱图相似，也未出现尖锐的晶型特征峰，只在 $2\theta=22°$ 的位置出现了一个馒头峰，说明亲水性纳米 SiO$_2$ 颗粒和疏水性纳米 SiO$_2$ 颗粒结构相似，同为非晶体无机颗粒。

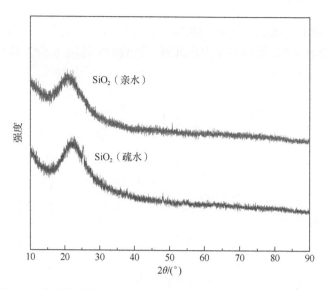

图 2-38　亲水性纳米 SiO_2 颗粒和疏水性纳米 SiO_2 颗粒的 XRD 谱图

2.4.2　SiO_2 掺杂量及其亲疏水性对复合薄膜微性能的影响

1. 力学性能

薄膜的力学性能通常用拉伸强度、断裂伸长率来表征，纳米 Al_2O_3 颗粒掺杂量（质量分数）均为 16%，亲水性纳米 SiO_2 颗粒掺杂量（质量分数）分别为 0%、0.1%、0.3%、0.5%、0.7%的纳米 SiO_2-Al_2O_3/PI 复合薄膜的拉伸强度、断裂伸长率如图 2-39 所示。

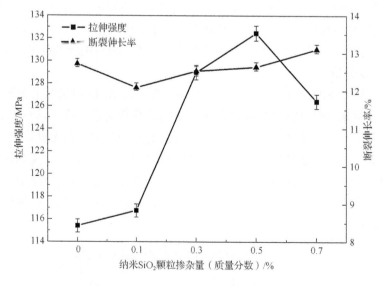

图 2-39　纳米 SiO_2-Al_2O_3/PI 复合薄膜的拉伸强度和断裂伸长率

亲水性纳米 SiO_2 颗粒的加入对纳米 Al_2O_3/PI（亲水）复合薄膜的拉伸强度有较大影响，随着亲水性纳米 SiO_2 颗粒掺杂量的增加，纳米 SiO_2-Al_2O_3/PI（亲水）复合薄膜的拉伸强度呈先增大后减小的趋势，当亲水性纳米 SiO_2 颗粒掺杂量（质量分数）为 0.5% 时，纳米 SiO_2-Al_2O_3/PI（亲水）复合薄膜的拉伸强度出现最大值 132.44MPa。亲水性纳米 SiO_2 颗粒的掺杂量对纳米 Al_2O_3/PI 复合薄膜的断裂伸长率影响较小。经纳米 SiO_2 颗粒改性的纳米 SiO_2-Al_2O_3/PI（亲水）复合薄膜，一定程度上力学性能得到了提高，综合考虑，当亲水性纳米 SiO_2 颗粒的掺杂量（质量分数）为 0.5% 时，纳米 SiO_2-Al_2O_3/PI（亲水）复合薄膜的力学性能最优。

采用适量的亲水性纳米 SiO_2 颗粒改性纳米 Al_2O_3/PI 复合薄膜时，由于亲水性纳米 SiO_2 颗粒表面含有较多羟基，较易与纳米 Al_2O_3 颗粒表面的羟基通过氢键或其他化学键结合，而且纳米 SiO_2 颗粒和纳米 Al_2O_3 颗粒表面静电正负性相反，因此适量的亲水性纳米 SiO_2 颗粒的引入可促进纳米 Al_2O_3 颗粒更均匀的分散，有效改善了有机-无机相界面，使 PI 基体和无机纳米颗粒很好地结合在一起，在复合薄膜受到外界的拉力时，PI 分子链段的断裂需要克服无机纳米颗粒的阻力以及有机-无机相界面的阻力，因此 PI 链段的断裂所需能量较大，从而提高了纳米 Al_2O_3/PI 复合薄膜的拉伸强度。当纳米 SiO_2 颗粒含量增大到一定值时，相当于 PI 复合薄膜的无机含量增大，如图 2-36 所示，无机纳米颗粒 Al_2O_3 和 SiO_2 间容易形成二次团聚，表面羟基较多的亲水性纳米 SiO_2 颗粒也易发生自团聚现象，因此 PI 复合薄膜中出现较多缺陷，而且 PI 基体中无机纳米颗粒的增加以及无机纳米粒子分散的不均匀性，一定程度上会破坏 PI 基体本身的有序度，使复合薄膜在外力作用下，基体 PI 链段较易断裂。对于 PI 复合薄膜的断裂伸长率来说，它主要表征 PI 链段在断裂前的运动距离，由于无机含量变化较小，因此对 PI 复合薄膜的断裂伸长率影响较小。

微量亲水性纳米 SiO_2 颗粒和疏水性纳米 SiO_2 颗粒改性的纳米 Al_2O_3/PI 复合薄膜的拉伸强度、断裂伸长率如图 2-40 和图 2-41 所示，结果显示纳米 SiO_2 颗粒的亲疏水性对纳米 Al_2O_3/PI 复合薄膜的力学性能有较大影响。

疏水性纳米 SiO_2 颗粒掺杂量（质量分数）分别为 0.3%、0.5% 和 0.7% 的纳米 SiO_2-Al_2O_3/PI（疏水）复合薄膜的拉伸强度、断裂伸长率分别为 110.6MPa、8.69%，113.72MPa、9.93%，124.86MPa、13.78%，随着疏水性纳米 SiO_2 颗粒掺杂量的增加，纳米 SiO_2-Al_2O_3/PI（疏水）复合薄膜的力学性能增强。这是由于无机纳米颗粒在 PI 基体中分散较均匀的条件下，无机纳米颗粒不会较大程度上影响 PI 分子的有序度，但 PI 链段的运动受到无机纳米颗粒及有机-无机相界面的限制，从而使 PI 链段断裂需要较大能量，因此，纳米 SiO_2-Al_2O_3/PI（疏水）复合薄膜力学性能增加。

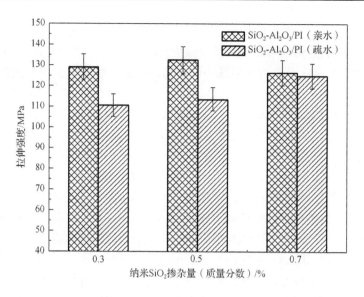

图 2-40　纳米 $SiO_2-Al_2O_3/PI$ 复合薄膜的拉伸强度

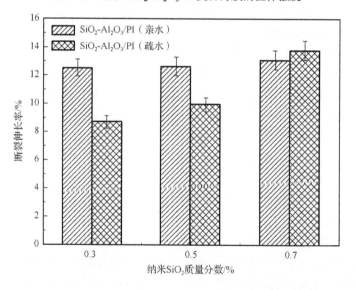

图 2-41　纳米 $SiO_2-Al_2O_3/PI$ 复合薄膜的断裂伸长率

　　微量亲水性纳米 SiO_2 颗粒改性的纳米 Al_2O_3/PI 复合薄膜的力学性能与疏水性纳米 SiO_2 颗粒改性的薄膜相比，其综合力学性能较优。这是由于亲水性纳米 SiO_2 颗粒表面—OH 基团的含量高于疏水性纳米 SiO_2 颗粒，当亲水性纳米 SiO_2 颗粒掺杂量适当时，较多的—OH 基团可以与 Al_2O_3 颗粒及 PI 基体通过氢键或其他基团结合，促进纳米 Al_2O_3/PI 复合薄膜中无机纳米颗粒的分散，同时改善纳米 Al_2O_3/PI 复合薄膜中有机-无机相界面。复合薄膜受到外力作用时 PI 链段运动受到较大限

制，不易断裂，因此薄膜力学性能较优。由于疏水性纳米 SiO_2 颗粒表面含有的
—OH 基团量不如亲水性纳米 SiO_2 颗粒，对于疏水性纳米 SiO_2 颗粒改性的纳米
Al_2O_3/PI 复合薄膜，相当于是增加了纳米 Al_2O_3/PI 复合薄膜的无机组分含量，虽
然纳米 SiO_2 颗粒和纳米 Al_2O_3 颗粒表面静电正负性相反，但对无机纳米颗粒的分
散效果影响不大，由于疏水性纳米 SiO_2 颗粒表面羟基含量较少，其自团聚可能性
小，因此，一定范围内纳米 SiO_2-Al_2O_3/PI（疏水）复合薄膜力学性能随疏水性纳
米 SiO_2 颗粒掺杂量的增加而增强。

2. 击穿场强

PI 复合薄膜在电子、电气领域的较广泛应用要求 PI 复合薄膜必须保证一定的
击穿场强，本试验中通过 PI 复合薄膜的击穿电压测试及薄膜厚度的测量，通过计
算得出 PI 复合薄膜的击穿场强。

纳米 Al_2O_3 颗粒质量分数均为 16%，亲水性纳米 SiO_2 颗粒质量分数分别为
0%、0.1%、0.3%、0.5%、0.7%的纳米 SiO_2-Al_2O_3/PI（亲水）复合薄膜的击穿场
强与亲水性纳米 SiO_2 颗粒掺杂量（质量分数）的关系曲线如图 2-42 所示。由图
2-42 可知，纳米 Al_2O_3/PI 复合薄膜的击穿场强仅为 189.84kV/mm，纳米
SiO_2-Al_2O_3/PI（亲水）复合薄膜的击穿场强均高于纳米 Al_2O_3/PI 复合薄膜，而且
当亲水性纳米 SiO_2 掺杂量（质量分数）为 0.5%时，纳米 SiO_2-Al_2O_3/PI（亲水）
复合薄膜的击穿场强出现最大值 211.15kV/mm。

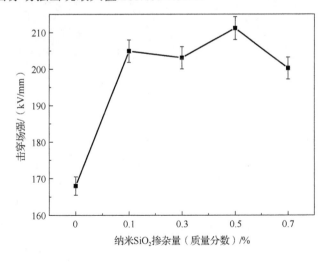

图 2-42　纳米 SiO_2-Al_2O_3/PI 复合薄膜的击穿场强

适量的亲水性纳米 SiO_2 颗粒的加入可促进纳米 Al_2O_3 颗粒的分散，使 PI 复合
薄膜中因无机纳米粒子团聚而产生的缺陷减少，而且 PI 复合薄膜中有机-无机相

界面区域结合较好。由于 PI 复合薄膜中缺陷的减少有益于 PI 复合薄膜击穿性能的增加，但由于有机-无机相界面的改善又给载流子在 PI 复合薄膜中的传输提供了条件，较易形成导电通道，从而劣化了 PI 复合薄膜的击穿性能。但改善复合薄膜击穿性能的因素影响较大，因此亲水性纳米 SiO_2 颗粒的引入提高了纳米 SiO_2-Al_2O_3/PI（亲水）复合薄膜的击穿场强。但当亲水纳米 SiO_2 掺杂量较大时，PI 复合薄膜中无机纳米颗粒较易发生团聚，有机-无机相界面增多，在薄膜中会形成更多缺陷，使纳米 Al_2O_3/PI 复合薄膜的击穿场强降低。

微量亲水性纳米 SiO_2 颗粒和疏水性纳米 SiO_2 颗粒改性的纳米 Al_2O_3/PI 复合薄膜的击穿场强如图 2-43 所示，纳米 SiO_2 颗粒的亲疏水性对纳米 Al_2O_3/PI 复合薄膜的击穿场强有较大影响。

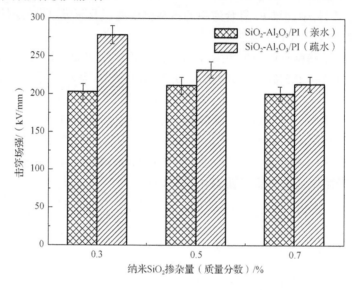

图 2-43　纳米 SiO_2-Al_2O_3/PI 复合薄膜的击穿场强

疏水性纳米 SiO_2 颗粒掺杂量（质量分数）分别为 0.3%、0.5% 和 0.7% 的纳米 SiO_2-Al_2O_3/PI（疏水）复合薄膜的击穿场强分别为 278.27kV/mm、232.08kV/mm、213.10kV/mm，随着疏水性纳米 SiO_2 颗粒掺杂量的增加，纳米 SiO_2-Al_2O_3/PI（疏水）复合薄膜的击穿场强逐渐减小。纳米 SiO_2 颗粒和纳米 Al_2O_3 颗粒表面静电正负性相反，纳米 SiO_2 颗粒和纳米 Al_2O_3 颗粒可以相互吸引，当疏水纳米 SiO_2 颗粒含量较少时，疏水性纳米 SiO_2 颗粒的引入一定程度上可以促进无机纳米颗粒的分散，将 PI 复合薄膜中的深陷阱转化为浅陷阱，减少薄膜中的缺陷，因此 PI 复合薄膜的击穿场强较高，但随着疏水性纳米 SiO_2 颗粒的增加，薄膜中有机-无机相界面增多，缺陷增多，从而 PI 复合薄膜的击穿场强下降。

对于亲水性纳米 SiO_2 颗粒和疏水性纳米 SiO_2 颗粒改性的纳米 Al_2O_3/PI 复合

薄膜来说，在相同掺杂量的情况下，亲水性纳米 SiO$_2$ 颗粒改性的纳米 Al$_2$O$_3$/PI 复合薄膜的击穿场强均低于疏水性纳米 SiO$_2$ 颗粒改性的薄膜的击穿场强。纳米 SiO$_2$ 颗粒的引入一方面由于纳米 SiO$_2$ 颗粒和纳米 Al$_2$O$_3$ 颗粒表面静电正负性相反，可以促进 PI 复合薄膜中纳米 Al$_2$O$_3$ 颗粒的分散，减少 PI 复合薄膜中因无机纳米颗粒的引入产生的缺陷，改善 PI 复合薄膜的电气性能，另一方面由于纳米 SiO$_2$ 颗粒的引入，其表面的羟基可以与 Al$_2$O$_3$ 颗粒表面的羟基通过氢键或其他化学键结合，而且可能与 PI 基体通过氢键或其他基配位键结合，有效地改善有机-无机相界面，为空间电荷的运动提供条件，易形成导电通道，从而劣化 PI 复合薄膜的电气性能。亲水性纳米 SiO$_2$ 颗粒表面—OH 基团较多，对 PI 复合薄膜中有机-无机相界面改善较好，劣化薄膜击穿性能的因素表现较强，而且亲水性 SiO$_2$ 颗粒较易吸附水分子，水分子的引入对 PI 复合薄膜的击穿性能影响较大，因此纳米 SiO$_2$-Al$_2$O$_3$/PI（亲水）复合薄膜的击穿场强较低。疏水性纳米 SiO$_2$ 颗粒表面羟基较少，对 PI 复合薄膜中有机-无机相界面改善效果较差，优化 PI 复合薄膜的击穿场强的因素影响较大，因此纳米 SiO$_2$-Al$_2$O$_3$/PI（疏水）复合薄膜击穿场强较高。

3. 耐电晕性能

图 2-44 显示了亲水性纳米 SiO$_2$ 颗粒掺杂量不同的纳米 SiO$_2$-Al$_2$O$_3$/PI 复合薄膜的耐电晕时间的变化趋势。

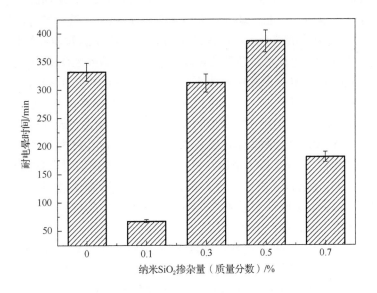

图 2-44　纳米 SiO$_2$-Al$_2$O$_3$/PI 复合薄膜的耐电晕时间

　　复合薄膜的厚度对其耐电晕时间影响较大，复合薄膜的耐电晕性能需要在薄膜厚度相近的条件下进行比较，本试验中制备的一系列复合薄膜的厚度均为0.025mm，误差为±0.001。厚度为0.025mm的纯PI薄膜的耐电晕时间仅仅为5min，纳米Al_2O_3颗粒的掺杂量（质量分数）为16%的纳米Al_2O_3/PI复合薄膜的耐电晕时间为332min。对于纳米Al_2O_3颗粒的掺杂量（质量分数）均为16%的纳米SiO_2-Al_2O_3/PI（亲水）复合薄膜来说，当亲水性纳米SiO_2掺杂量（质量分数）为0.1%时，纳米SiO_2-Al_2O_3/PI（亲水）复合薄膜的耐电晕时间为68min，随着亲水性纳米SiO_2掺杂量的增加，纳米SiO_2-Al_2O_3/PI（亲水）复合薄膜的耐电晕时间先增加后减小，当亲水性纳米SiO_2掺杂量（质量分数）为0.5%时，纳米SiO_2-Al_2O_3/PI（亲水）复合薄膜耐电晕性能最优，耐电晕时间可达到378min。

　　亲水性纳米SiO_2颗粒的加入对纳米Al_2O_3/PI复合薄膜耐电晕老化性能的影响主要有以下几方面：①纳米SiO_2颗粒的电导率低于纳米Al_2O_3颗粒，纳米SiO_2颗粒的加入一定程度上限制了空间电荷的运动，产生空间电荷的聚集，从而降低了纳米Al_2O_3/PI复合薄膜耐电晕性能。②纳米SiO_2颗粒和纳米Al_2O_3颗粒表面所带静电荷电性相反，亲水性纳米SiO_2掺杂量较低时，纳米SiO_2颗粒的加入降低了纳米Al_2O_3颗粒间的接触面，而且亲水性纳米SiO_2颗粒表面较多的羟基也可以与纳米Al_2O_3颗粒通过氢键或其他化学键结合，促进了纳米Al_2O_3颗粒的进一步分散，使PI基体与无机纳米颗粒很好地结合在一起，有效地改善了有机-无机相界面，有利于载流子在PI基体中的运动，减少空间电荷的聚集，从而改善了纳米Al_2O_3/PI复合薄膜的耐电晕性能。③亲水性纳米SiO_2颗粒掺杂量过量时，相当于纳米Al_2O_3/PI复合薄膜无机纳米颗粒的掺杂量增大，纳米SiO_2颗粒和纳米Al_2O_3颗粒容易形成二次团聚，而且表面羟基含量较高的亲水性纳米SiO_2颗粒也容易发生自团聚现象，从而在PI复合薄膜中形成更多缺陷，为空间电荷的聚集提供条件，从而劣化了复合薄膜耐电晕性能。当亲水性纳米SiO_2颗粒的掺杂量（质量分数）为0.1%时，纳米SiO_2颗粒电导率对薄膜耐电晕性能的影响占主导地位，所以纳米SiO_2-Al_2O_3/PI（亲水）复合薄膜耐电晕性能不如纳米Al_2O_3/PI复合薄膜。随着纳米SiO_2掺杂量的增加，纳米SiO_2-Al_2O_3/PI（亲水）复合薄膜的耐电晕性能提高。但当亲水性纳米SiO_2掺杂量（质量分数）为0.7%时，纳米SiO_2含量较高，纳米SiO_2颗粒及纳米Al_2O_3颗粒容易形成二次团聚，在薄膜中形成更多缺陷，纳米Al_2O_3/PI复合薄膜耐电晕性能反而被劣化。

　　微量亲水性纳米SiO_2颗粒和疏水性纳米SiO_2颗粒改性的纳米Al_2O_3/PI复合薄膜耐电晕时间如图2-45所示。从图中可知，亲水性纳米SiO_2颗粒改性的纳米Al_2O_3/PI复合薄膜的耐电晕性能远远优于疏水性纳米SiO_2颗粒改性的纳米Al_2O_3/PI复合薄膜的耐电晕性能。

　　聚酰亚胺无机纳米复合薄膜具有优异的耐电晕性能主要是由于无机纳米颗粒

的加入使 PI 复合薄膜内的深陷阱转变为浅陷阱，而且有机-无机相界面区域有利于载流子运动，空间电荷不易积累，降低了空间电荷受陷的机会，不易产生电荷聚集，从而改善了 PI 复合薄膜的耐电晕老化性能。对于纳米 SiO_2-Al_2O_3/PI（亲水）复合薄膜来说，亲水性纳米 SiO_2 颗粒表面含有较多的羟基，将其添加到纳米 Al_2O_3/PI 复合薄膜中，亲水性纳米 SiO_2 颗粒表面较多的羟基与纳米 Al_2O_3 颗粒表面的羟基通过氢键或其他配位键相结合，可以促进无机颗粒的分散，而且无机颗粒表面的羟基可以与 PI 链段中的羧基或酸酐通过氢键相互作用，有效地改善 PI 基体和无机颗粒之间的界面，从而将复合薄膜中较多的深陷阱变为浅陷阱，降低了空间电荷的积累，而且有机-无机相界面的有效改善使载流子在界面区域的运动更容易，不易产生电荷聚集，损坏薄膜的电性能，因此，亲水性纳米 SiO_2 颗粒改性的纳米 Al_2O_3/PI 复合薄膜具有较优的耐电晕性能。但是对于纳米 SiO_2-Al_2O_3/PI（疏水）复合薄膜来说，疏水性纳米 SiO_2 颗粒表面羟基少，它的加入对纳米 Al_2O_3/PI 复合薄膜内有机-无机相界面的改善较少，不能为载流子的运动提供有利条件，而且纳米 SiO_2 颗粒的电导率低于纳米 Al_2O_3 颗粒的电导率，疏水性纳米 SiO_2 颗粒的加入反而对载流子的运动产生了一定的阻碍作用，使载流子在 PI 复合薄膜中容易聚集，从而影响 PI 复合薄膜的耐电晕性能，因此耐电晕性能最优的纳米 SiO_2-Al_2O_3/PI（疏水）复合薄膜的电晕老化寿命仅为 123min，反而不如纳米 Al_2O_3/PI 复合薄膜的耐电晕性能。

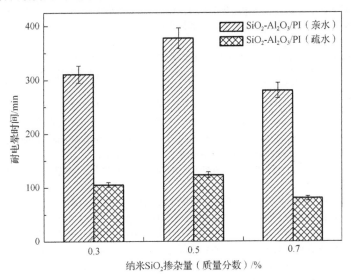

图 2-45　纳米 SiO_2-Al_2O_3/PI 复合薄膜的耐电晕时间

2.5 本章小结

  本章首先介绍了采用超声波辅助机械共混法制备多系列纳米 Al_2O_3/PI 复合薄膜的基本过程，对该复合薄膜的微结构及性能进行了测试表征，分析了不同偶联剂种类、Al_2O_3 晶型等对复合薄膜微结构及性能的影响。此外，本章介绍了采用水热法制备纳米 Al_2O_3，再将其加入聚酰亚胺中制备复合薄膜。同时，本章还介绍了未分散、砂磨分散、超声分散三种分散情况下采用原位聚合法制备了无机掺杂量（质量分数）为 16% 的纳米 Al_2O_3/PI 复合薄膜，另外，采用砂磨分散原位聚合法制备了一系列纳米 Al_2O_3 掺杂量（质量分数）均为 16%，纳米 SiO_2 颗粒掺杂量不同的纳米 SiO_2-Al_2O_3/PI（亲水性）复合薄膜和纳米 SiO_2-Al_2O_3/PI（疏水性）复合薄膜。通过对纳米 SiO_2-Al_2O_3/PI 复合薄膜的力学性能、击穿场强及耐电晕时间的测试分析，讨论了无机粉体分散方式、纳米 SiO_2 颗粒的掺杂量及其亲疏水性对PI 复合薄膜性能的影响。

参 考 文 献

[1] Liu L Z, Xia Y, Weng L, et al. The effects of Al_2O_3 contents on the morphology and electrical properties of polyimide/nano-Al_2O_3 composite films[C]. IFOST2012, Tomsk Polytechnic University, 2012: 435-438

[2] 周浩然, 柳长富, 赵蕊, 等. 聚酰亚胺/Al_2O_3 掺杂薄膜热老化寿命计算方法研究[J]. 湖南大学学报(自然科学版), 2012, 9(39): 76-79.

[3] 赵斯梅. 无机纳米杂化聚酰亚胺薄膜的制备及性能研究[J]. 涂料工业, 2007(37): 25-28.

[4] 张晶波, 范勇, 衷敬和, 等. 聚酰亚胺/氧化硅/氧化铝纳米复合薄膜的制备及性能研究[J]. 绝缘材料, 2005(1): 9-14.

[5] 周宏, 范勇, 王晓琳, 等. γ-Al_2O_3/聚酰亚胺纳米复合薄膜的制备与表征[J]. 硅酸盐学报, 2009(37): 933-936.

[6] 陈昊, 范勇, 周宏, 等. 耐电晕 PI/无机纳米氧化物复合薄膜设计及性能[J]. 电机与控制学报, 2012, 16(5): 81-85.

[7] Chen H, Liu J, He M P, et al. Synthesis and characterization of corona-resistant nano-alumina/polyimide film[J]. Journal of Harbin University of Science and Technology, 2009, 14(2): 90-94.

[8] 王秀华, 王玲, 许国耀, 等. 硅烷偶联剂在有机无机杂化纳米复合材料中的应用[J]. 有机硅材料, 2004, 18(3): 30-33.

[9] 杜仕国. 复合材料用硅烷偶联剂的研究进展[J]. 玻璃钢/复合材料, 1996(4): 32-37.

[10] 高琳. 聚酰亚胺/纳米 Al_2O_3 杂化薄膜的制备和性能研究[D]. 哈尔滨: 哈尔滨理工大学, 2007.

[11] 石慧. 耐电晕纳米 Al_2O_3 聚酰亚胺复合薄膜的制备与性能研究[D]. 哈尔滨: 哈尔滨理工大学, 2013.

[12] Shi H, Liu L Z, Weng L, et al. The effects of coupling agents on the properties of polyimide/nano-Al_2O_3 composite films[C]. 6th International Forum on Strategic Technology(IFOST2011), Harbin, 2011, 1:33-36.

[13] Liu L Z, Shi H, Weng L, et al. The effects of particle size on the morphology and properties of polyimide/nano-Al_2O_3 composite films[J]. Polymers & Polymer Composites, 2014, 22(2):117-121.

[14] Serge Z, Edeth M. Characterization of fiber/matrix interface strength: applicability of different tests, approaches and parameters[J]. Composites Science and Technology, 2005, 65(1): 149-160.

[15] 罗杨, 吴广宁, 彭佳, 等. 聚合物纳米复合电介质的界面性能研究进展[J]. 高电压技术, 2012, 38(9): 2455-2461.

[16] Ray B C. Study of the influence of thermal shock on interfacial damage in thermosetting matrix aramid fiber composites[J]. Journal of Materials Science Letters, 2003, 22(3): 201-202.

[17] 陈昊. 纳米氧化铝改性聚酰亚胺薄膜的结构与性能研究[D]. 哈尔滨: 哈尔滨理工大学, 2009: 17-18.

[18] 邱昌容, 曹晓珑. 电气绝缘测试技术[M]. 3 版. 北京: 机械工业出版社, 2001: 69-71.

[19] Liu L Z, Li Y Y, Weng L, et al. Effect of Al₂O₃-coated SiO₂ on properties of Al₂O₃-coated SiO₂/PI composite films[J]. Iranian Polymer Journal, 2014, 23(12): 987-994.

[20] 李园园, 刘立柱, 翁凌, 等. 微量 SiO₂ 对 PI/Al₂O₃ 复合薄膜性能的影响[J]. 功能材料, 2014, 45(13): 13122-13125, 13130.

[21] 夏岩. 水热法合成纳米 Al₂O₃ 改性聚酰亚胺薄膜的制备与表征[D]. 哈尔滨: 哈尔滨理工大学, 2013.

[22] 刘立柱, 高琳, 宋玉侠, 等. 偶联剂用量对聚酰亚胺/Al₂O₃ 纳米杂化薄膜的影响[J]. 功能材料, 2008(11): 1887-1889.

[23] 陈季丹, 刘子玉. 电介质物理学[M]. 北京: 机械工业出版社, 1982: 62-68.

[24] 周宏, 范勇, 王晓琳, 等. 勃姆铝石/聚酰亚胺纳米复合薄膜的制备和表征[J]. 硅酸盐学报, 2009, 37(8):1288-1292.

[25] Tanaka T, Kozako M, Fuse N, et al. Proposal of a multi-core model for polymer nanocomposite dielectrics[J]. IEEE Transactions on Dielectrics and Electrical Insulation, 2005, 12(4): 669-681.

[26] 李鸿岩, 郭磊, 刘斌, 等. 聚酰亚胺/Al₂O₃ 复合薄膜的介电性能[J]. 中国电机工程学报, 2006, 26(20): 167-168.

[27] 杨立倩. 聚酰亚胺/SiO₂-Al₂O₃ 三层复合薄膜的制备与表征[D]. 哈尔滨:哈尔滨理工大学, 2011: 33-35.

[28] 李鸿岩, 胡海兵, 刘斌. 耐电晕材料合成及耐电晕机理研究进展[J]. 绝缘材料, 2006, 39(6): 19-23.

[29] 周凯. 脉冲电压对变频牵引电机绝缘老化的影响机理研究[D]. 成都:西南交通大学, 2008: 6-9.

[30] 张沛红. 无机纳米-聚酰亚胺复合薄膜介电性及耐电晕老化机理研究[D]. 哈尔滨: 哈尔滨理工大学, 2006: 22-31.

第3章 无机纳米氧化物共掺杂聚酰亚胺复合薄膜的制备与性能研究

聚酰亚胺薄膜与聚酰亚胺漆包线被广泛应用于电机中电磁线圈的绝缘上。由于聚酰亚胺薄膜在美国电磁线工业中普遍应用且已相当成熟，因此聚酰亚胺薄膜在这方面应用不可能再有多大增长。聚酰亚胺薄膜的另一大类用途是电线电缆绝缘，虽然近5年增长不多，但用量仍然较大。这一领域应用的聚酰亚胺薄膜大多为单面或双面涂有含氟树脂的薄膜，主要用作电缆的黏结、密封，并具有耐热性及耐化学药品性。聚酰亚胺薄膜在其他方面的应用包括条形码、雷达、音膜、汽车配电板、防火罩、隔离墙和电子绝缘等。

聚酰亚胺由于其本身是有机高聚物，耐电晕性能不高，这就限制了它在高压发电机、高压电动机、脉宽调制供电的变频电机等设备上的应用[1,2]。为此，急需在国内开发新型耐电晕聚酰亚胺薄膜。而有机-无机纳米复合在提高材料的耐热性能、力学性能以及尺寸稳定性能等方面都表现出了较大的优势，不失为进一步提高聚酰亚胺各方面性能的有效手段。本章将主要介绍利用超声机械共混法及溶胶-凝胶法制备 Si-Al 及 Si-Ti 纳米氧化物共掺杂的聚酰亚胺单层复合薄膜，及其结构/形态表征及性能分析，力求为耐电晕聚酰亚胺薄膜的研究开展一些探索性工作。

3.1 超声辅助机械分散法制备 Si-Al 共掺杂聚酰亚胺复合薄膜

3.1.1 制备原理和流程

由二胺和二酐为原料制备聚酰亚胺的化学反应方程式如图 3-1 所示。在选择聚酰胺酸胶液的固体含量时，要考虑胶液的黏度既不能太大，也不能太小。太大不利于纳米粒子在胶液中的分散，太小不利于成膜。我们通过大量的试验，认为胶液的固体含量为10%时最佳，以后制备的聚酰胺酸胶液的固体含量均为10%。各种固体含量的配比见表 3-1～表 3-3。

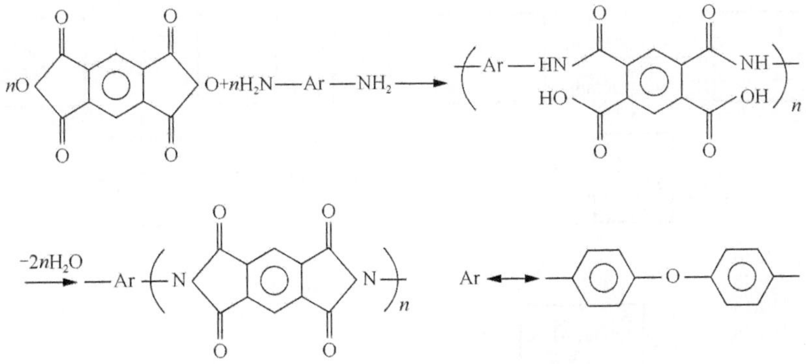

图 3-1　形成聚酰亚胺的化学反应

表 3-1　PAA 固体含量不同下的聚酰亚胺单体配方及用量

PAA 固体含量/%	PMDA/g	ODA/g	DMAc/g
8	4.26	3.74	100
10	5.325	4.675	100
12	6.390	5.610	100
14	7.455	6.545	100

表 3-2　纳米粒子含量不同下的聚酰亚胺配方及用量

纳米粒子的质量分数/%	PMDA/g	ODA/g	纳米 SiO_2/g	
			孔形	球形
0	5.325	4.675	0	0
2	5.325	4.675	0.286	0.286
4	5.325	4.675	0.583	0.583
6	5.325	4.675	0.894	0.894

表 3-3　硅/铝比例不同下的聚酰亚胺配方及用量

Al_2O_3：SiO_2	PMDA/g	ODA/g	纳米 SiO_2/g	纳米 Al_2O_3/g
1：2			0.373	0.187
1：1	5.325	4.675	0.280	0.280
2：1			0.187	0.373

超声辅助机械分散法制备 PI/SiO_2-Al_2O_3 复合薄膜的工艺流程如图 3-2 所示。

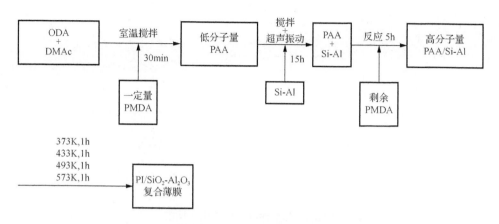

图 3-2　PI/SiO$_2$-Al$_2$O$_3$ 复合薄膜制备工艺流程图

3.1.2　复合薄膜微结构及性能

　　图 3-3 为复合薄膜各官能团的红外光谱图。从图 3-3 中可以看出，由 PAA 转变为 PI 时，在红外光谱中表现为 1650cm^{-1} 处的酰胺羰基吸收峰消失，在 1730cm^{-1} 和 1898cm^{-1} 处尖锐的亚胺羰基吸收峰出现，表明样品通过热处理，已经亚胺化。1369cm^{-1} 和 720cm^{-1} 处出现了明显的聚酰亚胺特征峰，说明该样品树脂为聚酰亚胺。图 3-4 列出了纳米 PI/SiO$_2$-Al$_2$O$_3$ 杂化膜的红外吸收峰的位置。值得指出的是，表征大分子中亚胺结构最典型的 1898cm^{-1}、1715cm^{-1}、1369cm^{-1} 和 737cm^{-1} 特征峰分别对应于酰亚胺环的羰基对称耦合振动，酰亚胺环的羰基反对称耦合振动，C—N 基团的伸缩振动和亚胺环（或亚胺羰基）振动吸收。仔细观察图 3-3 发现，1898cm^{-1} 吸收峰尖锐，1715cm^{-1} 峰宽而强且不对称，这可能与未环化的酰胺酸羰基伸缩振动重叠有关。另外，在谱图中 3485cm^{-1} 处所出现的 O—H 或 N—H 伸缩振动吸收峰和 918cm^{-1} 附近所出现的宽峰代表了两分子缔合体 O—H 非平面摇摆振动吸收的贡献，这充分表明该样品中有酸结构的存在，说明杂化材料还需后处理过程。在 2942cm^{-1} 和 2845cm^{-1} 处显示出微弱可见的 C—H 伸缩振动吸收峰，表明样品中还留存有带脂肪族 C—H 键的溶剂杂质。在 1304cm^{-1} 和 603cm^{-1} 处出现的吸收峰可认为是 C—N 基团振动吸收的贡献。在 3485cm^{-1} 处吸收峰的强度明显减弱，这是样品中所留存未环化酰胺酸单元的链。

　　图 3-4 为纳米 PI/SiO$_2$-Al$_2$O$_3$ 杂化膜的红外光谱图。从图 3-4 可以看出，在 3550cm^{-1} 处吸收峰消失，在 2500～3300cm^{-1} 处吸收峰也消失，这说明已经完全亚胺化。在 1070～1110cm^{-1} 处有吸收峰存在，说明了杂化材料中，既有线型的 Si—O—Al 存在，又有环形的 Si—O—Al 存在。环形的 Si—O—Al 主要来自纳米粒子内部，则线型的 Si—O—Al 主要来自纳米粒子表面的硅烷偶联剂。这种结构对薄膜的耐电晕性能的影响还需进一步研究。

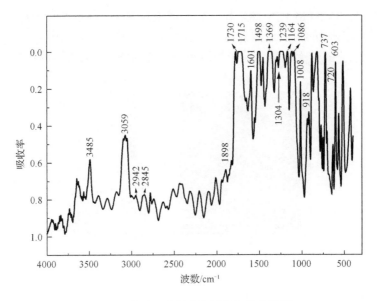

图 3-3　聚酰亚胺各官能团的红外光谱图

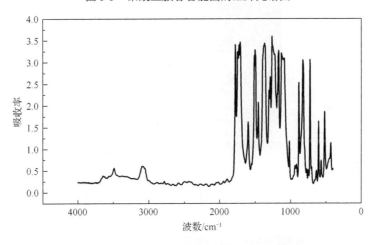

图 3-4　超声波机械共混方法制备纳米 PI/SiO$_2$-Al$_2$O$_3$ 杂化膜红外光谱图

图 3-5～图 3-8 为不同组分的复合薄膜原子力显微镜图。测试结果表明，比较图 3-5 与图 3-6 可以看出，杂化材料的表面粗糙度比纯聚酰亚胺的表面粗糙度大，这由于无机纳米的尺寸要比高聚物的高度大，且无机纳米粒子与高聚物结合不连贯，从而形成大的岛屿结构和迷津结构影响了杂化材料的表面粗糙度。

如图 3-7 和图 3-8 所示，超声辐射体系所成薄膜中无机纳米的粒度比未用超声辐射体系所成薄膜中无机纳米的粒度要小且无机纳米粒子较为均匀，这是因为无机纳米粒子仅在搅拌作用下发生团聚，从而说明了超声波对无机纳米粒子具有分散作用。图 3-8AFM 图中纳米粒子表面形貌与图 3-7 球形明显一样，且表面的粗糙度孔形比球形的大，这因为高分子链大部分是贯穿在孔形中。比较图 3-5 与图 3-6、图 3-7，随着无机纳米粒子的质量分数逐渐增加，其表面的粗糙度也增加。

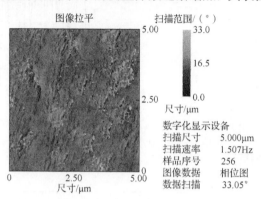

图 3-5　纯 PI 薄膜 AFM 图

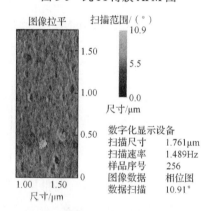

图 3-6　纳米 SiO_2-Al_2O_3 质量分数为 2%PI 复合薄膜 AFM 图

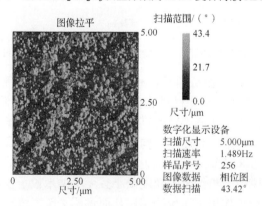

图 3-7　纳米 SiO_2-Al_2O_3 质量分数为 4%PI 复合薄膜 AFM 图（球形）

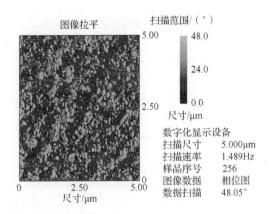

图 3-8　纳米 SiO_2-Al_2O_3 质量分数为 6%PI/SiO_2 复合薄膜 AFM 图（球形）

3.2　溶胶-凝胶法制备 Si-Al 共掺杂聚酰亚胺复合薄膜

3.2.1　Si-Al 共掺杂聚酰亚胺复合薄膜的制备

（1）二氧化硅溶胶制备。首先将四乙氧基硅烷（tetraethyl orthosilicate，TEOS）和 DMAc 加入三口瓶中，搅拌均匀，待温度达到 80℃后，加入盐酸和蒸馏水的混合物，充分反应后，获得绿色透明溶胶。

（2）氧化铝溶胶制备。在 85～95℃下，将异丙醇铝和去离子水混合搅拌 1h 水解，每隔一定时间加入硝酸，形成白色透明的溶胶溶液，静置待用。

（3）聚酰胺酸前驱体。表 3-4 为制备聚酰胺酸前驱体反应物质配比，在聚酰胺酸胶液的固体含量选择时，需要同时兼顾黏度的大小。过大使得粒子不易在胶液中分散；太小不利于聚合物成膜。通过大量的试验，认为胶液的固体质量分数为 12%时最佳，以后制备的聚酰胺酸胶液的固体质量分数均为 12%。

将 4,4′-二氨基二苯基醚（ODA）溶于一定量的 N,N-二甲基乙酰胺（DMAc）并搅拌使其完全溶解，再向该溶液少量多次均匀加入均苯四甲酸二酐（PMDA），使其完全反应，制成聚酰胺酸溶液。然后先加入一定量氧化铝溶胶，搅拌均匀后再加入一定量的二氧化硅溶胶，均匀混合胶液，从而制得聚酰胺酸（PAA）与二氧化硅溶胶、氧化铝溶胶的前驱体。过滤去除杂质，静置，待气泡消失。表 3-5 为制备 PI/ SiO_2-Al_2O_3 薄膜所需要的原料以及掺杂溶胶的物质配比。

表 3-4　制备聚酰胺酸前驱体反应物质配比

PAA 固体含量/%	PMDA/g	ODA/g	DMAc/ml
8	2.15	1.94	50
10	3.06	2.74	50
12	3.34	3.00	50
14	4.03	3.62	50

表 3-5　制备 PI/ SiO$_2$-Al$_2$O$_3$ 薄膜反应物质配比

纳米粒子质量分数/%	各物质的量				
	PMDA/g	ODA/g	DMAc/ml	SiO$_2$/g	Al$_2$O$_3$/g
4	3.34	3.00	50	0.23	0.04
6	3.34	3.00	50	0.34	0.06
8	3.34	3.00	50	0.47	0.08
10	3.34	3.00	50	0.61	0.10

工艺流程图如图 3-9 所示。

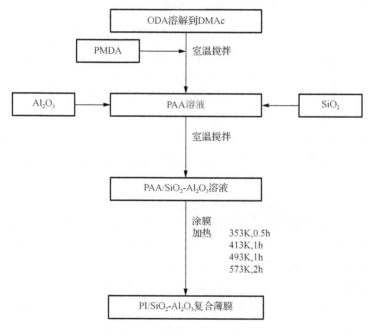

图 3-9　制备过程工艺流程图

3.2.2　Si-Al 共掺杂聚酰亚胺复合薄膜的微结构

图 3-10 为二氧化硅溶胶红外光谱图，$1074cm^{-1}$、$970.5cm^{-1}$、$794.7cm^{-1}$、$460.3cm^{-1}$ 处的吸收峰与二氧化硅的标准图基本一致。$3265cm^{-1}$ 宽峰为 OH^- 的弯曲振动吸收峰，$1074cm^{-1}$ 峰对应 Si—O—Si 的非对称伸缩振动的吸收峰，$794.7cm^{-1}$ 对应于 Si—O—Si 的对称伸缩振动吸收峰，$970.5cm^{-1}$ 对应于 Si—OH 的弯曲振动吸收峰，$460.3cm^{-1}$ 对应于 Si—O—Si 的弯曲振动吸收峰[3]，说明生成的的确是二氧化硅溶胶。图 3-11 为氧化铝溶胶红外光谱图，$3434cm^{-1}$ 为中心的宽峰由 H_2O 分子振动、Al—OH 的 OH 伸缩振动以及 OH^- 的弯曲振动共同引起的，$1608cm^{-1}$ 是由 Al—OH 的伸缩振动引起的，$1000\sim400cm^{-1}$ 处的宽峰是由 Al—O 的伸缩振动（$580cm^{-1}$、$715cm^{-1}$、$994cm^{-1}$）、H_2O 分子（$650cm^{-1}$）振动共同引起的[4]。与文献报道的一致，说明生成的的确是氧化铝溶胶。图 3-12 为二氧化硅与氧化铝溶胶混合后的红外光谱图，在 $3340cm^{-1}$ 左右的吸收峰代表溶胶中总的羟基含量（其中包括自由水、羟基以及氢键结合水），$1382cm^{-1}$ 的吸收峰是 CH_3 的吸收，$1100cm^{-1}$ 的吸收峰是由于 Si—O—Si 键的振动吸收，在 $1000\sim400cm^{-1}$ 的宽峰归属于 Si—O（$673cm^{-1}$）与 Al—O 的伸缩振动。与二氧化硅溶胶相比，混合溶胶在 $1100cm^{-1}$ 处的配位 Si—O 振动峰有一定偏移，从这点可发现，混合后溶胶已存在 Si—O—Al—O[5,6]。

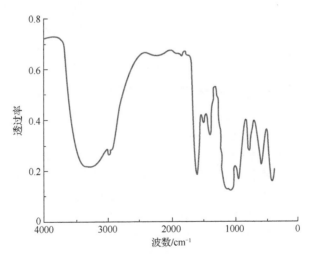

图 3-10　二氧化硅溶胶红外光谱图

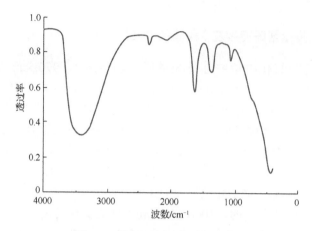

图 3-11　氧化铝溶胶红外光谱图

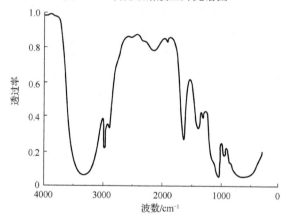

图 3-12　二氧化硅和氧化铝溶胶混合后的红外光谱图

图 3-13 中 a 为未掺杂的纯 PI 薄膜，1776cm^{-1}、1708cm^{-1}、719cm^{-1}处峰分别属于 C=O 的不对称、对称和弯曲振动，1498cm^{-1}处峰为苯环中 C=C 的振动，1369cm^{-1}处峰对应亚胺环 C—N—C 的伸缩振动。1650cm^{-1}处的酰胺羰基特征峰消失，这说明样品已经完全亚胺化[7,8]。图 3-13 中 b 为纳米二氧化硅质量分数为 4%的 PI/SiO$_2$复合薄膜，816cm^{-1}和 1083cm^{-1}处峰归属于线形 Si—O—Si 对称、反对称伸缩振动，1112cm^{-1}处峰为环形 Si—O—Si 特征峰[9, 10]，与二氧化硅溶胶 Si—O—Si 特征吸收峰比较，峰位发生红移说明 Si—O 和 PI 发生键联。图 3-13 中 c 为纳米氧化铝质量分数为 4%的纳米 Al$_2$O$_3$/PI 复合薄膜，由文献[7]和文献[8]可知，1596cm^{-1}处峰为 Al—O—Al 特征峰[11]，与氧化铝溶胶 Al—O 的特征吸收峰比较，峰位发生红移说明 Al—O 和 PI 发生键联。图 3-13 中 d 为硅铝共掺杂质量分数为 4%的 PI/SiO$_2$-Al$_2$O$_3$复合薄膜，与 a、b、c 相比，1454cm^{-1}和 1554cm^{-1}处产生新吸收峰，说明有可能形成 Si—O—Al 的结构。图 3-14 为不同质量分数硅铝粒子共掺杂的复合薄膜红外光谱图，在 1083cm^{-1}处特征峰随着含量增加吸收峰宽化现象，表明复

合薄膜中无机纳米粒子的粒径增大。

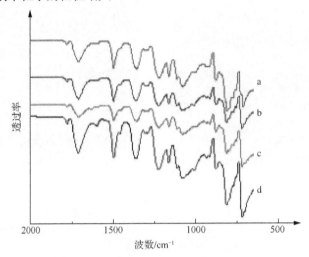

图 3-13　不同薄膜的红外谱图

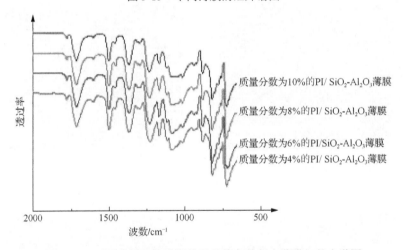

图 3-14　不同质量分数硅铝粒子共掺杂的复合薄膜红外光谱图

图 3-15、图 3-16、图 3-17、图 3-18 分别为无机纳米粒子质量分数为 4%、6%、8%、10% 的高度图与相图。高度图反映出不同薄膜的表面性质。可以看出，随着无机纳米粒子质量分数的增加，复合薄膜表面粗糙度与未掺杂的薄膜相比明显要大。相图是由微悬臂的振荡相位和压电陶瓷驱动信号的振荡相位之间的差值来反映薄膜中两相的图像。由此得到，掺杂后的薄膜无机纳米粒子在基体中分布均匀，无机纳米粒子质量分数为 4% 的薄膜粒子较小，分布均匀，纳米粒子的平均粒径 20nm。随着质量分数增加，无机粒子平均粒径逐渐增加，质量分数为 6% 时纳米粒子的平均粒径 70nm 左右，质量分数为 8% 时纳米粒子的平均粒径为 100nm 左右，质量分数为 10% 时纳米粒子的平均粒径为 200nm 左右。这与红外光谱所得结论相吻合。

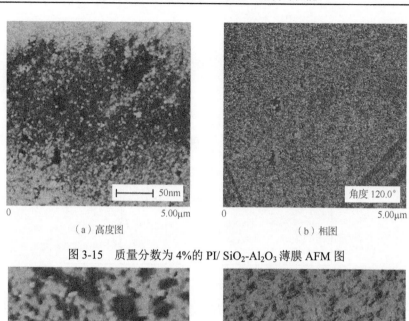

（a）高度图　　　　　　　　　　　　　（b）相图

图 3-15　　质量分数为 4%的 PI/ SiO$_2$-Al$_2$O$_3$ 薄膜 AFM 图

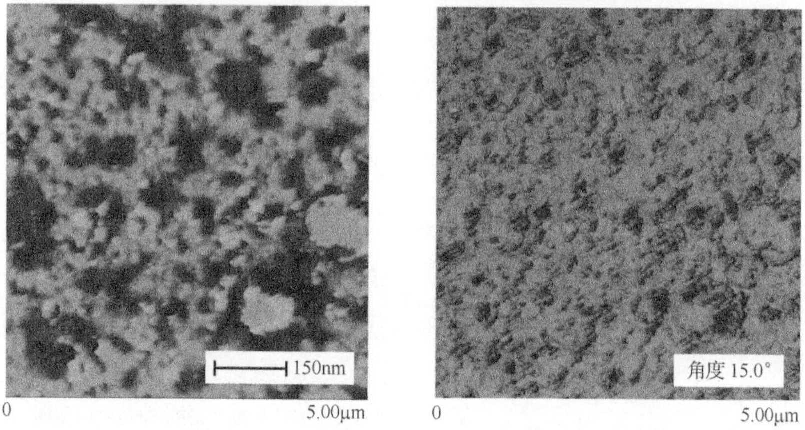

（a）高度图　　　　　　　　　　　　　（b）相图

图 3-16　　质量分数为 6%的 PI/ SiO$_2$-Al$_2$O$_3$ 薄膜 AFM 图

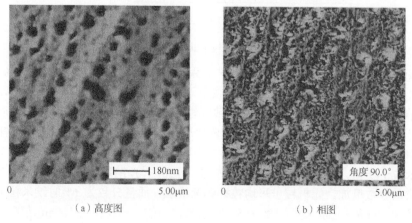

（a）高度图　　　　　　　　　　　　　（b）相图

图 3-17　　质量分数为 8%的 PI/ SiO$_2$-Al$_2$O$_3$ 薄膜 AFM 图

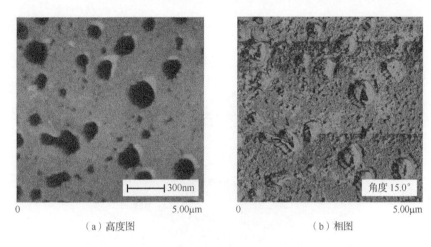

（a）高度图　　　　　　　　　　　　　（b）相图

图 3-18　质量分数为 10%的 PI/ SiO$_2$-Al$_2$O$_3$ 薄膜 AFM 图

　　图 3-19、图 3-20、图 3-21、图 3-22 分别为无机纳米粒子质量分数为 4%、6%、8%、10%的三维立体图。图 3-19 为无机纳米粒子质量分数为 4%的复合薄膜三维立体图，其表面存在呈针状突出物，较为细小且分布较为均匀。图 3-20 为无机纳米粒子质量分数为 6%的复合薄膜三维立体图，其突出的表面与图 3-19 相比，表面的突出不再是单一的针状有聚集，而是呈岛屿状，分布较为均匀。图 3-21、图 3-22 分别为无机纳米粒子质量分数为 8%、10%的复合薄膜三维立体图，其表面的突出聚集更为密集，形成大岛屿状结构，这是因为无机纳米粒子含量增加，并在聚酰亚胺基体中发生团聚。

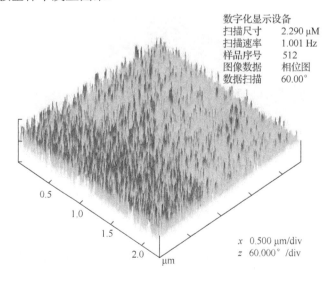

图 3-19　质量分数为 4%的 PI/ SiO$_2$-Al$_2$O$_3$ 薄膜 AFM 三维立体图

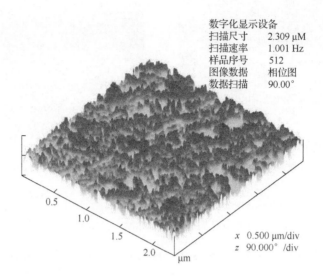

数字化显示设备
扫描尺寸　2.309 μM
扫描速率　1.001 Hz
样品序号　512
图像数据　相位图
数据扫描　90.00°

x　0.500 μm/div
z　90.000°/div

图 3-20　质量分数为 6%的 PI/ SiO$_2$-Al$_2$O$_3$ 薄膜 AFM 三维立体图

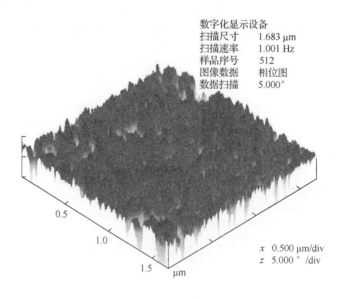

数字化显示设备
扫描尺寸　1.683 μm
扫描速率　1.001 Hz
样品序号　512
图像数据　相位图
数据扫描　5.000°

x　0.500 μm/div
z　5.000°/div

图 3-21　质量分数为 8%的 PI/ SiO$_2$-Al$_2$O$_3$ 薄膜 AFM 三维立体图

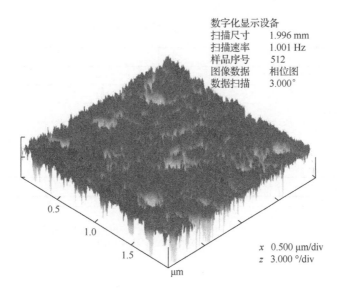

数字化显示设备
扫描尺寸　1.996 mm
扫描速率　1.001 Hz
样品序号　512
图像数据　相位图
数据扫描　3.000°

x　0.500 μm/div
z　3.000 °/div

图 3-22　质量分数为 10%的 PI/ SiO$_2$-Al$_2$O$_3$ 薄膜 AFM 三维立体图

3.2.3　Si-Al 共掺杂聚酰亚胺复合薄膜的性能

采用 Pyris 6 TGA 型热重分析仪，升温速度为 20℃/min，在氮气的保护下测定未掺杂的纯 PI 薄膜、仅掺杂二氧化硅、仅掺杂氧化铝以及不同含量硅铝共掺杂的 PI 复合薄膜的热稳定性。

表 3-6 给出了不同薄膜的热分解温度 T_d、失重 10%的温度 $T_{10\%}$ 以及失重 30% 的温度 $T_{30\%}$。图 3-23 给出了不同薄膜的热失重曲线。图 3-24 给出了硅铝共掺杂不同含量薄膜的热失重曲线。可以看出，不同薄膜材料在 550℃之前，质量发生少量减少，这应归因于吸附水的失去，基本上没有质量和热效应的变化，说明材料具有较高的耐热性能和较高的分解温度。同未掺杂 PI 薄膜相比，杂化材料的热分解温度均有提高。这是由于无机粒子与 PI 相互作用，改变 PI 材料中的应力作用点，使分子主链运动受阻，因此柔性减少，从而聚合物热分解温度提高。

薄膜热分解温度在 581~596℃，失重 10%与 30%的温度分别为 592~614℃ 和 633~675℃。其中，硅铝共掺杂的薄膜的热分解温度较未掺杂的纯 PI 薄膜、仅掺杂二氧化硅或氧化铝的 PI 复合薄膜要高。硅铝共掺杂时，硅铝总含量（质量分数）为 8%PI/SiO$_2$-Al$_2$O$_3$ 薄膜的热性能最为优异，而质量分数为 10%PI/SiO$_2$-Al$_2$O$_3$ 薄膜热分解温度有所下降。无机粒子对杂化材料热性能影响主要归因于有机聚合物和无机粒子形成氢键或其他配位键，一定程度上限制 PI 官能团的热振动，致使材料的热性能提高[12]。

表 3-6　不同薄膜的热分解温度　　　　　　　单位：℃

样品	T_d	$T_{10\%}$	$T_{30\%}$
PI	581	594	633
4%Al₂O₃/PI	584	592	638
4%SiO₂/PI	588	601	652
4%PI/SiO₂-Al₂O₃	590	604	664
6%PI/SiO₂-Al₂O₃	592	610	671
8%PI/SiO₂-Al₂O₃	596	614	674
10%PI/SiO₂-Al₂O₃	591	609	675

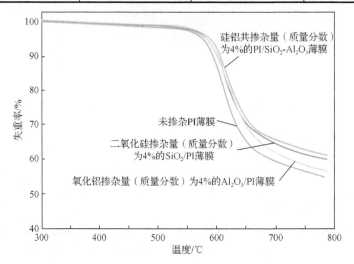

图 3-23　不同薄膜的热失重曲线

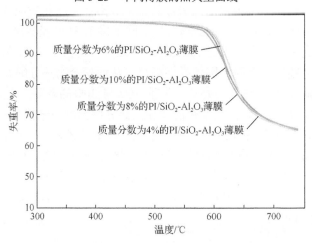

图 3-24　硅铝共掺杂不同含量薄膜的热失重曲线

　　图 3-25 为不同薄膜的击穿场强。图 3-26 为硅铝共掺杂的不同质量分数复合薄膜击穿强度的曲线。仅掺杂二氧化硅或氧化铝的薄膜击穿场强稍有下降，硅铝共掺杂的薄膜与未掺杂的薄膜相比，击穿场强均明显下降，这是由于在掺杂聚酰亚胺薄膜中总会存在一些由团聚的纳米粒子和其他杂质形成的缺陷，仅掺杂二氧化硅或氧化铝的复合薄膜和硅铝共掺杂的复合薄膜的击穿试验结果有待进一步探讨。其中，硅铝共掺杂质量分数为 4%、6%、8% 的薄膜击穿场强随着质量分数增加有增大趋势，当无机纳米粒子质量分数为 10% 时，薄膜击穿场强明显降低。这可能因为当无机纳米粒子质量分数为 10% 时，粒子的尺寸为 200nm 左右，纳米效应减弱，无机纳米粒子与聚酰亚胺基体之间不能形成紧密连接，在微粒界面处引入的空隙成为基体缺陷，导致其击穿容易发生[13]。

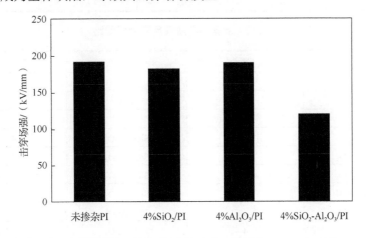

图 3-25　不同薄膜的击穿场强

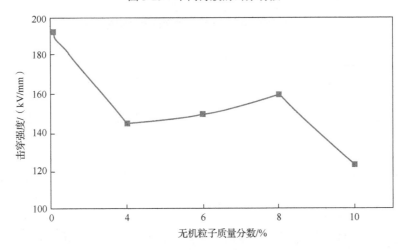

图 3-26　硅铝共掺杂的不同质量分数复合薄膜击穿强度的曲线

3.2.4 不同 Si/Al 比例的聚酰亚胺复合薄膜性能分析

为了分析不同 Si/Al 比例及偶联剂的引入对复合薄膜性能的影响，可制备出不同组分的复合薄膜，并测试其性能。复合薄膜的组成如表 3-7～表 3-9 所示。

表 3-7　制备聚酰胺酸的反应物质配比

反应物质		PMDA/g	ODA/g	DMAc/ml
固体含量	8%	2.15	1.94	50
	10%	3.06	2.74	50
	12%	3.34	3.00	50
	14%	4.03	3.62	50

表 3-8　制备不同薄膜反应物质配比

薄膜	无机含量（质量分数）/%	掺入的无机物	$m_{SiO_2}:m_{Al_2O_3}$
PI	—	—	—
PI/SiO$_2$	4	SiO$_2$	—
PI/ Al$_2$O$_3$	4	Al$_2$O$_3$	—
PI/SiO$_2$-Al$_2$O$_3$	4	SiO$_2$/Al$_2$O$_3$	4：1
PI/SiO$_2$-Al$_2$O$_3$	6	SiO$_2$/Al$_2$O$_3$	4：1
PI/SiO$_2$-Al$_2$O$_3$	8	SiO$_2$/Al$_2$O$_3$	4：1
PI/SiO$_2$-Al$_2$O$_3$	4	SiO$_2$/Al$_2$O$_3$	1：1
PI/SiO$_2$-Al$_2$O$_3$	4	SiO$_2$/Al$_2$O$_3$	2：1
PI/SiO$_2$-Al$_2$O$_3$	4	SiO$_2$/Al$_2$O$_3$	6：1

注：$m_{SiO_2}:m_{Al_2O_3}$ 为 SiO$_2$ 与 Al$_2$O$_3$ 的质量比

表 3-9　PI/ SiO$_2$-Al$_2$O$_3$ 薄膜掺杂偶联剂的种类及含量

掺杂体系	无机含量（质量分数）/%	$m_{SiO_2}:m_{Al_2O_3}$	偶联剂
PI/SiO$_2$-Al$_2$O$_3$	4	4：1	KH550
PI/SiO$_2$-Al$_2$O$_3$	4	4：1	KH560
PI/SiO$_2$-Al$_2$O$_3$	4	4：1	KH580

1. 击穿场强分析

本试验中各复合薄膜的击穿场强，可通过随机选取所测薄膜的 5 个点进行测试而获得，取数据中间值为其击穿场强。表 3-10 为不同薄膜的击穿场强。由数据可知，单掺二氧化硅和单掺氧化铝的复合薄膜比纯 PI 薄膜的击穿场强有所降低，而当无机二氧化硅与氧化铝同时掺杂到薄膜中、无机含量（质量分数）为 4%、SiO$_2$ 与 Al$_2$O$_3$ 质量比为 4：1 时，薄膜的击穿场强稍有提高，但不明显。在掺杂了二氧化硅和氧化铝（无机含量（质量分数）为 4%、SiO_2 与 Al_2O_3 质量比为 4∶1）时的体系中再加入偶联剂时，复合薄膜的击穿场强有了显著的提高。这是由于二氧化硅与氧化铝同时加入 PI 中时，它们之间有可能形成 Al—O—Si 结构，增加了分子间的键和，有利于提高其击穿场强。

表 3-10　不同薄膜的击穿场强

薄膜	m_{SiO_2}∶$m_{Al_2O_3}$	无机含量（质量分数）/%	所含偶联剂	击穿场强/（kV/mm）
PI	—	—	—	196.2
PI/SiO_2	—	4	—	184.6
PI/Al_2O_3	—	4	—	184.0
PI/SiO_2-Al_2O_3	4∶1	4	—	200.0
PI/SiO_2-Al_2O_3	4∶1	4	KH550	233.3

表 3-11 中薄膜的无机含量（质量分数）为 4%，无机粒子 SiO_2 与 Al_2O_3 质量比分别为 1∶1、2∶1、4∶1、6∶1 时复合薄膜的击穿场强。由数据可知，薄膜体系中掺杂了无机物后，复合薄膜的击穿场强有所降低。当 SiO_2 与 Al_2O_3 质量比为 1∶1 时，击穿场强最低，无机物中随着二氧化硅含量的增多，薄膜的击穿场强相对有所上升，当 SiO_2 与 Al_2O_3 质量比为 4∶1 时，击穿场强达到最大值，与纯膜的击穿场强相当，再继续增大二氧化硅的含量，薄膜的击穿场强又开始下降。当无机颗粒质量分数为 4% 时，复合薄膜中所掺杂 SiO_2 与 Al_2O_3 质量比为 4∶1 时，对复合薄膜的电击穿性能影响较小。这可能是由于当 SiO_2 与 Al_2O_3 质量比为 4∶1 时，无机粒子之间，无机物和有机物之间能够形成较好的键合和联接，克服了某些极化作用，所以此时对其场强影响不大。

表 3-11　不同薄膜的击穿场强

薄膜	m_{SiO_2}∶$m_{Al_2O_3}$	无机含量（质量分数）/%	所含偶联剂	击穿场强/（kV/mm）
PI/SiO_2-Al_2O_3	1∶1	4	—	171.4
PI/SiO_2-Al_2O_3	2∶1	4	—	177.3
PI/SiO_2-Al_2O_3	4∶1	4	—	200.0
PI/SiO_2-Al_2O_3	6∶1	4	—	185.0

表 3-12 为无机含量（质量分数）为 4%、6%、8% 的复合薄膜的击穿场强。由数据可知，随着无机含量的增多，薄膜的击穿场强相对逐渐降低。因此，当无机含量（质量分数）为 4% 时，使复合薄膜击穿场强最高，甚至超过了纯 PI 薄膜的击穿场强。这是因为适量的无机物能够与有机基体形成一些键合和联接，在不增加有机-无机相界面的基础上，减少了薄膜基体中的缺陷，从而使其击穿场强增大。

而随着无机含量增多，大量无机粒子发生团聚，这不仅减少了有机物和无机物之间的键合和联接，还增大了界面极化和空间电荷的影响。因此，薄膜材料的击穿场强呈现相应下降的趋势。

表 3-12　不同薄膜的击穿场强

薄膜	$m_{SiO_2}:m_{Al_2O_3}$	无机含量（质量分数）/%	所含偶联剂	击穿场强/（kV/mm）
PI/ SiO₂-Al₂O₃	4：1	4	—	200.0
PI/ SiO₂-Al₂O₃	4：1	6	—	165.0
PI/ SiO₂-Al₂O₃	4：1	8	—	150.0

表 3-13 为掺杂不同偶联剂的薄膜得到的击穿场强。由数据可知，当薄膜体系中加入 KH560 和 KH580 时，复合薄膜的击穿场强反而有所下降，这说明，体系中掺入这两种偶联剂，不适合改善 PI 复合薄膜的电击穿性能。而当加入 KH550 时，薄膜的击穿场强有显著提高。

表 3-13　不同薄膜的击穿场强

薄膜	$m_{SiO_2}:m_{Al_2O_3}$	无机含量（质量分数）/%	所含偶联剂	击穿场强/（kV/mm）
PI/ SiO₂-Al₂O₃	4：1	4	KH550	233.3
PI/ SiO₂-Al₂O₃	4：1	4	KH560	142.9
PI/ SiO₂-Al₂O₃	4：1	4	KH580	177.3

由于施加电场作用时，复合薄膜内部有无机粒子的存在，产生大量的有机-无机相界面，界面极化与空间电荷的存在使材料局部电场发生畸变，从而导致杂化材料的电气强度下降，过早地产生击穿现象。而我们在掺杂一定量无机物在薄膜体系中而不影响其击穿性能的基础上，在薄膜基体中引入偶联剂 KH550，这样能够大大促进有机物和无机粒子的键合与联接，因此有效减少了薄膜中的有机-无机相界面，致使界面极化与空间电荷的影响变弱，减少了材料的缺陷，使薄膜的击穿场强又有所提高[14]。

总之，当薄膜的无机含量（质量分数）为 4%，$m_{SiO_2}：m_{Al_2O_3}=4：1$，加入的偶联剂为 KH550 时，得到的薄膜其电击穿性能达到最优，这对今后耐电晕复合薄膜的制备提供了良好的基础。

2. 耐电晕性能分析

表 3-14 为不同薄膜的耐电晕时间。由表 3-14 可知，纯 PI 薄膜的耐电晕时间为 2.5h，向其分别掺杂了二氧化硅和氧化铝的薄膜后，虽然其击穿场强没有提高，但是其耐电晕性能有显著改善。当向薄膜基体中同时掺杂一定量的无机物时，随

着 SiO_2 与 Al_2O_3 质量比增大,其耐电晕时间有更加明显的提高。当 m_{SiO_2} ： $m_{Al_2O_3}$ ＝ 4：1 时,薄膜的耐电晕性能达到最大,并且此时 SiO_2 的质量分数继续增加,其耐电晕时间开始下降。

表 3-14 不同薄膜的耐电晕时间

薄膜	无机粒子	m_{SiO_2} ： $m_{Al_2O_3}$	无机含量（质量分数）/%	耐电晕时间/h
PI	—	—	4	2.5
PI/SiO$_2$	SiO$_2$	—	4	8.3
PI/Al$_2$O$_3$	Al$_2$O$_3$	—	4	8.4
PI/SiO$_2$-Al$_2$O$_3$	SiO$_2$-Al$_2$O$_3$	1：1	4	7.0
PI/SiO$_2$-Al$_2$O$_3$	SiO$_2$-Al$_2$O$_3$	2：1	4	16.0
PI/SiO$_2$-Al$_2$O$_3$	SiO$_2$-Al$_2$O$_3$	4：1	4	18.3
PI/SiO$_2$-Al$_2$O$_3$	SiO$_2$-Al$_2$O$_3$	6：1	4	9.0

我们在掺杂 m_{SiO_2} ： $m_{Al_2O_3}$ ＝4：1 的基础上,提高无机物的含量,考察其耐电晕性能。由表 3-15 可知,随着无机物含量增多,其耐电晕性能有下降趋势,但当无机含量（质量分数）为 8%、 m_{SiO_2} ： $m_{Al_2O_3}$ ＝4：1 时,耐电晕时间又有所升高,这说明薄膜中掺杂无机纳米颗粒确实能够有效改善薄膜的耐电晕性能,并且材料耐电晕性能的提高不仅仅局限在掺杂低含量的无机物,在未来的研究中,可以尝试在复合薄膜体系中引入更多无机粒子,并对其性能进行研究。

表 3-15 不同薄膜的耐电晕时间

薄膜	m_{SiO_2} ： $m_{Al_2O_3}$	无机含量（质量分数）/%	耐电晕时间/h
PI/SiO$_2$-Al$_2$O$_3$	4：1	4	18.3
PI/SiO$_2$-Al$_2$O$_3$	4：1	6	7.5
PI/SiO$_2$-Al$_2$O$_3$	4：1	8	28.0

向复合薄膜中掺杂一定的偶联剂,考察偶联剂对薄膜耐电晕能力的影响。由表 3-16 可以看出,KH560 不利于杂化薄膜耐电晕能力的提高,其与未掺杂偶联剂的复合薄膜相比,耐电晕时间明显下降。复合薄膜加入 KH580 后,其耐电晕时间与未掺杂偶联剂的薄膜相比稍有提高,但是改善幅度不明显。当掺杂 KH550 时,薄膜的耐电晕时间显著提高约 120%。这说明偶联剂 KH550 能够有效提高薄膜材料的耐电晕能力,并且比纯 PI 薄膜的耐电晕时间提高了 16 倍。这给今后继续研究复合薄膜的耐电晕能力提供了基础。

表 3-16　不同薄膜的耐电晕时间

薄膜	$m_{SiO_2} : m_{Al_2O_3}$	无机含量（质量分数）/%	所含偶联剂	耐电晕时间/h
PI/ SiO$_2$-Al$_2$O$_3$	4∶1	4	KH550	40.0
PI/ SiO$_2$-Al$_2$O$_3$	4∶1	4	KH560	10.4
PI/ SiO$_2$-Al$_2$O$_3$	4∶1	4	KH580	20.0

因此，由表 3-14、表 3-15、表 3-16 中不同薄膜的耐电晕时间可知，当无机含量（质量分数）为 4%、SiO$_2$ 与 Al$_2$O$_3$ 质量比为 4∶1、掺杂的偶联剂为 KH550 时，得到的复合薄膜的耐电晕时间最长，耐电晕性能最为优异。这个配比也与之前考察复合薄膜的击穿场强的配比相一致。

聚酰亚胺薄膜中掺杂无机粒子和偶联剂能够提高其耐电晕性能，这是因为聚酰亚胺分子链含有共轭双键，具有一定的分子内电荷转移通道。但纯 PI 分子间难以有分子间的电荷转移通道，加入无机前驱体后将在 PI 分子间形成二氧化硅/氧化铝网络，聚酰亚胺分子链与无机网络将发生物理纠缠，使 PI 分子间形成一定的键接，相当于分子间形成桥路。另外，加入无机粒子的元素外层电子轨道属于缺电子类型[15]。电荷不仅能在分子内自由移动，而且能够在分子间移动，这样有利于及时转移走体系里的电荷，避免产生电荷积聚，从而 PI 不会产生局部电荷过剩而发生电晕击穿[16]。当在体系中加入偶联剂，在聚酰亚胺分子链端与无机网络产生共价键，将使两相间产生化学键相互作用，两相间将存在模糊界面或不存在明显的界面，将更有利于电子迁移。另一方面，在有机 PI 相中引入的无机相纳米粒子具有均化电场而不使某场强过高的作用。当在杂化体系中加入偶联剂，薄膜的耐电晕性能有更明显的改善[17-19]。偶联剂的引入使两相间具有更多的交联点和紧密的微相结合，减少了气隙击穿的可能性。

因此，当无机含量（质量分数）为 4%，并且引入一定的偶联剂时，薄膜的耐电晕性能会有显著提高。

3.3　溶胶-凝胶法制备 Si-Ti 共掺杂聚酰亚胺复合薄膜

3.3.1　两相原位同步法制备 PI/SiO$_2$-TiO$_2$ 复合薄膜

1. 以盐酸为催化剂制备 PAA/SiO$_2$-TiO$_2$ 混合胶液

反应物质配比见表 3-17。工艺流程见图 3-27。

表 3-17　两相原位同步法制备 PI/SiO$_2$-TiO$_2$ 复合薄膜反应物质配比表（以盐酸为催化剂）

薄膜	组分	m_{SiO_2} : m_{TiO_2}	无机含量（质量分数）/%
F1	PI/ SiO$_2$- TiO$_2$	2 : 1	4
F2	PI/ SiO$_2$- TiO$_2$	4 : 1	4
F3	PI/ SiO$_2$- TiO$_2$	6 : 1	4
F4	PI/ SiO$_2$- TiO$_2$	4 : 1	6
F5	PI/ SiO$_2$- TiO$_2$	4 : 1	8

注：m_{SiO_2} : m_{TiO_2} 为 SiO$_2$ 与 TiO$_2$ 的质量比。

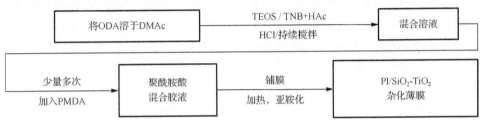

2-硝基-5-氰硫基苯甲酸（2-nitro-5-thiocyanatobenzoic acid，TNB）

无水乙酸（acetic acid，HAc）

图 3-27　两相原位同步法制备 PI/SiO$_2$-TiO$_2$ 复合薄膜的工艺流程图（以盐酸为催化剂）

2. 以醋酸为催化剂制备 PAA/SiO$_2$-TiO$_2$ 混合胶液

反应物质配比见表 3-18。制备工艺流程见图 3-28。

表 3-18　两相原位同步法制备不同薄膜反应物质配比表（以醋酸为催化剂）

薄膜	组分	m_{SiO_2} : m_{TiO_2}	无机含量（质量分数）/%
H1	PI/ SiO$_2$-TiO$_2$	2 : 1	4
H2	PI/ SiO$_2$-TiO$_2$	4 : 1	4
H3	PI/ SiO$_2$-TiO$_2$	6 : 1	4

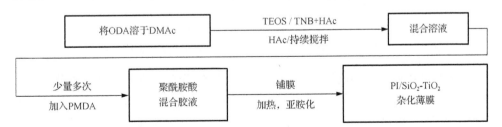

图 3-28　两相原位同步法制备聚酰亚胺复合薄膜的工艺流程图（以醋酸为催化剂）

为了便于对比，同时制备出原位溶胶-凝胶法复合薄膜，其组成列于表 3-19。

表 3-19　原位溶胶-凝胶法制备不同薄膜反应物及其比例

薄膜	组分	$m_{SiO_2} : m_{TiO_2}$	无机含量（质量分数）/%
E1	PI/ SiO₂- TiO₂	4 : 1	4
E2	PI/ SiO₂- TiO₂	4 : 1	6
E3	PI/ SiO₂- TiO₂	4 : 1	8

3.3.2　复合薄膜微结构与性能

图 3-29 为纯 PAA 胶液在 80℃、100℃、140℃、220℃、300℃处理得到薄膜后测得的红外叠加谱图。从图 3-29 可见，聚酰亚胺在 1775cm^{-1}、1708cm^{-1}、718cm^{-1}处的特征峰分别是亚胺环 C═O 的不对称、对称和弯曲振动峰。随着温度的升高，C═O 的不对称、对称和弯曲振动峰和 1376cm^{-1} 处亚胺环 C—N—C 的伸缩振动峰逐渐加强[20,21]；1636cm^{-1} 处酰胺酸羰基特征峰和 1547cm^{-1} 处仲酰胺 N—H 的伸缩振动峰逐渐消失[22]。在 100℃亚胺化后 1775cm^{-1} 处出现的 C═O 不对称峰。在 140℃亚胺化后，1636cm^{-1} 处出现酰胺酸特征峰；1547cm^{-1} 处仲酰胺 N—H 的伸缩振动峰消失；1376cm^{-1} 处亚胺环 C—N—C 的伸缩振动峰出现。

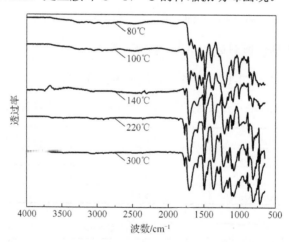

图 3-29　纯聚酰胺酸胶液亚胺化各阶段红外光谱图

图 3-30 中曲线 1 为质量分数 4%、SiO₂ 与 TiO₂ 质量比为 4 : 1 的 E1 薄膜的红外曲线，曲线 2 为相同质量比但质量分数为 6% 的 E2 薄膜的红外曲线。从图中看到，曲线 1 和曲线 2 的特征峰几乎一致，差别在于峰强随质量分数增大而有些增强。以曲线 1 为例分析，在 1775cm^{-1}、1708cm^{-1} 和 713cm^{-1} 处的尖锐吸收峰分别对应于酰亚胺环的羰基不对称、对称和弯曲振动的特征峰。同时，位于 1650cm^{-1}处的酰胺羰基特征吸收峰和位于 1547cm^{-1} 仲酰胺 N—H 的伸缩振动峰的消失，位

于 1357cm^{-1} 处亚胺环 C—N—C 的伸缩振动峰出现，证明复合薄膜亚胺化完全。另外，在 1000～1100cm^{-1} 处出现了微弱吸收峰，证明复合薄膜中含有 Si—O—Si 键[23]，在 925cm^{-1} 处也仅出现一个微弱吸收峰，而没有出现一个宽峰，这是因为二氧化钛是在形成聚酰胺酸后加入，此时胶液已具有一定黏度，二氧化硅被胶液包埋，二氧化硅与二氧化钛碰撞的概率降低，所示没有出现宽峰[24]。

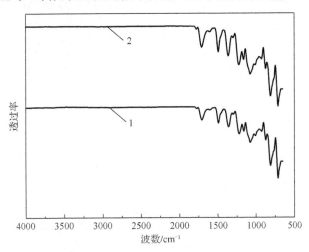

图 3-30　不同无机含量薄膜的红外光谱图

　　图 3-31 和图 3-32 分别是以盐酸和醋酸为催化剂，制备的聚酰胺酸混合胶液亚胺化各阶段红外光谱图。从这两个图中可见，随着温度升高，两者均在 100℃ 亚胺化后出现1775cm^{-1}、718cm^{-1} 的 C=O 不对称峰和弯曲振动峰，酰胺酸1636cm^{-1} 处特征峰和 1547cm^{-1} 仲酰胺 N—H 的伸缩振动峰消失，1369cm^{-1} 处亚胺环 C—N—C 的伸缩振动峰出现，而 PAA 纯胶液在 140℃亚胺化后才出现这种现象。由此推测，加入无机物可加速 PAA 的亚胺化反应。另外，1650cm^{-1} 处的酰胺羰基特征吸收峰、1547cm^{-1} 仲酰胺 N—H 的伸缩振动峰消失，证明这两种复合薄膜亚胺化完全。

　　从图 3-31 和图 3-32 中 300℃对应的曲线还可看到在 920～940cm^{-1} 处为 Si—O—Ti 键的吸收峰，证明在硅和钛之间形成了化学键，在杂化膜中产生了 Si—O—Ti 无机网络结构。但与图 3-32 中 80℃对应的曲线相比，可看出原位溶胶-凝胶法制备薄膜 Si—O—Ti 键的吸收峰强度较小，这说明在相同含量下，两相原位同步法制备的薄膜中形成 Si—O—Ti 结构较多。另外，在 1000～1100cm^{-1} 处三种薄膜都出现了微弱吸收峰，证明复合薄膜中还含有 Si—O—Si 键。

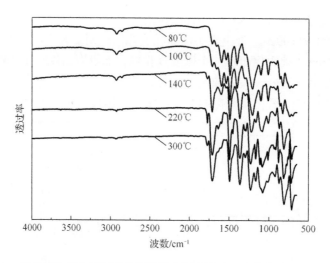

图 3-31　以盐酸为催化剂制备的聚酰胺酸混合胶液亚胺化各阶段红外光谱图

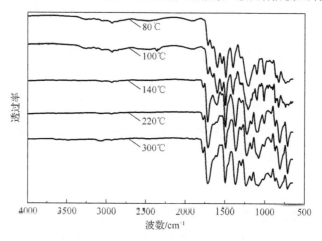

图 3-32　以醋酸为催化剂制备的聚酰胺酸混合胶液亚胺化各阶段红外光谱图

图 3-33 和图 3-34 分别为 E1 薄膜和 E2 薄膜的 1μm 断面 SEM 图。从图 3-33 中可以看到 PI 基体呈纤维状分布，白色球状的无机颗粒在基体中分散均匀。一方面，是因为反应过程中高分子链段的位阻效应，使得无机前驱体分散均匀，而亚胺化过程中基体的高玻璃化转变温度也使无机物无法自由活动。另一方面，由红外分析可知无机物与基体之间可能产生键连，再加上大分子的位阻效应，这迫使聚酰亚胺分子链折叠变少，在短距离范围内，链段沿直线趋势发展。从图 3-34 中还可以看到未团聚的无机颗粒大小均匀，约为 60nm，基体中有空穴存在。图 3-35 中，PI 基体也呈纤维状分布，但可以明显地看到基体中空穴大于图 3-34 中的空穴。这是因为随着无机含量提高，无机粒子增多，聚酰胺酸受热收缩时受到的制约增大，产生的空穴体积变大。

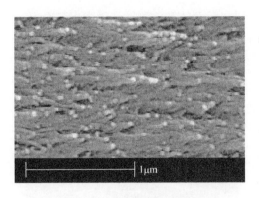

图 3-33　E1 薄膜的断面 SEM 图

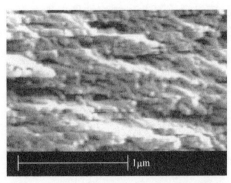

图 3-34　E2 薄膜的断面 SEM 图

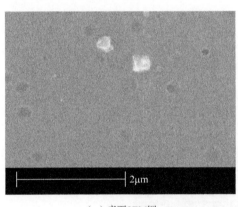

（a）表面SEM图

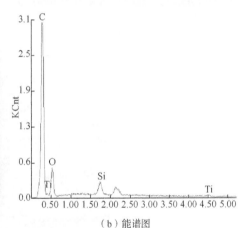

（b）能谱图

图 3-35　F2 薄膜的表面 SEM 图及能谱图

图 3-35（a）和图 3-35（b）分别为 F2 薄膜的表面 SEM 图及能谱图。在图 3-35（a）中可明显看到有大范围的圆形孔洞均匀分布在薄膜表面，疑为基体受热收缩产生的微孔。从颗粒点扫描能谱图，可以在该点看到硅、钛两种元素同时存在。

图 3-36～图 3-38 分别是以盐酸为催化剂制备的相同比例不同无机含量的 F2、F4 和 F5 薄膜的断面 SEM 图。由 F2 薄膜的断面 SEM 图可看到，断裂面比较平整，且随无机含量增大，F4 和 F5 薄膜的断裂面粗糙程度加大，说明掺杂的无机粒子起到了增韧的结果。这可能是因为无机粒子与基体之间存在化学键的作用，与红外分析结果相一致。

图 3-39 和图 3-40 分别为 F1 和 F3 薄膜的断面 SEM 图。从两个图中都可以看到断裂面非常平整，为脆性断裂。由图可知，在相同含量下，SiO_2 与 TiO_2 质量比为 4∶1 时，生成无机粒子的尺寸最大，其次是 2∶1 的薄膜，最小的是 6∶1 复合薄膜；无机粒子的尺寸均小于 100nm。这说明，当 SiO_2 与 TiO_2 质量比不同时，其

反应机理很复杂，测试结果出现多变性，这在后面的其他测试结果中也可看出，暂时没有可循的规律性，这需要进一步研究确定。

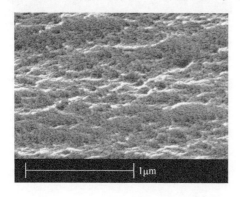

图 3-36　F2 薄膜的断面 SEM 图

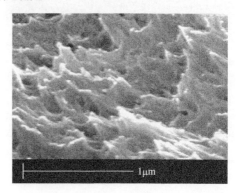

图 3-37　F4 薄膜的断面 SEM 图

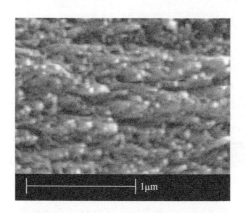

图 3-38　F5 薄膜的断面 SEM 图

图 3-39　F1 薄膜的断面 SEM 图

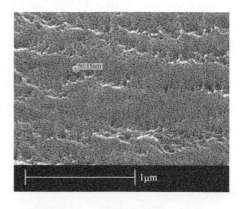

图 3-40　F3 薄膜的断面 SEM 图

图 3-41 是以醋酸为催化剂制备的质量分数为 4%、SiO_2 与 TiO_2 质量比为 4∶1 的 H2 薄膜的断面 SEM 图。从图中可看到，薄膜的断裂面非常平整，在薄膜中有较大的无机粒子团聚出现，尺寸大的在 500 nm 左右，小的有几十纳米，团聚现象比较严重。

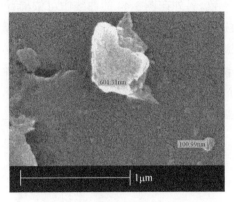

图 3-41　H2 薄膜的断面 SEM 图

图 3-42 和图 3-43 分别是纯 PI 薄膜和原位溶胶-凝胶法制备的 E1 薄膜的 XRD 谱图。从图 3-42 和图 3-43 中都可看到，在 2θ 为 15.8°和 6.9°处有尖锐峰和一个馒头峰，说明复合薄膜具有一定的有序度，与电镜结果一致。另外，在图 3-42 的曲线中可看到，在 2θ 为 25.6°、37.9°和 47.5°处有宽化的 TiO_2 的 X 射线衍射峰[25]，说明爬杆后加入的二氧化钛溶胶大部分仍然保持着自身的结构特征，并未与基体及二氧化硅产生键连，而是独立分布在基体之中。

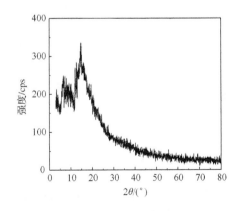

图 3-42　纯 PI 薄膜的 XRD 谱图

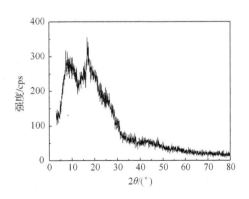

图 3-43　E1 薄膜的 XRD 谱图

　　图 3-44～图 3-46 分别是以盐酸为催化剂制备的 F2、F4 和 F5 薄膜的 XRD 谱图。从三条曲线中都可看到在 2θ 为 15.8°和 6.9°处有尖锐峰和一个宽峰，说明复合薄膜具有一定的结晶性，无机物的引入并没有破坏聚酰亚胺分子链的有序度。这与电镜观察的结果一致。另外在图 3-44 的曲线中可依稀看到在 2θ 为 25.6°、37.9°和 47.5°处有宽化的 TiO_2 X 射线衍射峰[26]，然而随无机含量增加后，这些衍射峰都消失了，由此可推断，随无机含量的增加，Si—OH 和 Ti—OH 之间互相碰撞的概率也会增加，硅和钛之间发生交联反应，形成 Si—O—Ti 结构，无机物呈无定型状态分布在基体之间。

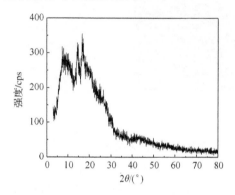

图 3-44　F2 薄膜的 XRD 谱图

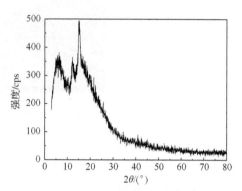

图 3-45　F4 薄膜的 XRD 谱图

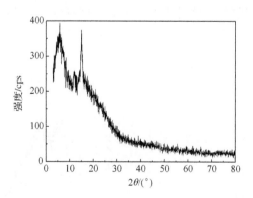

图 3-46　F5 薄膜的 XRD 谱图

　　图 3-47 和图 3-48 分别是以盐酸为催化剂制备的 F1 和 F3 薄膜的 XRD 谱图。从图 3-47 中可看到在 2θ 为 15.8°和 6.9°处出现的都是馒头峰，在 2θ 为 25.6°、37.9°和 47.5°处的宽化 TiO_2 衍射峰较图 3-48 明显，而在图 3-48 中则只有在 2θ 为 6.9°处出现了馒头峰，在 15.8°处依然是尖锐峰。比较这三个图可知，当质量

分数都为 4%时、聚合物的有序度随二氧化钛比例的增加而降低。这是由于 TNB 的水解速率很快，其水解产物受其他基团影响较小，在相同含量下，TNB 的含量越多，表面羟基与基体互相碰撞的概率就越大，就越容易缠结而不能均匀的分散在聚酰胺酸中，破坏了聚酰胺酸分子链的有序度，因而形成的聚酰亚胺薄膜有序度降低。

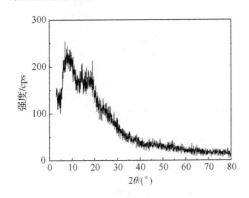

图 3-47　F1 薄膜的 XRD 谱图

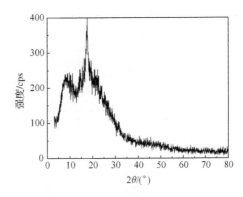

图 3-48　F3 薄膜的 XRD 谱图

图 3-49 是以醋酸为催化剂制备的 H2 薄膜的 XRD 谱图。与纯膜相比，在 $2\theta=15.8°$的尖锐峰变成了一馒头峰，而在 $2\theta=6.9°$处的馒头峰已消失，说明以此种方法制备的复合薄膜的有序度已经完全被破坏。

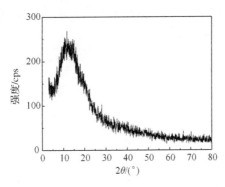

图 3-49　H2 薄膜的 XRD 谱图

图 3-50 是 A 薄膜、E1 薄膜和 E2 薄膜的热失重曲线。由表 3-20 及图 3-50 可知，复合薄膜的初始热分解温度随含量的增加而提高。

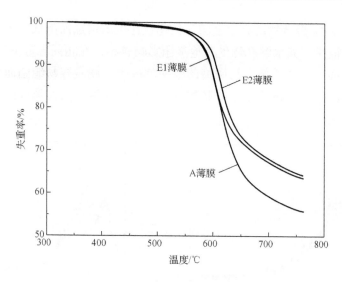

图 3-50　不同无机含量的薄膜（A、E1、E2）的热失重曲线

表 3-20　不同无机含量的薄膜（A、E1、E2）的热分解温度　　　单位：℃

薄膜	T_d	$T_{10\%}$	$T_{30\%}$
A	589.3	595.2	634.1
E1	571.9	591.6	668.9
E2	592.0	604.5	677.7

图 3-51 为纯膜和 F2、F4、F5 薄膜的热失重曲线。由表 3-21 及图 3-51 可知，

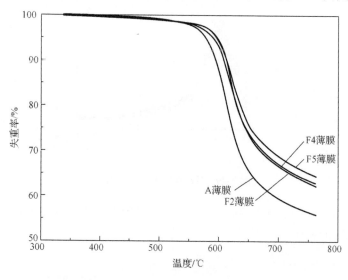

图 3-51　不同无机含量的薄膜（A、F2、F4、F5）的热失重曲线

当无机含量（质量分数）为 8% 时，复合薄膜的初始热分解温度最高，其热稳定性最优异，这说明当薄膜中的无机含量达到一定时，有机聚合物和无机粒子之间形成的氢键及其他配位键的增多，能够有效提高 PI 分子的断裂能，这方面对热稳定性的影响超过了其他因素，使其热分解温度达到最大值。

表 3-21　不同无机含量的薄膜（A、F2、F4、F5）的热分解温度　　单位：℃

薄膜	T_d	$T_{10\%}$	$T_{30\%}$
A	589.3	595.2	634.1
F2	591.3	608.7	670.3
F4	594.9	612.3	672.6
F5	595.7	613.4	688.1

图 3-52 为无机含量（质量分数）为 4%，SiO_2 与 TiO_2 质量比为 2∶1、4∶1、6∶1 的复合薄膜的热失重曲线。由表 3-22 及图 3-52 可知，复合薄膜的热分解温度相差不多，说明两种氧化物的比例对复合薄膜的热稳定性影响较小。

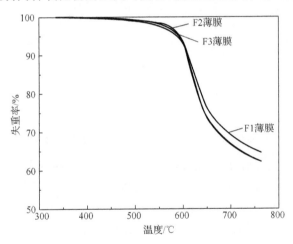

图 3-52　不同无机组分质量比的薄膜的热失重曲线

表 3-22　不同无机组分质量比的薄膜的热分解温度　　单位：℃

薄膜	T_d	$T_{10\%}$	$T_{30\%}$
F1	588.4	611.5	689.8
F2	591.3	608.7	670.3
F3	591.2	608.1	669.3

图 3-53 为 H1、H2 和 H3 薄膜的热失重曲线。由表 3-23 及图 3-53 可知，薄膜的热分解温度稍有提高，但都高于相同含量相同比例下的 F 类薄膜。由 SEM 图可知，以醋酸催化制备的复合薄膜中无机粒子发生团聚，这导致与基体形成氢键

和配位键的机会减少，且大颗粒产生的孔穴增加了 PI 分子热振动的空间，因此，与以盐酸为催化剂制备的复合薄膜相比热稳定性降低了。

表 3-23　不同无机组分质量比的薄膜的热分解温度　　　　　单位：℃

薄膜	T_d	$T_{10\%}$	$T_{30\%}$
H1	589.5	606.2	666.6
H2	594.5	612.7	674.5
H3	591.7	611.6	672.6

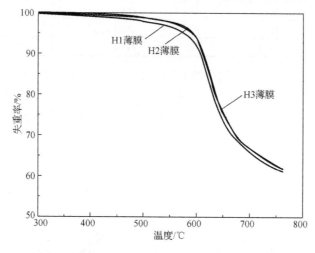

图 3-53　不同无机组分质量比的薄膜的热失重曲线

在表 3-24 中可看到，原位溶胶-凝胶法制备的复合薄膜击穿场强都低于纯膜，这可能是因为钛溶胶是在爬杆后加入到聚酰胺酸当中的，其在胶液中分散的不是很均匀，多少有团聚粒子出现，而这在扫描电子显微镜中没有观察到。击穿过程中在颗粒的团聚处局部场强过大造成了薄膜的提早击穿。

表 3-24　不同无机组分含量薄膜的击穿场强　　　　　单位：kV/mm

薄膜	击穿场强
A	197.4
E1	123.4
E2	139.8
E3	140.8

表 3-25 是以盐酸为催化剂制备的复合薄膜的击穿场强。由薄膜 F1、F2 和 F3 的击穿场强数据可以看出，在相同的无机含量下，薄膜的击穿场强随无机物的比例增加并没有呈现明显规律性，但相对于纯膜来说都得到了提高，且比例为 2∶1

和 6∶1 时超过了 230.0 kV/mm。由 XRD 分析可知，含量（质量分数）为 4%的复合薄膜中 TiO_2 呈晶态，因 TiO_2 是半导体材料，当电场强度超过一定值时，TiO_2 的导电性增加，使空间电荷能够均匀分布在材料内部，因此其击穿场强高于纯膜。

　　由 F2、F4、F5 薄膜的击穿场强数据可知当质量分数为 4%，SiO_2 与 TiO_2 质量比为 4∶1 时，复合薄膜击穿场强值高于纯膜，而质量分数为 6%和 8%的复合薄膜的击穿场强值均低于纯膜。这是因为当质量分数为 6%和 8%时，SiO_2 和 TiO_2 的非晶态结构增多，陷阱增多，空穴迁移率较低，电子滞留的时间增大，造成局部场强过大而击穿，因此其击穿场强值低于纯膜。

表 3-25　以盐酸为催化剂制备的复合薄膜击穿场强　　　　单位：kV/mm

薄膜	击穿场强
F1	233.7
F2	208.8
F3	236.8
F4	104.7
F5	160.2

　　表 3-26 中的数据是以醋酸为催化剂制备的复合薄膜的击穿场强值。从表中的数据可看出，薄膜的击穿场强值均高于纯膜，但是低于相同含量、相同比例下的以盐酸为催化剂制备的薄膜。由 SEM 图（图 3-40）可知，以醋酸为催化剂制备的复合薄膜中无机粒子发生团聚，且薄膜中有序结构被破坏，这都导致了薄膜的陷阱增多，引起了击穿场强的下降。

表 3-26　以醋酸为催化剂制备的复合薄膜击穿场强　　　　单位：kV/mm

薄膜	击穿场强
H1	199.8
H2	223.5
H3	229.6

　　由于试验条件的限制，仅对表 3-27 中所列的具有代表性的薄膜进行了耐电晕性能测试。从表中数据可以看到，所有薄膜的耐电晕时间都比纯膜的长，且当无机物比例相同时，时间随含量的增加迅速上升。这是因为在 PI 基体中引入无机纳米粒子，提高载流子迁移率，具有均化电场而不使局部场强过高的作用，这与大多数的试验结果一致，然而耐电晕时间与比例却没有显示出一定的关联性。由表 3-27 中可看出，在 SiO_2 与 TiO_2 的质量比为 2∶1 时，其耐电晕时间出现峰值，达到了 135.5h，是纯膜的 61 倍。由于试验条件的限制，并没有对相同比例下质量分数为 6%和 8%的复合薄膜进行耐电晕测试，无法确定是由于比例的影响还是其他因素变化而产生的这种现象，这有待于将来的进一步研究。

表 3-27　不同聚酰亚胺薄膜的耐电晕时间　　　　　　　　单位：h

薄膜	耐电晕时间
A	2.2
F1	135.5
F2	6.7
F3	8.5
F4	40.5
F5	122.6

3.4　本 章 小 结

　　PI 在实际合成中的特点决定其溶剂通常为非质子溶剂。通常，这些非质子溶剂也是甲醇、乙醇等常用溶剂的良溶剂，在室温下可以与水相互混溶。从而聚合物的有机溶液在一定水含量的反应氛围中，不会发生沉淀，进而聚合物失去活性，这也是溶胶-凝胶法在聚合物发生水解缩合等反应中提供的有利条件。此外，PAA 水解转变为 PI 的反应为分子内脱水缩聚，此反应过程为 PI 基掺杂体系的深入研究提供前期基础。由于纳米粒子所引入的高热稳定性以及玻璃化转变温度对于基体的稳定提供良性环境，利于杂化材料的合成。近年来，将正硅酸酯类、正钛酸酯类或金属有机化合物的溶胶-凝胶反应与高聚物的聚合反应相结合，制备有机-无机纳米复合材料已成为材料学科研究的热点。本章对 Si-Al 或 Si-Ti 共掺杂聚酰亚胺复合薄膜的制备方法及性能研究进行了详细介绍，希望能够给相关研究者及企业生产者提供一定的借鉴。

参 考 文 献

[1] Liu L, Liang B, Wang W, et al. Preparation of polyimide/inorganic nanoparticle hybrid films by sol-gel method[J]. Journal of Composite Materials, 2006, 40(23): 2175-2183.

[2] 张营堂, 梁冰, 刘立柱. 纳米 SiO₂/聚酰亚胺复合耐电晕薄膜研制绝缘材料的研究[J]. 绝缘材料, 2003, 6(12): 7-11.

[3] 梁冰, 刘立柱, 王伟. 溶胶-凝胶法制备无机纳米杂化聚酰亚胺薄膜[J]. 哈尔滨理工大学学报, 2005, 10(2): 133-135, 138.

[4] Chen Y, Iroh J O. Synthesis and characterization of polyimide/silica hybrid composites[J]. Chemistry of Materials, 1999, 11(2): 1218-1222.

[5] Zhu Z K, Yong Y, Jie Y, et al. Preparation and properties of organo soluble polyimide/silica hybrid materials by sol-gel process[J]. Journal of Applied Polymer Science, 1999, 73(14): 2977-2984.

[6] Hsiue G H, Chen J K, Liu Y L. Synthesis and characterization of nanocomposite of polyimide-silica hybrid from nonaqueous sol-gel process[J]. Journal of Applied Polymer Science, 2000, 7(11): 1609-1618.

[7] Chen B K, Chiu T M, Tsay S Y. Synthesis and characterization of polyimide/silica hybrid nanocomposites[J]. Journal of Applied Polymer Science, 2004, 5(94)：382-393.

[8] 黄惠忠. 纳米材料分析[J]. 现代仪器与医疗, 2003(1).56-57.

[9] 李茂琼, 项金钟, 胡永茂, 等. 纳米 SiO_2 的制备及性能研究[J]. 云南大学学报, 2002, 24(6): 445-448.

[10] 谢征芳, 肖加余, 陈朝辉, 等. 溶胶-凝胶法制备复合材料用氧化铝基体及涂层研究[J]. 宇航材料工艺, 1999(2):30-37.

[11] Atsushi M, Yoshitake I M K. Synthesis of alumina silicon dioxide nanopowers via sol-gel progress[J]. Polym, 1992, 20(1):103-107.

[12] Chen Y, Iroh J O. Synthesis and characterization of polyimide/silica hybrid composites[J]. Chemistry of Materials, 1999, 11(2):1218-1222.

[13] Wang L, Ye T, Ding H, et al. Microstructure and properties of organosoluble polyimide/silica hybrid films[J]. European Polymer Journal, 2006, 42(11):2921-2930.

[14] 黄培, 耿洪斌, 刘俊英, 等. 长链聚酰亚胺的制备与表征[J]. 南京工业大学学报, 2003, 25(2)：11-17.

[15] 王伟, 刘立柱, 杨阳, 等. 聚酰亚胺/ SiO_2-Al_2O_3 纳米杂化薄膜的制备、形貌与性能[J]. 绝缘材料, 2005(5): 11-14.

[16] 徐一昆, 詹茂盛. 纳米二氧化硅目标杂化聚酰亚胺复合材料膜的制备与性能表征[J]. 航空材料学报, 2003, 23(2)：33-38.

[17] 王伟, 刘立柱, 杨阳. 聚酰亚胺/无机纳米杂化材料的研究[J]. 山东陶瓷, 2005, 28(5): 16-18.

[18] 雷清泉. 高聚物的结构与电性能[M]. 武汉：华中科技大学出版社, 1991: 53-58.

[19] 徐寿泰, 郝铭波. 耐电晕 PI 薄膜及其耐电晕寿命评定方法的研究[J]. 绝缘材料通讯, 2000(3): 27-30.

[20] 李传峰, 钟顺和. 聚酰亚胺-二氧化硅杂化膜的制备与表征[J]. 催化学报, 2001, 22(5): 449-452.

[21] 崔冬梅, 宋昌颖, 金晶. 聚酰亚胺/二氧化硅纳米杂化材料的制备[J]. 吉林工学院学报, 2001, 22(4): 21-23.

[22] 李传峰, 钟顺和. 溶胶-凝胶法合成聚酰亚胺二氧化钛杂化膜[J]. 高分子学报, 2002(3): 25-30.

[23] 李志杰, 侯博, 徐耀, 等. 共沉淀法制备氧化硅改性的纳米二氧化钛及其性质[J]. 物理化学学报, 2005, 21(3): 229-233.

[24] Song K X, Yan X R, Huo M L, et al. Preparation of TiO_2/SiO_2 and photo-catalytic degradation of dichlorvos on it[J]. Chinese J. Applied Chemistry, 1999, 16 (4): 94-98.

[25] 王建伟, 钟顺和. 负载型 TiO_2-聚酰亚胺亲水复合膜的制备与分离性能[J]. 催化学报, 1997, 18(4): 306-309.

[26] 杨阳, 吕磊, 刘立柱. 聚酰亚胺/二氧化硅-二氧化钛杂化薄膜的制备与表征[J]. 绝缘材料, 2007, 40(2): 4-6.

第4章　聚酰亚胺三层复合薄膜的制备与性能研究

随着科学技术的发展，人们对于材料各种性能的要求也在不断提高。聚酰亚胺材料逐渐暴露出高热膨胀系数、低热导率和耐电晕性能差等缺点，这限制了其广泛应用。以变频电机为例，由于采用了脉宽调制（pulse width modulation, PWM）驱动脉冲调速技术，极大增加了电机定子绕组电压的幅值，导致在变频电机内部的电缆末端即电机接线端子处产生约 2 倍的尖峰过电压。普通的绝缘部件在如此高的过电压下产生局部放电，并迅速发生击穿破坏，导致变频电机的损坏[1,2]。研究认为，与普通交流电机相比，变频电机绝缘材料的破坏机理是局部放电、空间电荷积累和介质发热的综合结果。在变频电机中，温度对绝缘材料破坏的影响非常大。温度的迅速升高会导致绝缘材料发生热松弛和热降解，极大降低绝缘材料的力学性能和耐电晕性能、降低材料的使用寿命。因此，要想提高变频电机绝缘部件的使用寿命，不仅要求绝缘材料具有很好的耐电晕性能，同时还要求材料具有高的耐热性能和力学性能。由此可知，研究具有高综合性能的聚酰亚胺绝缘材料具有重要意义。

针对聚酰亚胺的改性，传统的研究方法是向聚酰亚胺中直接添加第二相微粒或是在基体材料中引入具有特殊功能的基团。已有的研究结果表明，在聚酰亚胺中加入部分氧化物粉体（SiO_2、TiO_2）后，在一定程度上提高了聚酰亚胺薄膜的耐电晕性能。但是，氧化物粉体的引入，在微观结构上产生了一定的结构性缺陷，往往降低了聚酰亚胺薄膜的力学性能和热性能[3-6]。尤其当纳米粉体分散不均匀时，薄膜性能降低更为显著。而分子链接枝改性的方法，其目的往往在于赋予聚酰亚胺的声、光等特殊功能 [7-14]，而对于材料最基本的热、力、电性能的改善则并不理想。因此，如何有效实现聚酰亚胺材料热、力、电性能同步提高已成为目前亟待解决的重要问题。

随着聚酰亚胺材料研究的不断深入，新材料设计和开发的需求持续加大，聚酰亚胺薄膜的研究正逐渐由单一的组分设计向组分/结构协同设计的方向发展。层状复合材料概念的引入为制备高性能的聚酰亚胺薄膜提供了新的设计思路。所谓层状复合，就是通过一定的方法将原本只有一层的薄膜材料转变为多层结构，在保证层与层之间良好结合的前提下，充分利用层状结构对材料机械、热及电性能的影响获得所需性能。

4.1　Al$_2$O$_3$/PI 三层复合薄膜的制备

4.1.1　Al$_2$O$_3$/PI 三层复合薄膜的逐层铺膜工艺

采用逐层铺膜的方法制备聚酰亚胺三层复合薄膜。首先，用自动铺膜机将上述制备的聚酰胺酸/纳米 Al$_2$O$_3$ 混合胶液在擦拭干净的玻璃板上以一定的厚度进行铺膜处理；其次，将其放入鼓风干燥箱中，按照一定温度处理一定时间，待其温度降到室温后，在其表面再铺一层厚度相同的纯聚酰胺酸胶液薄膜；之后，将其放入烘箱中，按照与上一层相同温度处理相同时间，再待其温度降到室温，而后再铺上第三层同样厚度的纳米掺杂胶液薄膜；最后，采用逐级升高温度的加热方式在烘箱中，使三层复合薄膜完全亚胺化。依照这种薄膜的制备方法，根据不同的亚胺化工艺制备出一系列工艺不同的 PI/纳米 Al$_2$O$_3$ 三层复合薄膜。图 4-1 为复合薄膜制备过程的示意图。

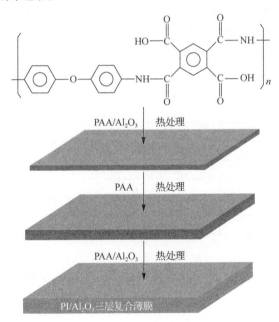

图 4-1　复合薄膜制备过程的示意图

4.1.2　Al$_2$O$_3$/PI 三层复合薄膜的亚胺化工艺

均苯型聚酰亚胺的分子结构决定了其优良的性能。要使其各项性能充分表现出来，就要使它的分子结构接近理想状态。因此，酰亚胺化过程，即聚酰胺酸转变成聚酰亚胺的过程，是很值得研究的。本章针对 PI/SiO₂-Al₂O₃ 三层复合薄膜制备过程中的一二层成膜温度和时间（以下简称温度和时间）、单层掺杂层与未掺杂层厚度比（以下简称厚度比）、无机粉体的质量分数、无机组分质量比（$m_{SiO_2} : m_{Al_2O_3}$ 的值）对复合薄膜力学性能、热性能、介电损耗、亚胺化率的影响进行了系统研究。以上五个因素分别取四个水平，设计正交试验方案，以便于分析出各个因素的最佳试验状态。正交试验方案如表 4-1 所示[15]。实际操作中，区分各因素的主次，对于主要因素，按有利于指标的要求选取最佳的水平，对于不重要因素则根据节约、方便等多方面的考虑来选取水平。

表 4-1　正交试验的水平和因素

试验编号	温度/℃	时间/min	厚度比	$m_{SiO_2} : m_{Al_2O_3}$	无机粉体的质量分数/%
1	140	30	2∶1	1∶1	2
2	140	60	1∶1	2∶1	4
3	140	90	1∶2	4∶1	6
4	140	120	1∶3	6∶1	8
5	180	30	1∶1	4∶1	8
6	180	60	2∶1	6∶1	6
7	180	90	1∶3	1∶1	4
8	180	120	1∶2	2∶1	2
9	220	30	1∶2	6∶1	4
10	220	60	1∶3	4∶1	2
11	220	90	2∶1	2∶1	8
12	220	120	1∶1	1∶1	6
13	260	30	1∶3	2∶1	6
14	260	60	1∶2	1∶1	8
15	260	90	1∶1	6∶1	2
16	260	120	2∶1	4∶1	4

4.2　亚胺化工艺对 Al₂O₃/PI 三层复合薄膜性能的影响

4.2.1　各单因素对 Al₂O₃/PI 三层复合薄膜亚胺化程度的影响

通过分析红外光谱中酰亚胺环吸收谱带的强度变化，可将聚酰亚胺的酰亚胺化过程记录下来。通过定量计算 725cm⁻¹ 处吸收峰的吸光度来衡量 PI 复合薄膜的亚胺化程度。均匀介质中，光传播单位距离的能耗和光在该处的总能量是正比关系，即 dI/dX=BI，该式中，I 为透射光强度，B 为吸收系数，单位为 cm⁻¹。此微

分方程的解是 $I=I_0\exp(Bb)$，即 $I/I_0=\exp(Bb)$，或 $D=\lg(I/I_0)=Bb$，其中，D 为吸光度，I_0 为入射光强度，I/I_0 表示透射比，b 为样品厚度，单位为 cm，该式即为 Lambert 定律。对红外谱线的特征吸收峰的测定，我们采用基线法，测试方法如图 4-2 所示，在亚胺化峰值两侧的 a、b 点作切线，以顶点 c 作横坐标的垂线，与横线相交于 e 点，并向上延长交 ab 线于 d 点，线段 de 的百分数长度为 I_0，线段 ce 的百分数长度为 I。代入 Lambert 定律即得亚胺化谱带的吸光度。

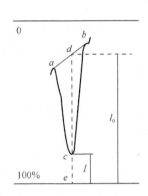

鉴于红外谱图中 725cm^{-1} 的变化相对比较清晰明显，因此我们尝试以 725cm^{-1} 波数为研究对象，参考图解，取基线，采用下式计算亚胺化的程度，亚胺化率（紫外峰强度比值）= (D725/D1500)/ ((D725/D1500)350℃)，式中 725cm^{-1} 和 1500cm^{-1} 波数下的吸光度分别由 D725 和 D1500 代表。图 4-2 为此计算方法的图解。

表 4-2 是正交试验下亚胺化率极差分析。酰亚胺化过程中聚酰胺酸解离为含酐端基及胺端基分子链，高温下胺端基和酐端基再次复合，使得相对分子质量增大。表中 200℃附近亚胺化率下降，可能是由于在此温度范围内酰胺酸解离成为含酐端基和胺端基分子链的速率变大。

图 4-2　亚胺化率计算图解

表 4-2　亚胺化率的极差分析

试验编号	A（温度）/℃	B（时间）/min	C（厚度比）	D（$m_{SiO_2}:m_{Al_2O_3}$）	E（无机粉体的质量分数）/%	亚胺化率
1	140	30	2：1	1：1	2	0.133823
2	140	60	1：1	2：1	4	0.234514
3	140	90	1：2	4：1	6	0.445132
4	140	120	1：3	6：1	8	0.309478
5	180	30	1：1	4：1	8	0.329563
6	180	60	2：1	6：1	6	0.491350
7	180	90	1：3	1：1	4	0.435876
8	180	120	1：2	2：1	2	0.327947
9	220	30	1：2	6：1	4	0.211072
10	220	60	1：3	4：1	2	0.226776
11	220	90	2：1	2：1	8	0.232109
12	220	120	1：1	1：1	6	0.316052
13	260	30	1：3	2：1	6	0.319351
14	260	60	1：2	1：1	8	0.343615
15	260	90	1：1	6：1	2	0.168189
16	260	120	2：1	4：1	4	0.414296

续表

试验编号	A（温度）/℃	B（时间）/min	C（厚度比）	D（$m_{SiO_2}:m_{Al_2O_3}$）	E（无机粉体的质量分数）/%	亚胺化率
Ⅰ（数据和）	1.122947	0.993809	1.271578	1.229365	0.856735
Ⅱ（数据和）	1.584736	1.296256	1.048319	1.113921	1.295758
Ⅲ（数据和）	0.986008	1.281305	1.327766	1.415766	1.571885
Ⅳ（数据和）	1.245452	1.367773	1.29148	1.18009	1.214765
R（极差）	0.598728	0.373964	0.279447	0.301845	0.715151

由正交试验表及上面的分析可知，影响 PI 复合薄膜亚胺化率的五个因素的主次顺序依次是：无机粉体的质量分数>温度>时间>无机组分质量比>厚度比。无机粉体的质量分数四个水平对复合薄膜亚胺化程度的影响大小：6%>4%>8%>2%；温度四个水平对复合薄膜亚胺化程度的影响大小：180℃>260℃>140℃>220℃；成膜时间四个水平对复合薄膜亚胺化程度的影响大小：120min>60min>90min>30min；无机组分质量比四个水平对复合薄膜亚胺化程度的影响大小：4:1>1:1>6:1>2:1；厚度比四个水平对复合薄膜亚胺化程度的影响大小：1:2>1:3>2:1>1:1。

限制无机粒子的团聚及增加两相间的相容性是降低相分离尺寸的一个主要途径。偶联剂可同时起到这两种作用，因此对相分离尺寸的降低非常有效。聚酰胺酸中的羧基可与偶联剂中的功能基成盐，或者发生共价键结合[16]。因此本试验采用的经偶联剂表面改性的纳米粒子含量对亚胺化率有很大的影响。

4.2.2 亚胺化程度对 Al₂O₃/PI 三层复合薄膜层间结合程度的影响

图 4-3（a）、图 4-3（b）、图 4-3（c）、图 4-3（d）分别为对应亚胺化率为 17%、23%、34%、49%的 PI 复合薄膜的断面 SEM 图，放大倍数为 2500 倍。

本节将亚胺化率划分为 [10%，20%]、[20%，30%]、[30%，40%]、[40%，50%]四个区间，分别取各区间内对应亚胺化率最大的 PI 复合薄膜，分析其对应的断面 SEM 图。由图可知，随着亚胺化率的减小，各层之间的复合先变好后变差。图 4-3（b）图最右边的掺杂层与中间的未掺杂层间的复合是最好的，两层之间的空隙显而易见是最小的。可见亚胺化程度并不是越大，两层间的复合就越好。这可能是因为影响亚胺化程度的因素直接影响了两层的溶剂残留量、溶剂和环化脱水产生的水分挥发速度的相对一致性，而这两个因素又直接影响层间的复合，因此只有这三者协同一致时，层间的复合才是最好的。需要调整这三者的反应速率，调整层间的复合。

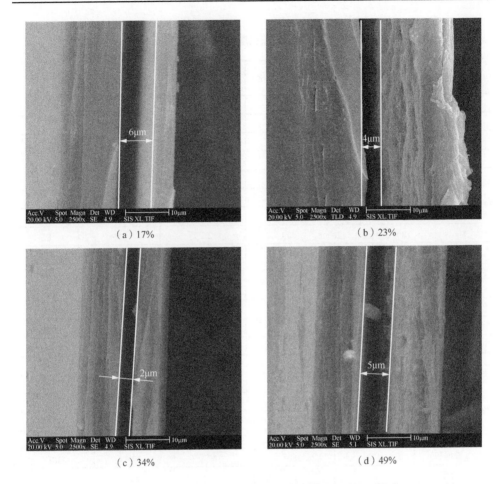

图 4-3　不同亚胺化度的三层复合薄膜断面 SEM 图

4.2.3　各单因素对 Al_2O_3/PI 三层复合薄膜力学性能的影响

（1）温度对 PI 复合薄膜力学性能的影响。

表 4-3 是在各种不同因素下对 PI 三层复合薄膜的拉伸强度进行测试的结果。由表可知，随温度的升高，PI 三层复合薄膜的拉伸强度呈增大趋势。这主要是由于低温下亚胺化程度较低，随温度升高，亚胺基团比例增加，分子间作用力增强，从而使拉伸强度升高。

（2）时间对 PI 复合薄膜力学性能的影响。

同样，由表 4-3 可知，随着一二层成膜时间的增加，复合薄膜的拉伸强度呈增大趋势。分析其原因，主要是亚胺化时间的增加，有助于亚胺化程度增强，从而拉伸程度增强。

表 4-3 拉伸强度的极差分析

试验编号	A（温度）/℃	B（时间）/min	C（厚度比）	D（$m_{SiO_2}:m_{Al_2O_3}$）	E（无机粉体的质量分数）/%	拉伸强度/MPa
1	140	30	2∶1	1∶1	2	58
2	140	60	1∶1	2∶1	4	80
3	140	90	1∶2	4∶1	6	87
4	140	120	1∶3	6∶1	8	86
5	180	30	1∶1	4∶1	8	99
6	180	60	2∶1	6∶1	6	97
7	180	90	1∶3	1∶1	4	84
8	180	120	1∶2	2∶1	2	82
9	220	30	1∶2	6∶1	4	100
10	220	60	1∶3	4∶1	2	89
11	220	90	2∶1	2∶1	8	102
12	220	120	1∶1	1∶1	6	100
13	260	30	1∶3	2∶1	6	108
14	260	60	1∶2	1∶1	8	94
15	260	90	1∶1	6∶1	2	93
16	260	120	2∶1	4∶1	4	112
Ⅰ（数据和）	311	365	369	336	322	
Ⅱ（数据和）	362	360	372	372	376	
Ⅲ（数据和）	391	366	363	387	392	
Ⅳ（数据和）	407	380	367	376	381	
R（极差）	92	20	9	51	70	

（3）无机粉体的质量分数对 PI 复合薄膜力学性能的影响。

由表 4-3 可知，复合薄膜的拉伸强度随无机粉体的质量分数的增加呈现的总趋势是先增大后减小。这可能是由于聚合物基体和无机粒子在纳米水平上进行了复合，有机-无机相界面的作用力增强，分子间形成化学键。另外，经表面改性无机粒子的引入，使 PAA 的主链反应有有机官能团的参与，有机官能团与 PAA 主链间也存在氢键或其他配位键的结合，这就使得有机相与无机相间不仅仅是物理结合，还存在分子间的结合，增强了界面相互作用，导致拉伸强度增大。但当无机粒子浓度达到一定值时，统计学上看，无机纳米粒子相互碰撞的概率变大，团聚的数目增多，导致两相相容性变差，界面分离明显，导致复合薄膜的力学性能降低，韧性变差。还有一个原因可能是纳米粒子的团聚使得纳米粒子和 PI 基体界面处应力增大，导致 PI 复合薄膜力学性能降低。

由极差分析可知，五个因素对复合薄膜拉伸强度的影响大小顺序为：$A>E>D>B>C$，即温度>无机粉体的质量分数>无机组分质量比>时间>厚度比。温度对复合薄膜拉伸强度的影响大小：260℃>220℃>180℃>140℃；无机粉体的质量分数对复合薄膜拉伸强度的影响大小：6%>8%>4%>2%；无机组分质量比对复合薄膜拉伸强度的影响大小：4：1>6：1>2：1>1：1；成膜时间对复合薄膜拉升强度的影响大小：120min>90min>30min>60min；厚度比对复合薄膜拉伸强度的影响大小：1：1>2：1>1：3>1：2。

4.2.4　各单因素对 Al$_2$O$_3$/PI 三层复合薄膜热性能的影响

（1）温度对三层复合薄膜热稳定性的影响。

影响薄膜热性能的关键因素之一是薄膜的亚胺化温度。表 4-4 是 PI 复合薄膜的初始分解温度 T_d、失重 10%温度 $T_{10\%}$ 及失重 30%温度 $T_{30\%}$。从表中数据可知，随着温度逐渐升高，复合薄膜的热分解温度逐渐升高。这主要是因为随着温度的升高，分子链中的环状结构比例增加，亚胺化程度增强，因此使 PI 复合薄膜的热稳定性增强。

（2）无机粉体的质量分数及无机组分质量比对三层复合薄膜热稳定性的影响。

由表 4-4 数据可知随着无机粉体的质量分数的增加，PI 复合薄膜虽增高的不是特别明显，但仍有上升趋势。其中一个原因可能就是有机基体与无机相间存在氢键或其他配位键，使两者连接更紧密，这时复合薄膜若要热分解，即分子链断裂，就必须多克服一个相互作用，增加了使 PI 分子链断裂所需的能量，从而提高了复合薄膜的耐热性。另一个原因可能就是纳米氧化铝粒子表面能高，能够将体系自身积聚的能量吸收到粒子中，又由于导热性好，复合薄膜不积攒热量，耐热性增强，无机粉体的质量分数越高，PI 复合薄膜的热稳定性提高越多。

表 4-4　热分解温度的极差分析

试验编号	A（温度）/℃	B（时间）/min	C（厚度比）	D（m_{SiO_2}：$m_{Al_2O_3}$）	E（无机粉体的质量分数）/%	T_d/℃	$T_{10\%}$/℃	$T_{30\%}$/℃
1	140	30	2：1	1：1	2	564.12	582.34	643.87
2	140	60	1：1	2：1	4	563.77	582.20	643.41
3	140	90	1：2	4：1	6	571.84	589.99	660.60
4	140	120	1：3	6：1	8	569.15	585.78	647.75
5	180	30	1：1	4：1	8	577.75	593.24	665.34
6	180	60	2：1	6：1	6	577.25	592.23	65439
7	180	90	1：3	1：1	4	567.32	583.86	647.06
8	180	120	1：2	2：1	2	572.45	588.70	650.02
9	220	30	1：2	6：1	4	575.91	594.73	656.03
10	220	60	1：3	4：1	2	564.97	584.40	640.30
11	220	90	2：1	2：1	8	568.61	584.90	652.62
12	220	120	1：1	1：1	6	569.04	582.07	635.83

续表

试验编号	A（温度）/℃	B（时间）/min	C（厚度比）	D（$m_{SiO_2}:m_{Al_2O_3}$）	E（无机粉体的质量分数）/%	T_d/℃	$T_{10\%}$/℃	$T_{30\%}$/℃
13	260	30	1 : 3	2 : 1	6	570.80	587.11	648.66
14	260	60	1 : 2	1 : 1	8	574.98	588.11	664.90
15	260	90	1 : 1	6 : 1	2	573.56	585.56	634.95
16	260	120	2 : 1	4 : 1	4	578.39	594.10	649.01

Ⅰ（数据和）	Ⅱ（数据和）	Ⅲ（数据和）	Ⅳ（数据和）	R（极差）
2268.8	2294.7	2278.5	2297.73	28.85
2288.5	2280.9	2281.3	2289.03	8.06
2288.3	2284.1	2295.1	2272.24	22.94
2275.4	2275.6	2292.9	2295.87	20.41
2275.1	2285.3	2288.9	2290.49	15.39

随着二氧化硅质量分数增加，薄膜的热性能得到了提高，但是当达到一定比例时，其热性能又有所降低，说明无机组分质量比为一定值时，其热性能可以达到最好。因此，我们选择适当的硅铝氧化物的比例，能够有效提高材料的热性能。

综上所述，无机粒子对复合材料热性能的影响是多方面的。一方面是聚合物基体和无机粒子形成氢键或者其他配位键，限制了 PI 的热振动，使得材料的热性能有所提高；另一方面是由于纳米级的颗粒与有机相间存在很强的相互作用，因此提高了 PI 分子链断裂所需要的能量。

由正交试验数据进行极差分析可知，五个因素对聚酰亚胺复合薄膜热稳定性的影响大小为：$A>C>D>E>B$，即温度>厚度比>无机组分质量比>无机粉体的质量分数>时间。温度四个水平对复合薄膜热稳定性的影响大小：260℃>180℃>220℃>140℃；厚度比四个水平对复合薄膜热稳定性影响大小：1 : 2>2 : 1>1 : 1>1 : 3；无机组分质量比四个水平对复合薄膜热稳定性的影响大小：6 : 1>4 : 1>2 : 1>1 : 1；无机含量（质量分数）四个水平对复合薄膜热稳定性影响大小：8%>6%>4%>2%；时间四个水平对复合薄膜热稳定影响大小：120min>30min>90min>60min。

（3）各单因素对三层复合薄膜介电损耗的影响。

表 4-5 是正交试验下的介电损耗分析。从数据可知，随着亚胺化程度增加，介电损耗呈增大的趋势发展。这可能是因为分子链中的亚胺基团比例增加，使分子极性增大，使得 PI 复合薄膜的介电损耗增大。

对于有些反常表现，可能是因为 PI 复合薄膜中二氧化硅、氧化铝的活性很大。无定形状晶体结构是由层状晶体结构变来的，具备膨松孔隙的多孔结构粉体，表面积很大，且具备极强的吸附离子杂质的能力，因此就可以吸附 PI 中的杂质离子，使 PI 复合薄膜中的自由电子浓度降低，使 PI 复合薄膜的介电损耗减小[17]。

由正交试验数据做极差分析可知，五个因素对聚酰亚胺复合薄膜介电损耗的影响大小：$A=D>B>E>C$，即温度=无机组分质量比>时间>无机粉体的质量分数>

厚度比。温度四个水平对复合薄膜介电损耗的影响大小：140℃>220℃>260℃>180℃；无机组分质量比四个水平对复合薄膜介电损耗的影响大小：2：1>4：1>6：1>1：1；时间四个水平对复合薄膜介电损耗的影响大小：60min>30min>90min>120min；无机粉体的质量分数四个水平对复合薄膜介电损耗的影响大小：4%>6%>8%>2%；厚度比四个水平对复合薄膜介电损耗的影响大小：1：1>2：1>1：2=1：3。

表 4-5　介电损耗的极差分析

试验编号	A（温度）/℃	B（时间）/min	C（厚度比）	D（m_{SiO_2} : $m_{Al_2O_3}$）	E（无机粉体的质量分数）/%	tgδ
1	140	30	2：1	1：1	2	0.0013
2	140	60	1：1	2：1	4	0.0034
3	140	90	1：2	4：1	6	0.0016
4	140	120	1：3	6：1	8	0.001
5	180	30	1：1	4：1	8	0.0012
6	180	60	2：1	6：1	6	0.0013
7	180	90	1：3	1：1	4	0.0003
8	180	120	1：2	2：1	2	0.0004
9	220	30	1：2	6：1	4	0.0014
10	220	60	1：3	4：1	2	0.0014
11	220	90	2：1	2：1	8	0.0016
12	220	120	1：1	1：1	6	0.0004
13	260	30	1：3	2：1	6	0.0012
14	260	60	1：2	1：1	8	0.0005
15	260	90	1：1	6：1	2	0.0005
16	260	120	2：1	4：1	4	0.0012
Ⅰ（数据和）	0.0073	0.0051	0.0054	0.0025	0.0036	
Ⅱ（数据和）	0.0032	0.0066	0.0055	0.0066	0.0063	
Ⅲ（数据和）	0.0048	0.004	0.0039	0.0054	0.0045	
Ⅳ（数据和）	0.0034	0.003	0.0039	0.0042	0.0043	
R（极差）	0.0041	0.0036	0.0016	0.0041	0.0027	

　　总结以上所有正交试验结果，根据因素主次及节约、方便的原则，得到最优方案为 A4E3D3B4C2，即温度为 260℃，无机粉体的质量分数为 6%，无机组分质量比为 4：1，时间为 120min，厚度比为 1：1：1。最优制备工艺为：温度 260℃，时间 120min，厚度比 1：1：1。根据上述工艺制备 G、H 系列的 PI 复合薄膜。表 4-6、表 4-7 分别为 G、H 系列聚酰亚胺三层复合薄膜的组分配比。

表 4-6　G 系列 PI 复合薄膜的组分配比

薄膜	组分	$m_{SiO_2} : m_{Al_2O_3}$	无机粉体的质量分数/%
G1	PI/ SiO$_2$- Al$_2$O$_3$	1：1	6
G2	PI/ SiO$_2$- Al$_2$O$_3$	2：1	6
G3	PI/ SiO$_2$- Al$_2$O$_3$	4：1	6
G4	PI/ SiO$_2$- Al$_2$O$_3$	6：1	6

表 4-7　H 系列 PI 复合薄膜的组分配比

薄膜	组分	$m_{SiO_2} : m_{Al_2O_3}$	无机粉体的质量分数/%
J1	PI/ SiO$_2$- Al$_2$O$_3$	4：1	2
J2	PI/ SiO$_2$- Al$_2$O$_3$	4：1	4
J3	PI/ SiO$_2$- Al$_2$O$_3$	4：1	6
J4	PI/ SiO$_2$- Al$_2$O$_3$	4：1	8

为了进一步分析三层复合材料的微结构及性能，本试验将不同 Al$_2$O$_3$ 质量分数的三层复合薄膜标记为 I 系列，具体的组分配比如表 4-8 所示。

表 4-8　I 系列 PI 复合薄膜的组分配比

薄膜	组分	无机粉体的质量分数/%
I1	Al$_2$O$_3$/PI	4
I2	Al$_2$O$_3$/PI	8
I3	Al$_2$O$_3$/PI	12
I4	Al$_2$O$_3$/PI	16

4.3　Al$_2$O$_3$/PI 三层复合薄膜的结构

4.3.1　Al$_2$O$_3$/PI 三层复合薄膜的微结构

（1）G 系列三层复合薄膜扫描电子显微镜分析。

图 4-4 为无机组分质量比为 6：1，无机组分质量分数为 8% 的 PI 复合薄膜的断面 SEM 图片。由图中可印证复合薄膜确实具有三层结构，且三层间隙较大，这可能是因为无机组分质量比、无机粉体的质量分数、温度、时间和厚度比的不同使得各层的亚胺化程度也不同，导致两层间的复合受到影响，使复合薄膜两层间产生了空隙，我们进一步研究的主要方向就是使掺杂层与未掺杂层间的复合变好，提高复合薄膜的各项性能。

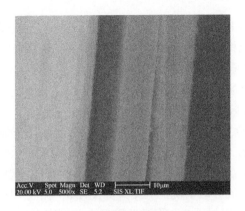

图 4-4　PI 复合薄膜断面 SEM 图

（2）J 系列三层复合薄膜 SEM 分析。

图 4-5 是 J 系列无机粉体质量分数的 PI 复合薄膜断面 SEM 图。

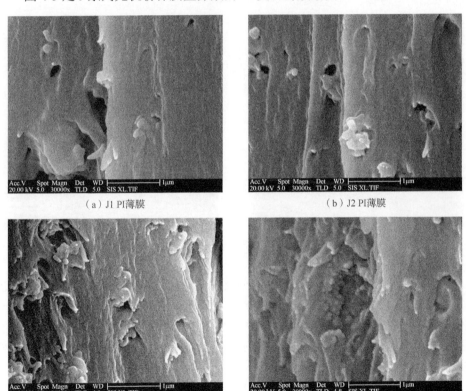

（a）J1 PI薄膜　　　　　　　　　　　　　（b）J2 PI薄膜

（c）J3 PI薄膜　　　　　　　　　　　　　（d）J4 PI薄膜

图 4-5　B 系列 PI 复合薄膜断面 SEM 图

如图 4-5 所示为无机粉体质量分数为 2%、4%、6%、8%的 J1、J2、J3、J4 复合薄膜断面 SEM 图，其中白色颗粒为无机粒子，无机粒子镶嵌在聚酰亚胺基体中，连续相为有机相。无机粉体质量分数为 2%和 4%的 PI 复合薄膜粉体分散较均匀，无团聚现象；图 4-5（c）、图 4-5（d）为无机粉体质量分数为 6%和 8%的 PI 复合薄膜，随着无机粉体质量分数增加出现了团聚现象，但整体分散相对均匀。

（3）C 系列三层复合薄膜 SEM 分析。

为研究纳米 Al_2O_3 颗粒不同无机粉体质量分数对其在基体中分散情况的影响，试验分别对不同纳米 Al_2O_3 颗粒质量分数（4%、8%、12%、16%）的聚酰亚胺复合薄膜进行扫描电子显微镜分析（放大倍数为 1000 倍），观察纳米 Al_2O_3 颗粒在聚酰亚胺复合薄膜中的分散情况，其结果如图 4-6～图 4-9 所示。

由图 4-6～图 4-9 可以看出，聚酰亚胺复合薄膜表面主要包含两部分，其中颜色较浅的独立部分为 Al_2O_3 颗粒的浓相，说明纳米 Al_2O_3 颗粒在该区域的分布密度较高；而颜色较深的连续部分则为 Al_2O_3 颗粒的稀相，说明 Al_2O_3 颗粒在该区域的分布密度较低。

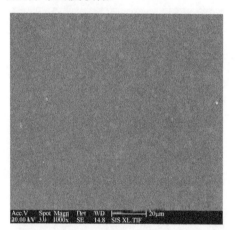 

图 4-6　质量分数为 4%复合薄膜的 SEM 图　　　图 4-7　质量分数为 8%复合薄膜的 SEM 图

图 4-6 中，当纳米 Al_2O_3 颗粒质量分数为 4%时，因添加比例较小，纳米 Al_2O_3 颗粒只能够较均匀地分布在聚酰亚胺基体中，间距较大，还不足以形成连续的网络结构。同时，与掺杂之前相比，纳米粒子的粒径有所增大，这种现象是由于 Al_2O_3 颗粒有较大的表面自由能，因此在掺杂过程中，纳米 Al_2O_3 颗粒之间会发生团聚以降低表面自由能。

在图 4-7 和图 4-8 中，随着纳米 Al_2O_3 颗粒含量增大，无机颗粒的密度升高，纳米 Al_2O_3 颗粒之间的间距减小，纳米 Al_2O_3 颗粒开始在聚酰亚胺基体中形成较为完整的网络结构。此外，随着纳米 Al_2O_3 颗粒质量分数提高，无机颗粒之间发生团聚的概率增大，团聚的程度也逐步增强，并出现较为明显的两相界面。但从整体的效果上来看，在图 4-7 和图 4-8 这两种不同的掺杂量下，尽管团聚现象都会出现，但团聚的程度并不严重，纳米 Al_2O_3 颗粒仍然能在聚酰亚胺基体中较好地分散，并形成连续网状结构，无机相和有机相之间相容性较好。图 4-9 中，无机粉体的质量分数进一步增大，达到 16%，这时纳米 Al_2O_3 颗粒虽然仍能够较均匀地分散在基体中，但是颗粒之间的团聚现象较为严重，出现较大的颗粒群，这可能会给薄膜的其他性能带来风险，尤其是力学性能。

图 4-8　12%复合薄膜的 SEM 图　　　图 4-9　16%复合薄膜的 SEM 图

综上所述，通过 SEM 观察可知，掺杂不同无机粉体的质量分数为 4%、8%、12%、16%时，纳米 Al_2O_3 颗粒均能够较好地分散在聚酰亚胺基体中，但是随着无机含量的增加，纳米 Al_2O_3 颗粒在基体中的团聚程度会更加明显。

（4）透射电子显微镜分析。

如图 4-10 所示为 I 系列 Al_2O_3 质量分数为 12%的三层复合薄膜（C3）TEM 图。由图 4-10 分析表明，优化后复合薄膜的层间界面结合良好，层间结合紧密，界面清晰。进一步分析表明，无机纳米粒子在基体中的分散良好，平均粒径在 30nm 左右，实现了无机纳米粉体在聚酰亚胺基体中的纳米级分散。为明确无机粉体在 PI 薄膜中的分散情况，本试验进一步对掺杂层进行高倍数 TEM 分析，试验结果如图 4-11 所示。可以观察到，高掺杂量条件下：①纳米粒子在亚胺基体中的分布并不是完全的均匀分布，而呈岛屿状分布；②根据标尺可以判断掺杂层中的纳米粒子以纳米尺寸分散在亚胺基体中；③纳米粒子存在高浓度区和低浓度区，并类似于岛屿状分布。在高浓度区纳米粒子形成局部网状结构分布；在低浓度区，纳米粒子较零散地分散在亚胺基体中；高浓度区之间保持一定距离，不发生团聚；④纳米粒子存在岛屿状分布，根据标尺可知，高低浓度区的岛屿状结构间距离很近，这样在亚胺基体中可以有效地传递热量。

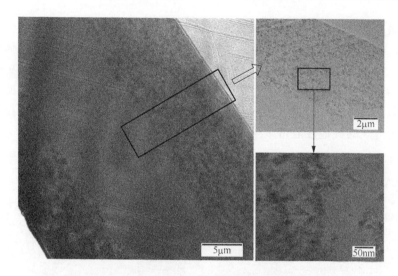

图 4-10　I3 三层复合薄膜 TEM 图

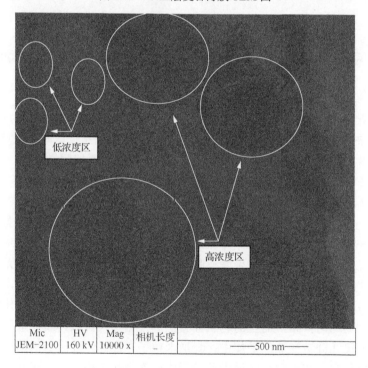

图 4-11　掺杂层 TEM 图

　　为进一步分析三层复合薄膜层间界面区域的微观形貌特征，本试验对复合薄膜层间界面区域进行了 TEM 分析。图 4-12 和图 4-13 分别为三层薄膜上层/中层界面区和中层/下层界面区，图 4-14 为层/层界面区示意图，三层薄膜掺杂层与纯 PI

层之间的层/层界面区可以分为三个部分：Al_2O_3/PI 表面层、Al_2O_3/PI 与纯 PI 的相互渗透区、纯 PI 表面层。层/层界面区属于 Al_2O_3/PI 与纯 PI 的过渡区，纳米粒子含量变化趋势：$Al_2O_3/PI>Al_2O_3/PI$ 表面层$>Al_2O_3/PI$ 与纯 PI 的相互渗透区$>$纯 PI 表面层（极少量纳米粒子，几乎观察不到）$>$纯 PI，在过渡区中存在纳米粒子浓度差，这种浓度差会产生势垒作用。

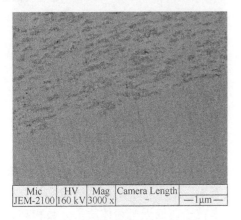

图 4-12　三层薄膜上层/中层界面区　　　　　图 4-13　三层薄膜中层/下层界面区

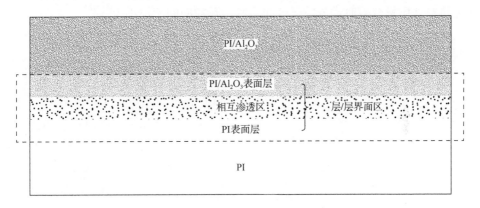

图 4-14　三层薄膜层/层界面区示意图

图 4-15 和图 4-16 分别为掺杂层质量分数为 4%和 28%的三层 PI 复合薄膜层间界面区。

从图中可以看出，层间界面区的纳米粒子浓度有着明显的不同。根据前期耐电晕性能测试结果可知，4%的单层 Al_2O_3/PI 复合薄膜和 4%的三层 Al_2O_3/PI 复合薄膜的耐电晕性能差距不大，但随着无机组分的增加，三层 Al_2O_3/PI 的耐电晕性能比同无机组分的 Al_2O_3/PI 单层薄膜有了显著提高，这种显著提高可能是因为层/层界面区明显的浓度差变化引起的。

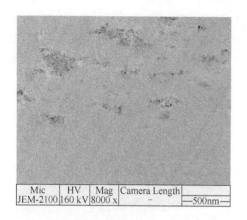

图 4-15　掺杂层 4%层间界面区　　　　　　图 4-16　掺杂层 28%层间界面区

　　图 4-17 和图 4-18 分别是低无机粉体质量分数和高无机粉体质量分数下纳米粒子在亚胺基体中的分布情况，从图中可以看出，纳米粒子均以纳米级均匀分布于亚胺基体当中，没有出现明显的团聚。纳米粒子在低无机粉体质量分数和高无机粉体质量分数下分布不同，低无机含量时纳米粒子分布稀疏，颗粒间间距大，高无机粉体质量分数时纳米粒子分布紧密，颗粒间间距很小。

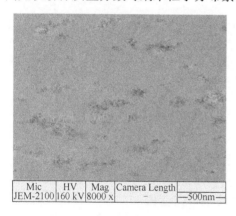

图 4-17　4%粒子在基体中分散　　　　　　图 4-18　28%粒子在基体中分散

4.3.2　Al_2O_3/PI 三层复合薄膜的化学结构

　　图 4-19 是 PI 三层复合薄膜第一层在相同时间不同温度下的红外光谱图。

　　由图 4-19 可知随着温度的升高，$1708cm^{-1}$、$1775cm^{-1}$、$718cm^{-1}$ 处是亚胺环 C＝O 的对称、不对称及弯曲振动峰，还有 $1369cm^{-1}$ 处亚胺环 C—N—C 的伸缩振动峰，这几个聚酰亚胺的特征峰逐渐加强，逐渐消失的是 $1636cm^{-1}$ 处的酰胺酸羰基特征峰和 1547cm^{-1} 处仲酰胺 N—H 的伸缩振动峰。由图 4-19 可知，随着温度升高，1030~1112cm^{-1} 和 740~881cm^{-1} 范围内的无机相吸收峰逐渐变宽和加强，并且 817cm^{-1} 处的线性 Si—O—Si 吸收峰逐渐变弱，740cm^{-1}、830cm^{-1} 处的 Al—O 吸收峰和 1112cm^{-1} 处的环形 Si—O—Si 吸收峰逐渐变强。

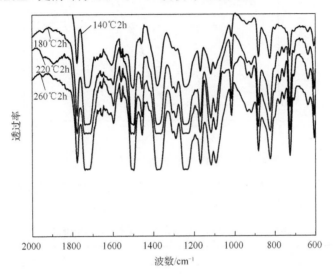

图 4-19　三层复合薄膜红外光谱

表 4-9 是当紫外可见光波长为 600nm 时，G 系列 PI 复合薄膜的透过率。相分离是纳米级判断薄膜透明程度最简单直观的判断依据，同样也是复合薄膜的重要性能。我们采用了紫外-可见光光谱分析表征此性能。

表 4-9　A 系列 PI 复合薄膜的紫外-可见光透过率

薄膜	透过率/%
A	92.1
G1	65.3
G2	65.4
G3	65.9
G4	71.2

图 4-20 是 G 系列 PI 复合薄膜紫外-可见光透过率曲线，从图中可以看出 PI 复合薄膜的紫外-可见光透过率均比纯 PI 薄膜有所下降，而随无机组分质量比变化不大，可见无机组分质量比对其影响不大。当紫外可见光波长为 600nm 时，纯 PI 薄膜的透过率为 92.1%，无机组分质量比分别为 1∶1、2∶1、4∶1 的 PI 复合薄膜的紫外-可见光透过率分别为 65.3%、65.4%、65.9%。但当 $m_{SiO_2}:m_{Al_2O_3}=6∶1$ 时，透过率增长到 71.2%。

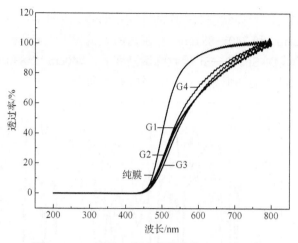

图 4-20　G 系列 PI 复合薄膜紫外-可见光光谱

表 4-10 是当紫外可见光波长为 600nm 时，J 系列 PI 复合薄膜的透过率。图 4-21 是 J 系列 PI 复合薄膜紫外-可见光透过率曲线。

表 4-10　J 系列 PI 复合薄膜的紫外-可见光透过率

薄膜	透过率/%
A	92.1
J1	88.9
J2	83.0
J3	65.9
J4	37.3

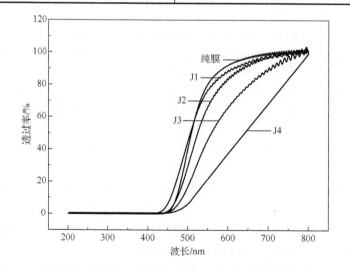

图 4-21　J 系列 PI 复合薄膜紫外-可见光光谱

从表 4-11 中可知，加入无机粒子使得 PI 复合薄膜的透过率普遍下降。从图中可以看出，PI 复合薄膜的紫外-可见光透过率均比纯 PI 薄膜低，随着无机粉体质量分数的增加 PI 复合薄膜的紫外-可见光透过率呈下降趋势。这可能是因为无机相纳米粒子对光有阻挡和散射的作用，因此无机粉体的质量分数越高，复合薄膜的紫外-可见光透过率越低。当紫外可见光的波长为 600nm 时，纯 PI 薄膜的透过率为 92.1%，无机粉体的质量分数分别为 2%、4%、6%、8%。PI 复合薄膜的紫外-可见光透过率分别为 88.9%、83.0%、65.9%、37.3%。当无机粉体的质量分数低于 8% 时，所得复合薄膜是透明的，但当无机粉体的质量分数为 8% 时，得到的杂化物非常脆，且不均匀，宏观上的表现就是不透明。无机粒子的表面特性是影响有机相与无机相间界面作用的一个显著因素；另一个因素是无机粒子的表面积大小，与粒径尺寸是反比关系。无机粉体的质量分数低于 8% 时，无机纳米粒子粒径相对较小，无机相和有机相之间的键合比较好，没有明显的相分离，宏观表现为材料是透明的，性能上的表征就是透过率。无机粉体的质量分数为 8% 时，复合薄膜中有团聚现象，出现了较大的无机组分区域，无机粒子尺寸变大，这样就限制了其表面积，从而限制了其表面吸附作用，无机组分没有和有机组分完全键合，因此有机相与无机相发生了相分离。有机相与无机相的折光指系数不同引起了体系光散射，使得材料的透明度下降，透过率降低。因此，无机粉体的质量分数增大，体系相分离出现的可能性变大，材料的均匀性变差，宏观上表现就是透明度变差。

表 4-11　不同无机粉体质量分数 Al_2O_3/PI 复合薄膜的透过率

薄膜	透过率/%
A	88.6
I1	74.3
I2	64.8
I3	50.0
I4	42.2

图 4-22 为 I 系列三层复合薄膜的紫外-可见光光谱图。从图 4-22 可以看出，与纯 PI 薄膜相比，不同无机粉体质量分数聚酰亚胺复合薄膜的紫外-可见光透过率均偏低，并且这种紫外-可见光透过率随无机含量的增加而呈现出下降的趋势。这可能是因为紫外-可见光在无机纳米粒子以及聚酰亚胺基体中的通过率不同，且在聚酰亚胺基体中的通过率要强于在无机纳米粒子中的通过率，纳米粒子对紫外-可见光具有较强的折射和反射作用。

表 4-11 是紫外-可见光波长为 600nm 时，纯膜以及不同纳米 Al_2O_3 颗粒质量分数的聚酰亚胺复合薄膜的透过率。从表 4-11 中可知，纳米 Al_2O_3 颗粒的加入使得 PI 复合薄膜的透光率普遍发生下降，且加入无机粉体质量分数的不同对薄膜透光率的影响较大。

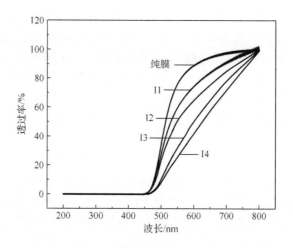

图 4-22 I 系列三层复合薄膜的紫外-可见光光谱图

由表 4-11 数据可知，当紫外-可见光的波长为 600nm 时，纯聚酰亚胺薄膜的透过率为 88.6%，这表明紫外-可见光能够很好地通过薄膜；当加入无机粉体的质量分数为 4% 和 8% 的纳米 Al_2O_3 颗粒后，紫外-可见光的透过率分别为 74.3% 和 64.8%，这时由于无机粉体的质量分数较低，颗粒之间的团聚现象不明显，因此对紫外-可见光的散射和阻碍程度较低，光可以较顺利地通过薄膜，透光性较好，用肉眼从宏观上也可以看出，这时复合薄膜基本呈现透明状态；当无机粉体的质量分数继续增加达到较高的 12% 和 16% 时，紫外-可见光的通过率为 50.0% 和 42.2%，与纯膜相比分别降低了 38.6% 及 46.4%，出现了大幅度的下降，这主要是由于随着无机粉体质量分数的增大，颗粒之间的接触概率增大，团聚程度加强，在复合薄膜中会出现比较大的无机组分区域，严重阻碍紫外-可见光的通过，影响薄膜的透光性，同时无机相与有机相界面的出现导致的体系光散射也会降低材料的透光性。

通过紫外-可见光光谱分析，低无机粉体的质量分数（4%, 8%）的聚酰亚胺复合薄膜的透光性较好，当掺杂的无机粉体质量分数（12%, 16%）较高时，团聚程度加剧，产生明显的两相界面，导致复合薄膜的透光性明显地降低。

4.4　Al_2O_3/PI 三层复合薄膜的性能

4.4.1　Al_2O_3/PI 三层复合薄膜耐热性能

（1）G 系列三层复合薄膜的 TGA 分析。

表 4-12 是 G 系列 PI 复合薄膜的热分解温度。图 4-23 是 G 系列 PI 复合薄膜的 TGA 曲线。

表 4-12　A 系列 PI 复合薄膜的热分解温度　　　　　　　单位：℃

薄膜	T_d	$T_{10\%}$	$T_{30\%}$
A	575	590	635
G1	572	590	661
G2	575	588	665
G3	579	594	649
G4	574	586	635

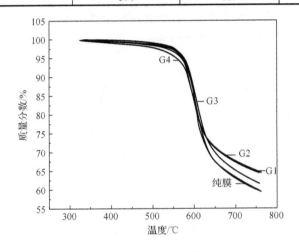

图 4-23　G 系列 PI 复合薄膜的 TGA 曲线

由图 4-23 和表 4-12 可知，无机粒子的加入可使 PI 复合薄膜的热分解温度在一定范围内得到了提高。随着 SiO_2 粒子质量分数的增加，复合薄膜的热分解温度有所提高，但是当 $m_{SiO_2}:m_{Al_2O_3}$=6∶1 时，初始分解温度下降了 5℃，这可能是因为聚酰胺酸溶液中共混硅溶胶时，硅羟基对聚酰胺酸的聚合反应不利，容易生成低分子量的聚酰胺酸，使得聚酰亚胺复合膜热稳定性变差。另一方面，由于氧化铝是经硅烷偶联剂改性的，KH550 中含有氨基基团，聚酰胺酸分子链中含有羧基和氨基，偶联剂的加入可能使这两个基团结合，形成酰胺键。PAA 的主链反应中有偶联剂的有机官能团参与，可能形成了氢键或者其他配位键，由于上述原因聚酰亚胺分子链和无机纳米粒子间的相互作用力增强了，使其断裂能提高。因此整体来看，复合薄膜的热分解温度还是有所提高的。

（2）G 系列三层复合薄膜的 TGA 分析。

表 4-13 是 B 系列 PI 复合薄膜的初始分解温度 T_d、失重 10% 的温度 $T_{10\%}$ 及失重 30% 的温度 $T_{30\%}$。图 4-24 是 J 系列 PI 复合薄膜的 TGA 曲线。

表 4-13　B 系列 PI 复合薄膜的热分解温度　　　　　　　　单位：℃

薄膜	T_d	$T_{10\%}$	$T_{30\%}$
A	575	590	635
J1	576	595	656
J2	577	592	654
J3	578	594	649
J4	578	593	665

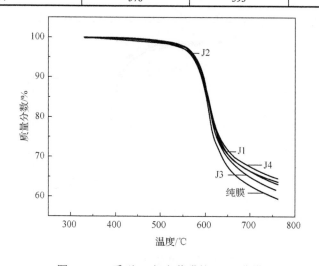

图 4-24　J 系列 PI 复合薄膜的 TGA 曲线

由图 4-24 和表 4-13 可知 J 系列薄膜的热稳定性高于纯膜，但增长不明显。另外当热失重达到 10% 时，纯膜的热分解温度为 590℃，而 J 系列薄膜的热分解温度达到了 595℃，比纯膜提高了仅 0.8%。这可能是因为聚酰亚胺有机相和纳米粒子之间存在着键联与分相，这些键联对聚酰亚胺网络结构中分子链和链段间的运动起到了限制作用，使得 PI 复合薄膜的耐热性增强。但是，负电荷富集在无机粒子表面，这就造成了酰亚胺环结构不稳定，导致随着复合薄膜中无机粉体质量分数的增加，复合薄膜的热分解温度增长并不十分显著。PI 复合薄膜的初始分解温度在 575℃左右，失重 10% 的温度在 593℃左右，失重 30% 的温度在 650℃左右。由图 3-4 可见，热失重在 0～70% 范围内时，失重曲线基本重合，差别不大，PI 复合薄膜的失重率 10%、30% 的温度接近，此时热失重超过 70%。

（3）I 系列三层复合薄膜的 TGA 分析。

本节对纯膜及无机粉体的质量分数分别为 4%、8%、12% 和 16% 的纳米 Al_2O_3/PI 复合薄膜在氮气保护下进行了热失重分析（TG），分析结果如表 4-14、图 4-25 所示。

　　表 4-14 是纯膜和不同无机粉体质量分数复合薄膜的初始热分解温度 T_d、失重 10% 的温度 $T_{10\%}$ 及失重 30% 的温度 $T_{30\%}$ 的测试结果。

　　图 4-25 是纯膜及不同无机粉体质量分数复合薄膜的 TG 曲线。

表 4-14　I 系列三层复合薄膜的热分解温度　　　　　　　单位：℃

薄膜	T_d	$T_{10\%}$	$T_{30\%}$
A	582.2	594.40	646.13
I1	585.49	603.39	649.70
I2	596.94	602.63	652.78
I3	584.17	605.93	670.69
I4	593.15	609.30	685.75

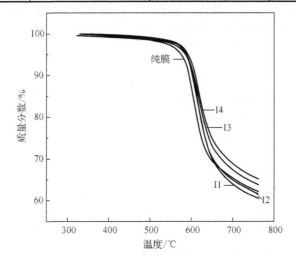

图 4-25　I 系列三层复合薄膜的 TG 曲线

　　测试数据显示，聚酰亚胺复合薄膜的热稳定性均好于纯膜，且随着纳米 Al_2O_3 颗粒质量分数增加，聚酰亚胺复合薄膜的热稳定性也逐渐提高。从图 4-25 中可以看出，当温度处于 300～500℃ 时，TG 曲线趋势较为平缓，几乎没有质量损失，这是由于复合薄膜中低分子物质的含量较少，亚胺化程度较高，单体反应比较完全。由表 4-14 可知，纯膜的初始失重温度为 582.2℃，失重 10% 的温度 $T_{10\%}$ 为 594.4℃，失重 30% 的温度 $T_{30\%}$ 为 646.13℃。与之相比，掺杂纳米 Al_2O_3 颗粒的聚酰亚胺复合薄膜具有更好的热稳定性，初始分解温度 T_d、失重 10% 的温度 $T_{10\%}$ 及失重 30% 的温度 $T_{30\%}$ 都有了明显地提高，同时从整体上来看，复合薄膜的热稳定性会随无机填料含量的增加而提高。

4.4.2 Al$_2$O$_3$/PI 三层复合薄膜力学性能

（1）G 系列三层复合薄膜力学性能分析。

表 4-15 是 G 系列 PI 复合薄膜的拉伸强度和断裂伸长率。从表中数据可知，加入无机粒子可提高 PI 复合薄膜的力学性能。随着无机组分质量比增加，即二氧化硅相对质量分数增加，复合薄膜的拉伸强度和断裂伸长率逐渐增大。当 $m_{SiO_2} : m_{Al_2O_3} = 4 : 1$ 时，复合薄膜力学性能最高，拉伸强度提高了 20%，断裂伸长率提高了 21%，无机组分质量比小于 4：1 时，纳米粒子的加入可以最大限度提高复合薄膜的力学性能。当无机组分质量比为 6：1 时，复合薄膜的拉伸强度反而下降了，这可能是由于在聚酰胺酸溶液中共混硅溶胶时，硅羟基对聚酰胺酸的聚合反应不利，容易生成低分子量的聚酰胺酸，使得聚酰亚胺复合薄膜力学下降。另一方面，可能是因为复合薄膜中形成了 Si—O—Al 或 Si—O—Si 网状结构，相比于聚酰亚胺基体，这种网状结构的拉伸强度和断裂伸长率较低，使复合薄膜的力学性能在 SiO$_2$ 含量较高时明显降低。

表 4-15　G 系列 PI 复合薄膜的力学性能

力学性能	拉伸强度/MPa	断裂伸长率/%
A	85	11
G1	96	9
G2	98	11
G3	107	14
G4	98	10

（2）J 系列三层复合薄膜力学性能分析。

表 4-16 是 J 系列不同无机含量的 PI 复合薄膜的拉伸强度和断裂伸长率。由表中数据可知，PI 复合薄膜的力学性能有很大提高，韧性变好。无机粉体质量分数变大，复合薄膜的力学性能也相应增强。当无机粉体质量分数为 8% 时，力学性能出现下降，因此可知 B3 复合薄膜的力学性能最好，即无机粉体质量分数为 6% 时聚酰亚胺复合薄膜的拉伸强度和断裂伸长率最大。这可能是由于聚酰亚胺基体和无机粒间的相互作用，即聚酰亚胺基体和无机粒子间形成的分子间作用力改变了有机-无机相界面间的相容性，由于大分子链的作用使无机纳米粒子在有机基体中均匀分散。但无机粉体质量分数达到 8% 时，聚酰亚胺复合薄膜的力学性能急剧降低。这其中的原因可能是：纳米粒子极易团聚，向基体中大量加入无机粒子时，团聚发生，在外加载荷作用下团聚点就成了应力集中点，使 PI 复合薄膜力学性能下降。这说明浓度不同的无机粒子在对力学性能的影响中起的作用不同。无机粒子浓度较低时，无机粒子以纳米尺度分散，大分子链和无机粒子间作用力较强，复合薄膜的韧性较好。无机粉体质量分数高时，无机粒子团聚较多，这些团聚的

大颗粒在外力载荷作用下就会成为应力集中点，使材料的力学性能降低。综上所述，无机粒子的浓度控制在一定范围内时，可以明显提高复合薄膜的力学性能。当无机粒子浓度较低时，粒子以纳米尺度分散，无团聚，大分子链和粒子间的作用力可以提高复合薄膜的韧性。当无机粒子浓度较高时，团聚大颗粒较多，在外部载荷作用下，这些大团聚颗粒成了应力集中点，使材料的断裂伸长率降低。

表 4-16　J 系列 PI 复合薄膜的力学性能

薄膜	拉伸强度/MPa	断裂伸长率/%
A	85	11
J1	104	10
J2	102	11
J3	107	14
J4	91	6

（3）I 系列三层复合薄膜力学性能分析。

表 4-17 为 I 系列三层复合薄膜的力学性能测试结果。

表 4-17　I 系列三层复合薄膜的力学性能

薄膜	拉伸强度/MPa	断裂伸长率/%
A	123.1	20.3
I1	117.8	19.7
I2	119.9	20.0
I3	114.5	13.4
I4	109.1	10.1

本试验只是通过测量薄膜的拉伸强度及断裂伸长率来表征掺入不同含量纳米 Al_2O_3 颗粒对聚酰亚胺复合薄膜力学性能的影响。由表 4-17 可知，复合薄膜的断裂伸长率和拉伸强度都会随着纳米 Al_2O_3 掺杂量的增加先增大后减小，并且，当纳米 Al_2O_3 颗粒掺杂量（质量分数）为 8% 时，复合薄膜的断裂伸长率和拉伸强度会达到峰值，分别是 20.0% 和 119.9 MPa。

界面的结构和性能在很大程度上决定着复合材料力学性能的好坏以及它的应用领域[18, 19]。图 4-26 为聚酰亚胺基体中有机-无机相界面模型。

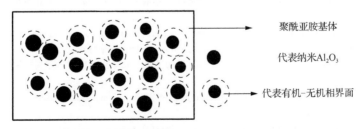

图 4-26　聚酰亚胺基体中有机-无机相界面模型

　　一个好的界面结合性能可以使复合材料具有良好的拉伸性能、层间剪切强度及抗疲劳性能等力学性能。聚酰亚胺复合薄膜的力学性能测试结果表明，不同含量的无机粒子对薄膜力学性能的作用机理是不同的。当含量较低时，无机颗粒的加入可以在薄膜中形成有序的三维网络状结构，从而提高复合薄膜的力学性能；当含量较高时，无机颗粒的加入会在薄膜中形成应力集中点并破坏三维网络状结构，从而降低复合薄膜的力学性能。通过试验发现，当纳米 Al_2O_3 的质量分数为8%时，聚酰亚胺复合薄膜具有最佳的力学性能。

4.5　本章小结

　　本章首先分析了各种单因素（一、二层成膜温度及时间和未掺杂层与单层掺杂层厚度比）对 PI 复合薄膜力学性能的影响，然后以力学性能为基准，根据正交试验方案确定了复合薄膜的最佳制备工艺。本章还对三层复合薄膜进行了化学及微结构表征，FTIR 图显示在引入纳米粒子后复合薄膜依然具有聚酰亚胺特有的化学结构，在采用原位聚合法合成复合薄膜的过程中，纳米粒子的引入以及三层薄膜结构的设计并未影响 PI 基体的亚胺化反应。然而，纳米粒子的引入会降低 PI 大分子链的排列有序度。流延法铺膜工艺可以成功制备出具有三层结构的三层复合薄膜，层间界面非常清晰，无裂纹、孔隙等缺陷存在。

参 考 文 献

[1] 张沛红. 无机纳米-聚酰亚胺复合薄膜介电性及耐电晕老化机理研究[D]. 哈尔滨: 哈尔滨理工大学, 2006: 2-3.

[2] Zhang Y H, Shao Y F, Robert K Y, et al. Investigation of polyimide-mica hybrid films for cryogenic applications[J]. Composites Science and Technology, 2005, 65(11-12): 1743-1748.

[3] Wei J Y, Bultemeier K, Barta D, et al. Critical factors for early failure of wires in inverter-fed motor[C]. Conference on Electrical Insulation and Dieletric Phenomena (CEIDP), Annual Report, 1996: 258-261.

[4] Meloni P A. High temperature polymeric materials containing corona resistant composite filler and methods relating thereto: US07015260 B2[P]. 2006-03-21.

[5] Hake J E, Metzle D A. Method of coating electrical conductors with corona resistant multi-layer insulation: US 6056995A[P]. 2000-05-02.

[6] Liu L, Wang W, Lei Q. Study on polyimide/Nano-SiO$_2$ corona-resistance composite film[J]. IEEJ Transactions on Fundamentals and Materials,2006,126(11):1144-1147.

[7] Qin J Q, Zhao H, Zhu R Q, et al. Effect of chemical interaction on morphology and mechanical properties of CPI-OH/SiO$_2$ hybrid films with coupling agent[J]. Journal of Applied Polymer Science, 2007, 104(6):3530-3538.

[8] 丁丽琴，王维，张爱清. 含戊二稀酮结构新型光敏聚酰亚胺的合成与表征[J]. 高分子材料科学与工程, 2008, 24(3): 48-51.

[9] Musto P, Abbate M, Lavorgna M. Microstructural features, diffusion and molecular relaxations in polyimide/silica hybrids[J]. Polymer, 2006, 47(17): 6172-6186.

[10]Li H Y, Liu G, Liu B, et al. Dielectric properties of polyimide/Al$_2$O$_3$ hybrids synthesized by in-situ polymerization[J].

Materials Letters, 2007, 61(7): 1507-1511.

[11] Al-Kandary S, Ali AAM, Ahmad Z. Morphology and thermo-mechanical properties of compatibilized polyimide-silica nanocomposites[J]. Journal of Applied Polymer Science, 2005, 98(6): 2521-2531.

[12] 朱复红, 邱凤仙, 杨东亚, 等. 含氟聚酰亚胺有机聚合物热光性能研究[J]. 稀有金属材料与工程, 2008, 37(2): 641-643.

[13] 范浩军, 黄毅, 顾宜. 聚酰亚胺的侧链功能化[J]. 高分子材料科学与工程, 2000, 16(1): 24-27.

[14] 王维, 张爱清, 邱小林, 等. 含氧膦结构的可溶性感光聚酰亚胺合成与表征[J]. 高分子学报, 2006(3): 545-548.

[15] 刘立柱, 贺洪菊, 翁凌. 亚胺化工艺对聚酰亚胺/纳米 Al_2O_3 三层复合薄膜性能的影响[C]//中国电工技术学会工程电介质专业委员会, 2015.

[16] Liu L Z, He H J, Weng L, et al. Effect of imidization process on the performance of PI/nano-Al_2O_3 three layer composite film[J]. Pigment & Resin Technology, 2017, 46(4): 327-331.

[17] 汪英, 杨洋, 贾振兴, 等. 前驱体酰亚胺化程度对聚酰亚胺薄膜聚集态结构及性能的影响[J]. 高分子材料与工程, 2012, 28(10): 43-46.

[18] Serge Z, Edith M. Characterization of fiber/matrix interface strength: applicability of different tests, approaches and parameters[J]. Composites Science and Technology, 2005, 65(1): 149-160.

[19] 罗杨, 吴广宁, 彭佳, 等. 聚合物纳米复合电介质的界面性能研究进展[J]. 高电压技术, 2012, 38(9): 2455-2461.

第5章　聚酰亚胺复合薄膜的绝缘特性及耐电晕机理

5.1　Al₂O₃/PI 复合薄膜的绝缘特性

电力系统中发生的事故绝大多数是由电气设备的绝缘损坏导致的，因此绝缘材料性能的好坏会直接影响电气设备和电力系统的可靠性和安全性。随着电力系统额定电压以及对系统供电可靠性要求不断提高，系统绝缘材料在高场强下能够持续正常工作是非常重要的，因此研究绝缘材料的击穿强度机理以及制备出具有更高击穿强度的绝缘材料具有非常重要的意义[1]。

所有绝缘材料都具有一个承受电场强度的上限，即绝缘材料只有处在该强度以下时才能保持良好的绝缘性能，一旦外电场强度超过这一上限，绝缘材料就会发生击穿，结构从而遭到破坏。这种在外电场作用下，绝缘材料丧失绝缘性能，使电极之间出现短路的现象，被称为介电击穿现象，使绝缘材料发生击穿时所施加的外加电压，称为击穿电压。

绝缘材料的击穿强度（介电强度）是绝缘材料所能承受的最高电场强度，而对于平板试样：

$$E_b = \frac{U_b}{D} \tag{5-1}$$

式中，E_b 击穿强度，kV/mm；U_b 电极之间的击穿电压，kV；D 电极之间击穿部位的距离，即试样击穿部位的厚度，mm。

试样被击穿时，试样上两电极之间的电压突然降落（几乎为零），通过试样的电流骤增，有时会伴有光、声、冒烟等现象出现。但是，要判断试样是否真正被击穿，还要观察试样上是否有小孔，开裂以及烧痕等现象出现，这是判断试样已被击穿的最可靠依据。

击穿强度试验主要可以分为两种，即耐电压试验和击穿试验[2]。耐电压试验是对试样施加一定的电压，并将该电压保持一定的时间，期间观察试样是否会被击穿，如果没有被击穿，那么可以证明该试样质量合格，耐电压试验属于一种定性试验；对于击穿试验，同样是对试样施加一定的电压，但不同的是，施加的电压会不断升高直到试样被击穿，因此可以测得击穿电压从而计算出击穿场强，击穿试验是一种定量试验。相比之下，耐电压试验只能说明试样的击穿强度不低于某一标准，而击穿试验则可以直接获取试样准确的击穿电压值并计算出击穿场强值。

除了与试样本身结构与组成有关之外，电压波形、电压作用时间、电场均匀性、电压极性、试样厚度与均匀性以及所处环境条件都会对绝缘材料的击穿强度产生影响。这就要求在实验室制备聚酰亚胺薄膜时，一定要保证薄膜厚度均一。因为在进行击穿强度测试的时候，如果试样的厚度增加，电极边缘的电场分布就不均匀，从而导致试样内部产生的热量不易散发出去，试样内部存在缺陷的概率也就增大，最终会导致试样击穿场强下降。相反，如果薄膜试样的厚度减小，那么电子碰撞电离的概率就会减小，试样的击穿场强会提高[3]。

5.1.1　Al_2O_3/PI 复合薄膜击穿场强

图 5-1 所示为纯膜及 Al_2O_3 质量分数分别为 4%、8%、12% 和 16% 的聚酰亚胺复合薄膜（薄膜平均厚度为 $30\pm2\mu m$）的击穿场强。从图 5-1 中可以看出，纯 PI 薄膜的击穿场强为 218.1kV/mm，在掺杂了不同含量的纳米 Al_2O_3 粒子后，PI 复合薄膜的击穿场强均较纯膜有所增加。但 PI 复合薄膜的击穿场强会随着纳米 Al_2O_3 粒子质量分数的增加呈现先增大后减小的趋势，当纳米 Al_2O_3 粒子质量分数为 8% 时，PI 复合薄膜的击穿场强达到峰值，为 229.7 kV/mm，与纯 PI 薄膜相比，提高了 5.3%。

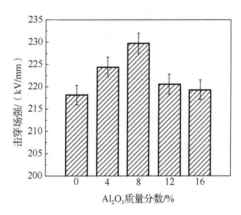

图 5-1　不同无机含量的 Al_2O_3/PI 复合薄膜的击穿强度

作为一种聚合物材料，聚酰亚胺在电场作用下的老化现象与空间自由电荷的积累密切相关。空间自由电荷可使 PI 内部的电场分布发生变化，并能储存机械能，因此在材料内部会形成断键、微孔和应力，从而导致 PI 的击穿。所有绝缘材料的内部都会存在着许多陷阱，即许多俘获能级。这些陷阱会受到内部所含杂质和本身结构缺陷的影响。在外电场作用下，绝缘材料的俘获能级会俘获电场中的电荷，并使之受陷。受陷的空间电荷会在材料内部形成局部电场畸变，因此一旦改变材料所处环境，如温度升高或提高外部施加电压，都能使受陷空间电荷发生脱陷，在材料的内部大量形成空间自由电荷，从而造成绝缘材料被击穿破坏。

而当在纯 PI 薄膜中掺杂少量纳米 Al_2O_3 粒子后，无机纳米粒子可以在聚酰亚胺基体中分散均匀，并在 PI 复合薄膜内部形成一种有机相-无机相-有机相的有序三维网状结构，这种结构会使聚合物分子更加紧密地联系在一起，并且使空间自由电荷在分子间能自由移动，从而减小空间自由电荷受陷的可能，同时可以避免内部空间自由电荷的聚集，使聚合物材料内电场均匀化。此外，无机和有机两相界面也能捕获空间自由电荷。通过多方面的共同作用，纳米 Al_2O_3 粒子可有效增强 PI 复合薄膜的耐电击穿性能，提高材料的击穿场强[4]。

但是，当掺入过多地纳米 Al_2O_3 粒子时，PI 复合薄膜的击穿场强反而出现降低趋势，这主要有以下三个方面原因：首先，随着纳米 Al_2O_3 粒子含量的不断增加，无机粒子之间的团聚作用越来越明显，这使外电场集中在这些无机粒子的团聚点之上，从而导致热量过于集中并来不及向外部扩散，最终使 PI 复合薄膜发生热击穿；其次，过多纳米 Al_2O_3 粒子的加入会破坏复合薄膜原来有序的三维网状结构，这会削弱聚合物分子间的连接作用，导致空间自由电荷不能顺利地移动在分子间，使空间自由电荷受陷的可能性提高；最后，过多的纳米 Al_2O_3 粒子会导致大量结构缺陷的形成，从而在 PI 复合薄膜内部产生更多的俘获能级。

聚酰亚胺复合薄膜的击穿场强测试结果表明，同力学性能一样，不同含量的无机粒子对薄膜击穿场强的作用机理也是不同的。当无机粒子含量较低，无机粒子在加入后可以在薄膜中连续形成有序三维网状结构，从而提高复合薄膜的击穿场强；而当无机粒子含量增大到一定程度时，无机粒子的加入会在薄膜中形成电场集中点并破坏三维网络状结构，同时在材料内部形成更多的俘获能级，从而降低复合薄膜的击穿场强。并且试验结果证明，当纳米 Al_2O_3 粒子的质量分数为 8%时，聚酰亚胺复合薄膜具有最佳的击穿场强。

5.1.2　Al_2O_3/PI 复合薄膜介电谱

聚酰亚胺是含有固有偶极矩的极性聚合物材料，在外电场作用下会发生固有偶极矩的定向排布，产生较强的极化现象，一般采用介电常数 ε 表征电介质的极化特性。在外界周期性变化电场的作用下，固有偶极矩会发生转向运动形成与热运动有关的松弛极化，松弛极化过程会引起电介质的能量损耗，一般利用电场作用下介质的无功电流分量与有功电流分量的比值 $\tan\delta$ 来表示绝缘介质在交变电场下的性能[5]。

图 5-2 为不同纳米 Al_2O_3 质量分数的 Al_2O_3/PI 单层复合薄膜的介电常数频谱。由图 5-2 可知，在 $10^{-1}\sim10^5$Hz 的频率范围内，当纳米 Al_2O_3 质量分数达到一定范围（≥12%）后，Al_2O_3/PI 单层复合薄膜的介电常数大于纯膜，且随着纳米 Al_2O_3 掺杂量的增加逐步增大。Al_2O_3/PI 单层复合薄膜具有较大的介电常数，一方面是由于引入的纳米 Al_2O_3 颗粒相对于 PI 基体具有更高的介电常数，并且在通常情况下两相复合材料处于构成其复合材料的单相材料性能之间，即 $\varepsilon_{PI} < \varepsilon_{composite} < \varepsilon_{Al_2O_3}$；另一方面在纳米 Al_2O_3 颗粒与 PI 基体之间所形成的界面处存在一定数量的缺陷，在

外电场作用下，正负电荷在纳米粒子与基体的界面缺陷处大量积聚，形成电偶极矩，产生界面极化现象，从而显著提高了 Al_2O_3/PI 单层复合薄膜的介电常数。然而，从图中也可以观察到，当纳米 Al_2O_3 颗粒含量较小时，Al_2O_3/PI 单层复合薄膜的介电常数小于纯 PI 薄膜。理论分析认为，其原因在于，少量的纳米 Al_2O_3 颗粒掺杂在 PI 基体中，会立刻被 PI 大分子链包围和固定，形成空间位阻，从而使偶极子难以转向。同时，图中也可以看到，随着外电场频率的增加，不同掺杂量的 Al_2O_3/PI 单层纳米复合薄膜的介电常数均有所降低，并且这种下降幅度会随着纳米 Al_2O_3 含量的提高而逐步增大，这主要是因为在外电场作用下松弛极化需要经过较长时间才能够达到稳定态，而随着外电场频率的增加，通过引入纳米 Al_2O_3 颗粒产生的松弛极化跟不上外电场频率的变化，从而导致复合薄膜介电常数下降。

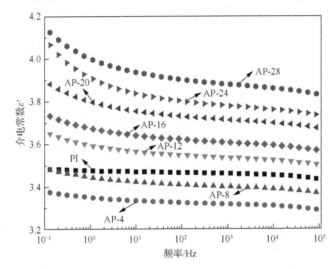

图 5-2　不同纳米 Al_2O_3 质量分数的 Al_2O_3/PI 单层复合薄膜的相对介电常数

不同纳米 Al_2O_3 质量分数的 Al_2O_3/PI 单层复合薄膜介电损耗频谱见图 5-3。如图所示，当外电场频率低于 10^3Hz 时，随着纳米 Al_2O_3 含量增加，Al_2O_3/PI 单层复合薄膜介电损耗逐渐增加；当外电场频率高于 10^3Hz 时，纳米 Al_2O_3 含量变化对介电损耗的影响很小，几乎可以忽略不计。

上述现象主要是因为纳米 Al_2O_3 颗粒的加入会增强复合薄膜内部的偶极矩转向极化、空间电荷以及界面极化等松弛极化，产生能量损耗，进而使介电损耗随着纳米 Al_2O_3 含量的增加而增大。但当频率逐渐增加时，松弛极化开始滞后于频率变化，当频率超过某一临界值时，松弛极化完全跟不上电场频率的变化，纳米 Al_2O_3 含量对介电损耗的影响便可以忽略。其次，Al_2O_3/PI 单层复合薄膜的介电损耗随外电场频率的增大呈现出先下降后增高的变化趋势，并且均高于纯 PI 薄膜的介电损耗[6]。

电介质物理经典理论认为，聚合物内部通常存在着多种极化类型，并且其与外电场频率之间有着密切的关系，不同的频率范围对应着不同的极化方式或极化过程，即某种极化方式或极化过程在特定的频率范围会占主导地位。

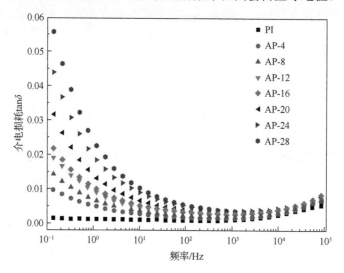

图 5-3　不同 Al_2O_3 含量 Al_2O_3/PI 单层复合薄膜的介电损耗

图 5-4 给出了电介质材料极化类型随外电场频率变化的宏观特点[7]，其中，偶极矩转向极化、空间电荷以及界面极化因其在外电场作用下需要经过较长时间（$\geqslant 10^{-10}$ s）才能够达到稳定态，因此又被称为松弛极化。在低频范围内（$10^{-1}\sim 10^2$Hz），由于纳米 Al_2O_3 颗粒的引入所带来的一定数量纳米粒子与 PI 基体的界面结构，复合薄膜中界面极化占主导地位，且界面极化随着外电场的频率增加而逐渐减弱，因此介电损耗呈现下降趋势。在高频范围内（$10^2\sim10^5$Hz），随着外电场频率的增加，薄膜内部空间电荷极化逐渐增强，其中空间电荷极化开始取代界面极化起到主导作用，其介电损耗明显增高。Al_2O_3/PI 单层复合薄膜的介电损耗在 10^3Hz 附近达到最小值。

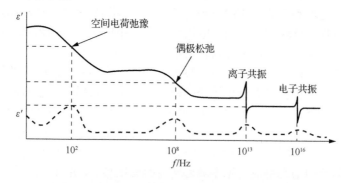

图 5-4　电介质极化类型随外电场频率变化的宏观特点

5.1.3 Al₂O₃/PI 复合薄膜耐电晕性能

绝缘材料在工作场强超过起始放电场强，或在过电压的作用下，材料表面会出现局部放电，即电晕。电晕的存在，将逐渐损坏绝缘材料，最终导致材料击穿。许多有机材料在电晕作用下会迅速损坏，其原因主要有：电晕可以逐渐侵蚀材料使其丧失绝缘性能；可使材料表面导电；可在材料内部产生树枝状放电，最终发展为击穿。还可引起材料物理性质的变化，如使材料变脆、开裂等。所以，检测材料的耐电晕性能对材料的应用和选择至关重要，本设计的目的就是对薄膜施以高电压以对其加速老化，从而对材料的耐电晕性能做出有效判断。

耐电晕试验可分为耐电晕击穿试验和耐电晕老化试验：前者是一种破坏性试验，其主要是让不同性质同形状的材料在相同测试系统、相同测试电压作用下，比较不同材料的击穿时间，从而比较不同材料的耐电晕性能；后者为一种非破坏性试验，其主要是让材料在一定的电压幅值作用下，经过一定时间的电晕作用后，采用热刺激电流（thermally stimulated depolarization currents，TSDC）SEM、化学分析电子能谱（electron spectroscopy for chemical analysis，ESCA）、动态力学热分析（dynamic mechanical thermal analysis，DMTA）等对材料进行性能测试，从而对材料的耐电晕性能作出判断。本测试系统可灵活地采用不同电极情况下从而对薄膜材料进行耐电晕击穿试验和耐电晕老化试验。

耐电晕试验是考察材料综合性能，这样由于材料在制造上的不均匀性、内部结构的不完全重复性、外部环境的变化等多重因素的作用下，因此要想得到材料的准确性能，其测试量必然特别大，而且测试试样的耐电晕试验时间分散性特别广，这样势必需要大量的人力、物力；耐电晕试验是在高电压作用下进行的，在试验过程中对人身安全存在极大的隐患；由于耐电晕试验有时需要等到试样被击穿，这样就存在火灾的安全隐患。

本系统是用于薄膜材料的耐电晕性能测试，为了测试的准确性有必要对待测试样、试验电极系统等进行适当的处理。

（1）待测试样。将待测试样裁成 40mm×40 mm 的正方形（以覆盖平板电极为宜），将其置于 200℃的环境下保温 24h，然后用工业丙酮试剂来擦洗试样表面，清除表面的悬浮杂质。

（2）电极系统。①调节电极系统：用水平仪测量电极系统水平情况，并用电极系统下面的螺丝来调节水平，调节柱状电极，直到其垂直于平板电极。②用工业丙酮试剂处理平板电极表面及柱状电极表面，清除表面杂质。③调节圆柱状电极与平板电极的距离，用一张厚度均匀的平板（其厚度为 0.1mm，其厚度误差≤5%）调节两电极间的距离用上电极的螺钉将其固定。④试样安装：将微量的工业用硅酯涂在处理好的薄膜试样的一面，将其涂匀（其间一定注意不要混入多余杂质或微粒），然后将涂有硅酯的一面向下，贴在圆形-平板电极的表面上，用干净柔软的棉布沾上丙酮，擦拭上面。使其中心对准圆柱电极，用清洁的棉布擦洗试样表面使薄膜试样下无气泡。耐电晕试验装置的总体图如图 5-5 所示。

图 5-5　耐电晕试验总体装置图

试验分别测试了纯膜以及无机粒子掺杂量（质量分数）分别为 4%、8%、12% 和 16%的聚酰亚胺复合薄膜（薄膜平均厚度为 30±2μm）的耐电晕时间。其测试结果如表 5-1 所示[6]。

表 5-1　Al_2O_3/PI 复合薄膜的耐电晕时间　　　　　　　　单位：min

试样	耐电晕时间
纯膜	5
Al_2O_3-4%	23
Al_2O_3-8%	50
Al_2O_3-12%	41
Al_2O_3-16%	30

由表 5-1 中数据可以看出，纯聚酰亚胺薄膜的耐电晕时间为 5min，在经过不同含量的纳米 Al_2O_3 掺杂后，复合薄膜的耐电晕时间均有所增加。同击穿场强一样，薄膜的耐电晕时间会随着无机含量的提高呈现先增大后减小的趋势，当无机颗粒质量分数为 8%时，复合薄膜的耐电晕时间达到最大值，为 50min，与纯聚酰亚胺薄膜相比，提高了 9 倍，提高效果非常明显。

当掺杂的纳米 Al_2O_3 含量较低时，与纯聚酰亚胺薄膜相比，复合薄膜的耐电晕时间有了较明显的提高，并且其随着无机含量的增加而逐渐变长，这可能是由于以下几个原因。

（1）聚酰亚胺基体中含有大量具有一定吸收电子能力的陷阱结构。当经过掺杂纳米 Al_2O_3 颗粒之后，无机粒子能够占据或填补这些大尺寸的陷阱结构，使之具有更强的吸引电子能力，减轻甚至避免大量空间自由电荷对聚合物分子链的碰撞，从而起到增强材料耐电晕能力的作用。

（2）通过添加纳米 Al_2O_3 颗粒，在薄膜内部可以形成一种有机相-无机相-有机相的有序三维网络状结构，这种三维网络状结构能够将聚合物分子更加紧密地连接在一起，使空间自由电荷可以迅速地在分子间移动，起到及时分散电荷，避免出现大量电荷同时碰撞同一聚合物分子链并使之破坏的现象，从而增强了材料的耐电晕能力。

（3）掺杂纳米 Al_2O_3 颗粒可以缩短电子平均自由程，减缓电子在材料内部的移动速率，从而有效降低电子对聚合物分子链的撞击力度。

此外纳米 Al_2O_3 颗粒对聚酰亚胺薄膜整体介电常数的提高以及有机-无机相界面对空间自由电荷的吸收同样可以起到增强耐电晕性能的作用。

但是，当掺入的无机含量过大时，严重的颗粒团聚现象可能是导致聚酰亚胺复合薄膜耐电晕老化性能下降的原因。

为了进一步分析复合薄膜耐电晕前后的结构变化，利用扫描电子显微镜分别对纯 PI 薄膜和 Al_2O_3/PI 复合薄膜在电晕老化过程中的表面形貌进行了观察，如图 5-6、图 5-7 所示，发现两种薄膜在电晕老化前后，其表面结构都发生了变化，并且两者之间的形貌也具有差异。

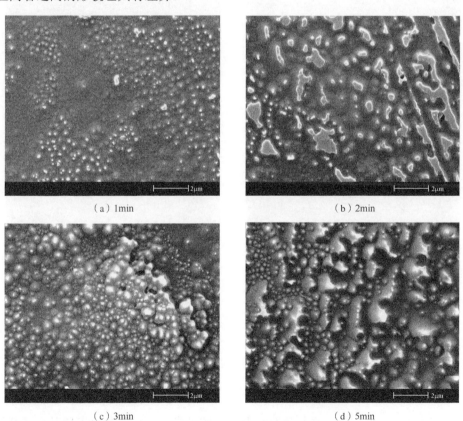

（a）1min　　　　（b）2min　　　　（c）3min　　　　（d）5min

图 5-6　纯 PI 薄膜电晕老化过程中的形貌变化

图 5-6 是纯聚酰亚胺薄膜从电晕开始到被击穿过程中其表面形貌的变化，其中图 5-6（a）、图 5-6（b）、图 5-6（c）、图 5-6（d）分别表示电晕老化 1min、2min、3min 和击穿 5min 后的薄膜表面微观 SEM 图。在电晕刚开始时，图 5-6（a）图中纯聚酰亚胺薄膜呈现表面凸凹不平的现象，出现较为明显的鼓泡形貌。图 5-6（b）、图 5-6（c）、图 5-6（d）中可以看出随着电晕时间的增加，这种类似泡状凸起更为明显，观察到泡越来越大，泡连成片，直至最终破裂形成较深的凹陷结构。这种形貌变化，可能是由于在高频方波脉冲电压攻击下，电场所产生的热效应集中在纯 PI 基体中，电晕腐蚀破坏了表层的 PI，随着耐电晕时间的增加，破坏继续加深，局部产生高温，导致 PI 内部产生氧化、熔融等现象，电场作用下 PI 中的小分子物质发生鼓泡，在高温下挥发，以保证向外部释放热量，随着鼓泡的破裂，PI 大分子链断裂，最终导致纯 PI 的电晕击穿。

（a）电晕老化1min　　　　　　　　　　　　（b）电晕老化5min

（c）电晕老化10min　　　　　　　　　　　　（d）击穿50min

图 5-7　Al$_2$O$_3$/PI 复合薄膜电晕老化过程中的形貌变化

图 5-7 是无机含量（质量分数）为 12%的纳米 Al$_2$O$_3$/PI 复合薄膜从电晕开始到被击穿的过程中其表面形貌的变化，其中图 5-7（a）、图 5-7（b）、图 5-7（c）、图 5-7（d）分别表示电晕老化 1min、5min、10min 和击穿 50min 后的薄膜表面微

观 SEM 图。从 Al_2O_3/PI 复合薄膜电晕老化过程中微观形貌的变化可以发现，在电晕刚开始，图 5-7（a）中复合薄膜表面凸凹不平，出现颗粒；随着电晕时间的增加，图 5-7（b）中可观察到颗粒逐渐增多，凸出感更加强烈；在图 5-8（c）中随着电晕时间的继续增加，可观察到颗粒出现连片趋势，复合薄膜表面露出了内部的絮状物质；图 5-8 中电晕击穿时，薄膜表面出现大量微孔，表面完全被内部絮状物质覆盖，并形成颗粒网状结构。结合图 5-8SEM 对凸出的颗粒进行点扫描，以便了解电晕后试样内部结构及元素含量变化，结果如图 5-8 所示，可证明凸起部以 Al_2O_3 为主。薄膜电晕老化前后的表面形貌有着很大的不同，这可能是在高频方波脉冲电压的攻击下，电场作用下，随着电晕老化时间的增加，局部产生高温，使 PI 基体发生氧化，逐步破坏了复合薄膜 PI 基体的大分子链结构，露出内部的纳米 Al_2O_3 颗粒，随着电晕老化的进行，对 PI 基体的腐蚀不断加深，凸起的 Al_2O_3 越来越多，并聚集到一起，最终电晕击穿时发展为由纳米 Al_2O_3 组成的颗粒网状结构。

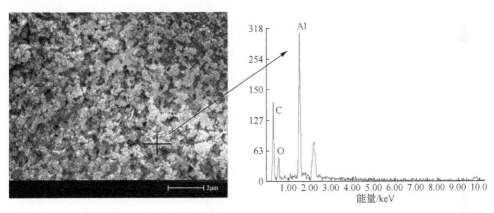

图 5-8　点扫描能谱图

　　PI 基体中本身可能存在大尺寸缺陷，纳米 Al_2O_3 颗粒在 PI 基体中分散时可能填补这些缺陷，如图 5-9 所示，纳米 Al_2O_3 颗粒可在亚胺基体中形成屏蔽层，避免大量电荷直接碰撞聚酰亚胺大分子链，起到保护 PI 基体的作用。

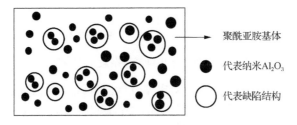

图 5-9　纳米 Al_2O_3 粒子填充聚酰亚胺基体缺陷结构模型

　　电晕老化初期，在 Al$_2$O$_3$/PI 薄膜中的表层 PI 基体最先被电晕腐蚀降解，聚酰亚胺薄膜表层的 Al$_2$O$_3$ 粒子失去了 PI 基体的阻隔作用而聚集到一起，纳米 Al$_2$O$_3$ 颗粒在薄膜表面形成了颗粒絮状物覆盖层，可以起到屏蔽电场的作用；由于纳米 Al$_2$O$_3$ 颗粒具有高热导率的特点，电晕老化后薄膜表面露出的纳米 Al$_2$O$_3$ 颗粒可在短时间内传递热能，能够避免过多的热量聚集对 PI 基体的进一步腐蚀，从而延长了复合薄膜的电晕老化时间，提高了薄膜的耐电晕能力[8]。

　　从试验结果中，建立两个理想模型来说明纳米粒子在聚合物中的分散情况对复合材料耐电晕性能的影响。在图 5-10 中纳米 SiO$_2$ 均匀分散在高聚物中并与其很好地结合，使无机相和有机相成为一个整体，这种结构有利于提高复合材料的耐电晕性能。在图 5-11 中纳米 SiO$_2$ 产生团聚而没有与高聚物有化学作用，从而产生了无机相与无机相（A 区）、无机相与有机相（B 区）薄膜缺陷，水分很容易进入材料的内部，使高聚物 PI/无机纳米 SiO$_2$ 复合材料降解，正由此使薄膜的耐电晕性能大大降低。

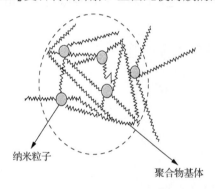

图 5-10　高聚物与无机纳米掺杂较好的模型

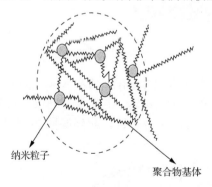

图 5-11　高聚物与无机纳米掺杂较差的模型

　　在试验中还证实，纳米杂化膜的耐电晕性能与其纯净度也有很大关系，薄膜中如存在杂质将大大降低薄膜的耐电晕性能。我们发现，同一批试样，有杂质的复合薄膜与没有杂质的复合薄膜的耐电晕性能相差很大，因此提高实验室环境对制成的薄膜性能影响是非常大的，净化实验室环境也是一个提高薄膜性能的重要因素。

5.2　Al₂O₃/PI 复合薄膜的空间电荷及陷阱特性

5.2.1　Al₂O₃/PI 复合薄膜加载电压时空间电荷特性

通常情况下，宏观物质对外界呈电中性的电介质内部存在着许多同样呈电中性的微小结构单元，一旦这些结构单元内正电荷与负电荷不能相互抵消，那么剩余的净电荷在其相应的有限区域内将会形成空间电荷[7]。空间电荷的形成与存在是引起电介质材料老化破坏的重要因素，如何降低和抑制电介质材料内部空间电荷的生成已经成为电介质材料领域中引人关注的热点。

图 5-12 为纯 PI 薄膜内部在外施 30 kV/mm 直流电场作用下加压 3600s 过程中的空间电荷分布情况。由图中可以看出，在加压 30s 时，纯 PI 薄膜内部几乎没有空间电荷出现，这主要是因为在较短的时间内，薄膜内部的载流子数量不多，对空间电荷分布的影响有限。随着加压时间的增加，在加压 600s 后，纯 PI 薄膜试样中开始积累大量的空间电荷，在靠近两侧电极处开始出现大量的异极性空间电荷积累，即在阴极和阳极附近分别积累了正极性空间电荷分布和负极性空间电荷分布，在加压 1800s 时阴极处积累的正极性空间电荷密度达到 8C/m³，这主要是由于 PI 原材料或者在制膜过程中不可避免地会存在或引入部分杂质，这些杂质在外电场作用下会发生解离，并被薄膜中存在的陷阱所捕获形成异极性的空间电荷，同时这些异极性的空间电荷，即阳离子，并不会被阴极附近的电子所中和，这是因为只有在中和产物能够通过电介质与电极之间的界面进行质量输送的前提条件下，阳离子才能够与阴极附近的电子实现中和，这在聚合物体系中很难实现。当加压时间增加到 3600s 时，异极性空间电荷的电荷密度进一步增大[9]。

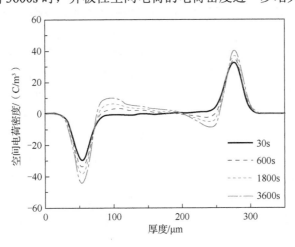

图 5-12　纯 PI 薄膜在 30kV/mm 场强下的空间电荷分布

图 5-13 为 Al_2O_3/PI 单层复合薄膜内部在外施 30 kV/mm 直流电场作用下加压 3600s 过程中的空间电荷分布情况。

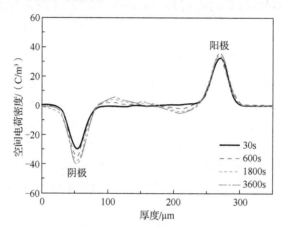

图 5-13　Al_2O_3/PI-16%单层复合薄膜在 30kV/mm 场强下的空间电荷分布

由图中可以看出,与纯 PI 薄膜内部空间电荷分布类似,在加压 30s 时,Al_2O_3/PI 单层复合薄膜内部几乎没有空间电荷出现。在加压 600s 后,单层复合薄膜开始在两侧电极附近出现异性空间电荷,并且随着加压时间的增加,积累的空间电荷量逐渐增大。同时可以看出,与纯 PI 薄膜加压过程中的空间电荷分布相比,Al_2O_3/PI 单层复合薄膜内部的空间电荷量有所降低,这表明在纯 PI 基体中掺杂纳米 Al_2O_3 颗粒后能有效地抑制复合薄膜中空间电荷的积累。

在电介质材料中存在着一定数量的陷阱结构,其本质是能够对电荷产生束缚作用的定域态或局域态。根据晶体能带理论,陷阱主要可分为浅陷阱和深陷阱[10]。如图 5-14 所示,对于具有较低陷阱能级的浅陷阱结构,入陷的载流子只需要克服较小的势垒,就可以从陷阱中发生跃迁,从而重新成为自由载流子;而对于具有较高陷阱能级的深陷阱结构,入陷的载流子则需要吸收更多的能量去克服较深的势垒,才可以从陷阱中发生跃迁。我们认为 PI 基体与纳米 Al_2O_3 颗粒之间形成的纳米-基体界面处存在着一定数量的深陷阱,陷阱数量的增加以及其能级的加深都能够使其束缚大量的自由载流子,抑制复合薄膜内部空间电荷的形成与积累。

当电介质中的陷阱密度较低或者陷阱深度较小时,传输过程中的自由载流子不容易被陷阱捕获,或者被捕获的入陷载流子比较容易脱陷重新成为自由载流子,从而使电介质内部容易产生和积累空间电荷;而当电介质中的陷阱密度较高或者陷阱深度较大时,自由载流子容易被陷阱捕获,并且入陷载流子难以脱陷或者脱陷后更容易被陷阱重新捕获,从而使薄膜内部积累更多空间电荷。

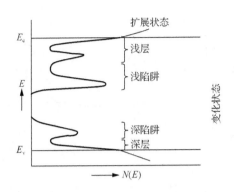

图 5-14　电介质材料中的陷阱分布

另外，在掺杂纳米 Al_2O_3 颗粒的过程中也会不可避免在复合薄膜内部引入少量的杂质，这些杂质会提高复合薄膜结构的疏松程度，增加了载流子浓度，使空间电荷更加容易形成。我们认为在纳米 Al_2O_3 含量低于某一临界时，与杂质因素相比，纳米-基体界面结构对空间电荷的抑制起到主导作用，因此我们可以观察到 Al_2O_3/PI 单层复合薄膜内部具有更低的空间电荷量。

图 5-15 为 Al_2O_3/PI 三层复合薄膜内部在外施 30 kV/mm 直流电场作用下加压 3600s 过程中的空间电荷分布情况。由图可以看出，在 30 kV/mm 的外电场加压 30s 之前，Al_2O_3/PI 三层复合薄膜内部几乎没有空间电荷出现，与纯膜及单层复合薄膜的观察结果类似。在加压 600s 后，Al_2O_3/PI 三层复合薄膜内部开始于积累空间电荷，并且随着加压时间的增加，空间电荷的电荷量呈现逐渐增大的趋势。与单层复合薄膜在加压过程中的空间电荷分布相比，Al_2O_3/PI 三层复合薄膜内部的空间电荷量有所提高。这可能是由于，相同纳米 Al_2O_3 含量下，三层复合薄膜中纯 PI 层的存在，其整体的纳米 Al_2O_3 颗粒数量更少，因此在复合薄膜中引入的纳米-基体界面结构较少，整体陷阱能级较浅，自由载流子的数量大。同时也可以观察到，Al_2O_3/PI 三层复合薄膜试样中层间界面区域附近均存在大量的同极性空间电荷积累，并且随着加压时间的增长，逐渐形成两处空间电荷包，这是因为在三层复合薄膜中的层间界面中存在数量较多的深陷阱，这些深陷阱具有很强的捕获自由载流子的能力，并通过使自由载流子经历入陷、脱陷、再入陷的过程限制其在复合薄膜中的移动，在这种限制的作用下，从电极注入的同极性电荷移动的有效距离缩短，到达异极性电极并积累下来的空间电荷数量降低，绝大多数电荷在层间界面处聚集，形成同极性空间电荷积累。

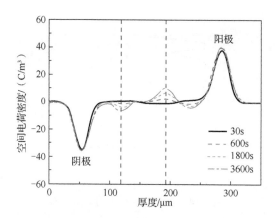

图 5-15　Al$_2$O$_3$/PI-16%三层复合薄膜在 30kV/mm 场强下的空间电荷分布

5.2.2　Al$_2$O$_3$/PI 复合薄膜短路时空间电荷特性

图 5-16 为纯 PI 薄膜在短路状态下的空间电荷分布情况。由图可知，纯 PI 薄膜内部在短路之初存在着大量加压过程中残余的空间电荷。随着短路时间增加，纯 PI 薄膜内部的空间电荷量开始逐渐下降。

图 5-17 为 Al$_2$O$_3$/PI-16 单层复合薄膜在短路状态下的空间电荷分布情况。由图可知，Al$_2$O$_3$/PI-16 单层复合薄膜在短路之初也存在着一定数量的在加压过程中残余的空间电荷，但是与纯 PI 薄膜相比，Al$_2$O$_3$/PI-16 单层复合薄膜两极附近的残余电荷量明显减少，同时复合薄膜内部积聚的空间电荷总量也出现明显的降低。随着短路时间的增加，Al$_2$O$_3$/PI 单层复合薄膜内部空间电荷量开始逐渐下降，在短路 3600s 后，单层复合薄膜内部空间电荷的残余量要远小于纯 PI 薄膜。

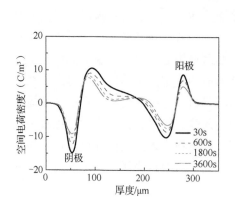

图 5-16　纯 PI 薄膜在短路状态下空间电荷分布

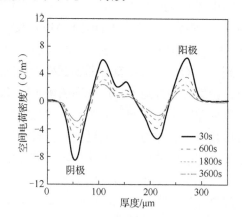

图 5-17　Al$_2$O$_3$/PI-16%单层复合薄膜在短路状态下空间电荷分布

　　图 5-18 为 Al_2O_3/PI 三层复合薄膜在短路状态下的空间电荷分布情况。由图可知，与单层复合薄膜相比，在短路之初 Al_2O_3/PI 三层复合薄膜内部残余的空间电荷数量有所增加。随着短路时间的增加，Al_2O_3/PI 三层复合薄膜内部的空间电荷量也开始出现下降趋势，当短路时间达到 3600s 之后，三层复合薄膜内部空间电荷的残余量显著降低，与单层复合薄膜的空间电荷残余量接近。

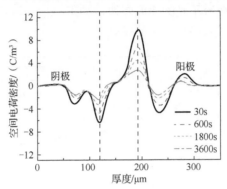

图 5-18　Al_2O_3/PI-16%三层复合薄膜短路时空间电荷分布

　　为了更加直观地分析复合薄膜短路时空间电荷的衰减情况，可以用平均电荷密度 Q_{med} 平均电荷密度衰减速率 V_{Qmed} 来进行描述。

　　平均电荷密度 Q_{med} 是表征材料内部空间电荷密度绝对量的平均值[9]：

$$Q_{med} = \frac{1}{x_2 - x_1} \int_{x_1}^{x_2} |\rho(x)| dx \tag{5-2}$$

式中，x_1 和 x_2 分别为正、负电极的位置；$\rho(x)$ 为经过不同场强不同预压时间后短路时的空间电荷密度。

　　平均电荷密度衰减速率 V_{Qmed} 的引入，能更加直观地显示在短路过程中（30~3600s）的复合薄膜内部的空间电荷衰减特性，又称为平均电荷密度衰减速率，计算公式如下：

$$V_{Qmed} = \Delta \overline{Q_I} / \Delta t = \left| \overline{Q_{l2}} - \overline{Q_{l1}} \right| / (t_2 - t_1) \tag{5-3}$$

式中，$\overline{Q_{l1}}$ 和 $\overline{Q_{l2}}$ 分别是 t_1 和 t_2 时刻试样中的平均电荷密度。

　　图 5-19 和图 5-20 分别为 Al_2O_3/PI-16%复合薄膜在短路状态下的平均电荷密度 Q_{med} 及平均电荷密度衰减速率 V_{Qmed}。

　　从图 5-19 可知，纯 PI 薄膜注入的空间电荷量最大，30s 时其值约为 4.72 C/m^3。随着纳米 Al_2O_3 颗粒的加入，30s 时注入的电荷量呈现减小的趋势，Al_2O_3/PI 单层复合薄膜的电荷注入量为 2.20C/m^3，Al_2O_3/PI 三层复合薄膜的电荷注入量为 2.58 C/m^3，与纯 PI 薄膜相比，注入的电荷量分别降低接近 53%和 45%，其抑制电荷注入的效果非常明显。在经过短路 3600s 之后，纯 PI 薄膜中残留的电荷量最多，为 2.66 C/m³，Al₂O₃/PI 单层复合薄膜的电荷残余量为 0.79 C/m³，Al₂O₃/PI 三层复合薄膜的电荷残余量为 0.89 C/m³，与纯 PI 薄膜相比分别降低了 70% 和 67%。从图 5-20 可以看出，纯 PI 薄膜的电荷密度衰减速率最高，随着纳米 Al₂O₃ 颗粒的加入，复合薄膜的平均电荷密度衰减速率均呈现降低的趋势，其中 Al₂O₃/PI 单层薄膜的平均电荷密度衰减速率最低，与纯 PI 薄膜相比降低了 32%，这表明纯 PI 薄膜的陷阱较浅，自由载流子脱陷速度较快，纳米 Al₂O₃ 颗粒的加入提高了复合薄膜的陷阱深度，降低了入陷载流子的脱陷速率。

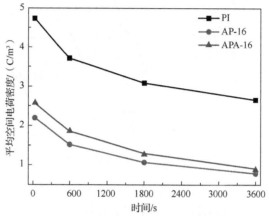

AP 为 Al₂O₃/PI 单层复合薄膜 APA 为 Al₂O₃/PI 三层复合薄膜

图 5-19　Al₂O₃/PI-16%复合薄膜短路状态下平均电荷密度

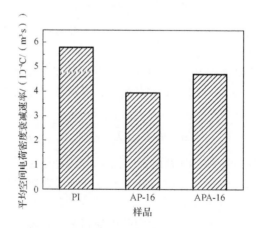

图 5-20　Al₂O₃/PI-16%复合薄膜短路状态下衰减速率 10^{-4}C

5.2.3　不同场强对 Al₂O₃/PI 薄膜空间电荷特性的影响

为研究外部电场对薄膜内部空间电荷分布的影响，在不同外电场强度下，对 Al₂O₃/PI-16%复合薄膜在加压过程中空间电荷分布进行测量。

图 5-21 是纯 PI 薄膜在不同外电场作用下加压过程中的空间电荷分布情况。由图 5-21（a）～图 5-21（c）可见，在加压时间 30s 之前，三种不同外电场强度作用下的纯 PI 薄膜内部没有出现明显的空间电荷积累；当加压时间达到 600s 后，薄膜内部均开始出现空间电荷，其空间电荷量会随着加压时间的增加而逐渐提高。由图 5-21（d）可以看出，纯 PI 薄膜内部的空间电荷量会随着外电场强度的增加逐渐提高，并且在高场强下空间电荷的提高幅度更加明显。

通常情况下，若不考虑杂质的影响，在聚合物电介质中大部分自由载流子的产生均来源于电极电子的发射。在正常情况下，金属电极中绝大多数电子的能量处于费米能级以下，当受到外电场的作用时，一部分电子获得较高的能量，并能够克服金属电极的表面势垒，从而发射到聚合物电介质中，并引发发射电流。此时，通过金属电极向电介质中注入的电流密度会随着电场强度的增大而增加，当外电场强度增加时，薄膜中注入的自由载流子量增多，被陷阱所捕获的入陷载流子增多，从而使薄膜内部形成的空间电荷量增大。

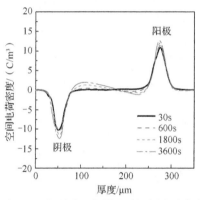

（a）在10kV/m场强下，不同处理时间的空间电荷分布

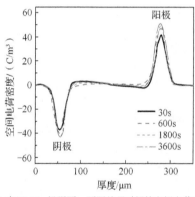

（b）在20kV/m场强下，不同处理时间的空间电荷分布

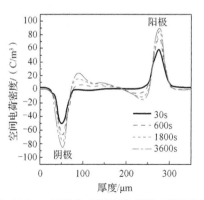

（c）在30kV/m场强下，不同处理时间的空间电荷分布

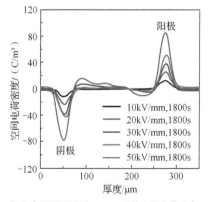

（d）在不同场强下，1800s后的空间电荷分布

图 5-21　纯 PI 薄膜在不同条件下的空间电荷分布

图 5-22 是 Al_2O_3/PI-16%单层复合薄膜在不同外电场作用下加压过程中的空间电荷分布情况。

由图 5-22（a）~（c）可以看出，与纯 PI 薄膜类似，在加压时间 30s 之前，三种不同外电场强度作用下的 Al_2O_3/PI 单层复合薄膜内部也没有明显的空间电荷出现；当加压时间达到 600s 后，复合薄膜内部开始出现空间电荷，并且其空间电荷量会随着加压时间的增大而逐渐增加。与纯 PI 薄膜相比，不同电场强度作用下复合薄膜内部空间电荷的增加量相对较少，这可能是由于界面结构的存在对薄膜空间电荷的积累能够起到抑制的作用。由图 5-22（d）可以看出，Al_2O_3/PI 单层复合薄膜内部的空间电荷量会随着外电场强度的增加逐渐提高，但是场强从 40kV/mm 提高到 50kV/mm 时，其空间电荷量的提高幅度明显不如纯 PI 薄膜。

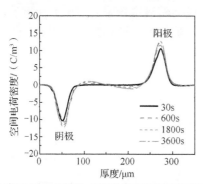
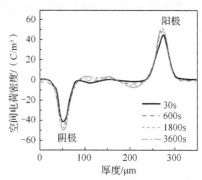

（a）在10kV/mm场强下，不同处理时间的空间电荷分布　（b）在20kV/mm场强下，不同处理时间的空间电荷分布

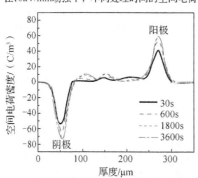
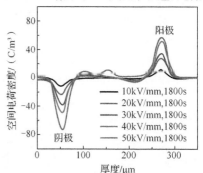

（c）在30kV/mm场强下，不同处理时间的空间电荷分布　　（d）在不同电压下，1800s处理后的空间电荷分布

图 5-22　Al_2O_3/PI-16%单层复合薄膜在不同条件下的空间电荷分布

图 5-23 是 Al_2O_3/PI-16%三层复合薄膜在不同外电场作用下加压过程中的空间电荷分布情况。

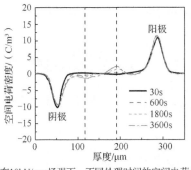

（a）在10kV/mm场强下，不同处理时间的空间电荷分布

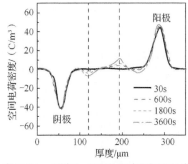

（b）在20kV/mm场强下，不同处理时间的空间电荷分布

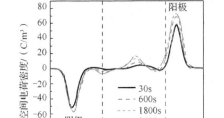

（c）在30kV/mm场强下，不同处理时间的空间电荷分布

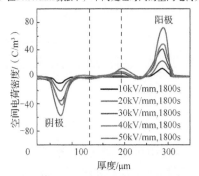

（d）在不同场强下，1800s处理后的空间电荷分布

图 5-23　Al_2O_3/PI-16%三层复合薄膜在不同条件下的空间电荷分布

由图可知，在不同场强下 Al_2O_3/PI-16 三层复合薄膜中层间界面区域均会出现空间电荷包，并且其对自由载流子的阻挡作用会随着电场强度的增加而减弱，自由载流子可穿越层间界面向异极性电极迁移。

5.3　Al_2O_3/PI 复合薄膜的陷阱特性研究

通过以上分析，Al_2O_3/PI 复合薄膜内部的空间电荷特性存在较大差异，这是由于材料的结构、禁带内形成陷阱深浅和密度不同的局域态能级导致的。热激电流法是研究聚合物内部陷阱能级参数等微观特性的重要手段。

本章所研究的热激电流为热激退极化电流，即试样薄膜在受到电场极化后，去掉极化电场并热激试样薄膜，其释放出来的电流。热激退极化电流存在两种理论模型，空间电荷松弛的热激电流和偶极子松弛的热激电流[11]。其中空间电荷松弛的热激电流是指由电介质中的电子或空穴被热激发脱陷并在电场作用下形成的定向移动。

图 5-24 为纯 PI 薄膜和不同纳米 Al_2O_3 质量分数的 Al_2O_3/PI 单层复合薄膜的热激电流谱图。

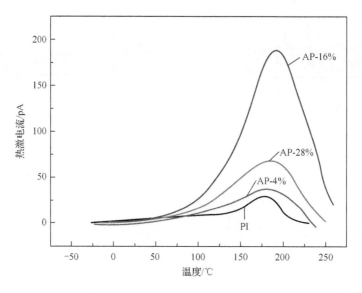

图 5-24　Al₂O₃/PI 单层复合薄膜热激电流谱图

从图中可知，单层复合薄膜的 TSDC 峰值位置与纯 PI 薄膜相比均向高温方向发生了移动，并且其峰面积也均大于纯 PI 薄膜。随着无机含量增加，单层复合薄膜的峰面积呈先增大后减小的趋势，其中 AP-16 具有最大的峰面积。

图 5-25 为纯 PI 薄膜和不同纳米 Al₂O₃ 质量分数的 Al₂O₃/PI 三层复合薄膜的热激电流谱图。与单层复合薄膜类似，三层复合薄膜的 TSDC 峰值位置与纯 PI 薄膜相比也均向高温方向发生了移动，峰面积也均高于纯 PI 薄膜，且随着掺杂层无机含量的增加，三层复合薄膜的峰面积逐渐增大。

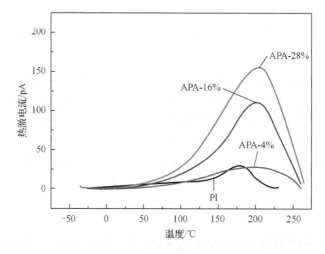

图 5-25　Al₂O₃/PI 三层复合薄膜热激电流谱图

复合薄膜的 TSDC 峰温向高温区域移动主要是由于引入了较深的陷阱，纳米 Al_2O_3 颗粒的加入极大地增加了复合薄膜内的有机-无机相界面数量[12]，另外三层结构的引入使层间界面结构更复杂，由于界面和层间结构增多分子移动需要克服更高的能量势垒。为了研究界面结构与复合薄膜内部陷阱特性之间的关系，对薄膜内部陷阱能量深度及释放电荷量进行计算。

依据单一陷阱深度的受陷电子热激电流理论，推导出的热激电流 I_{TDSC} 极大值条件如下：

$$\frac{H_t}{kT_m} = \ln\left(\frac{BkT_m}{bH_t}\right) \tag{5-4}$$

式中，k 为波尔兹曼常数；H_t 为陷阱能量深度；B 为与载流子受陷过程快慢有关的常数；T_m 为热激电流峰的峰温。

对式（5-4）两端求微分，可以得出峰温的变化 ΔT_m 与陷阱深度的变化 ΔH_t 的关系，如下：

$$\frac{\Delta H_t}{H_t} = \frac{\Delta T_m}{T_m}\left(1 + \frac{1}{1 + \frac{H_t}{kT_m}}\right) \tag{5-5}$$

通常 $H_t/kT_m \gg 1$，因此可以进一步得

$$\frac{\Delta H_t}{H_t} \approx \frac{\Delta T_m}{T_m} \tag{5-6}$$

由式（5-6）可知，热激电流峰峰温的高低与陷阱的深浅成正比例关系，当 TSDC 的峰温向低温区移动，表明聚合物材料的陷阱深度变浅；反之则变深。这说明在加入纳米 Al_2O_3 颗粒之后，Al_2O_3/PI 复合薄膜中的陷阱深度变深，这与前文空间电荷的分析结果相吻合。

松弛过程中 TSDC 峰的位置与松弛活化能有关[12,13]，载流子的热松弛能够近似与松弛温度联系在一起，即

$$E \approx kT \ln(\frac{T^4}{\beta}) \tag{5-7}$$

式中，k 表示玻尔兹曼常数；β 表示升温速率。如果松弛过程符合阿伦尼乌斯方程，则

$$\tau(T) = \tau_0 \cdot \exp(\frac{E_t}{kT}) \tag{5-8}$$

式中，E_t 是载流子陷阱能量；前置因子 τ_0 可表示为

$$\tau_0 = \frac{kT_m}{\beta E_t} \cdot \exp(\frac{E_t}{kT_m}) \tag{5-9}$$

其中，T_m 是峰温。

通过以上公式，可以计算出纯 PI 薄膜以及 Al_2O_3/PI 单层及三层复合薄膜的能量深度和载流子松弛时间，计算结果如表 5-2 所示。同时，为了更清楚地研究陷阱参数的变化，纯 PI 薄膜和 Al_2O_3/PI 复合薄膜的能量和释放的电荷量概况展示在图 5-26 中。

表 5-2　纯 PI 薄膜和 Al_2O_3/PI 复合薄膜的陷阱参数

试样	T_m/℃	I_P/pA	E_t/eV	释放电荷量 Q/ ×10⁻⁹ C	τ_0 /s
PI	178.3	31.1	0.92	2.40	4.57×10
AP-4%	182.2	38.1	0.93	3.71	3.87×10
AP-16%	191.3	188.5	0.95	17.83	4.26×10
AP-28%	184.1	68.5	0.94	6.91	4.47×10
APA-4%	190.2	28.1	0.95	3.27	4.29×10
APA-16%	202.9	108.6	0.98	10.37	3.94×10
APA-28%	204.2	155.8	0.99	16.47	3.90×10

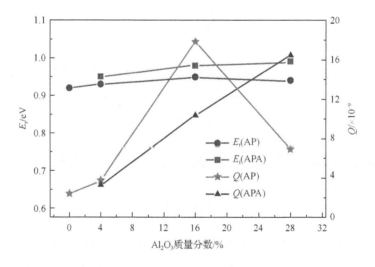

图 5-26　纯 PI 薄膜和 Al_2O_3/PI 复合薄膜的能量和电荷释放量变化图

由表 5-2 和图 5-26 可知，纯 PI 薄膜的载流子陷阱能量 E_t=0.92 eV，释放电荷量 Q=2.4×10⁻⁹C，均低于 Al_2O_3/PI 复合薄膜，这表明纳米 Al_2O_3 颗粒的加入能够有效地提高复合薄膜中的陷阱密度和深度。通过对比 Al_2O_3/PI 单层复合薄膜与三层薄膜的陷阱参数可知，当纳米 Al_2O_3 含量较低时，Al_2O_3/PI 单层复合薄膜的释放电荷量 Q 大于 Al_2O_3/PI 三层复合薄膜，而载流子陷阱能量 E_t 要小于三层薄膜，表明 Al$_2$O$_3$/PI 单层复合薄膜中存在数量更多但深度较低的陷阱结构，这可能是由于在低掺杂量下，相比于单层复合薄膜，三层复合薄膜中单位体积内的纳米颗粒数量减少，Al$_2$O$_3$/PI 三层薄膜中 Al$_2$O$_3$ 颗粒数量与 PI 基体之间形成的纳米粒子-PI 基体的界面数量更少，导致体系中陷阱数量较少，但是层间界面结构中含有一定数量的较深陷阱，使得体系中陷阱深度较大。

随着纳米 Al$_2$O$_3$ 掺杂量继续增大，Al$_2$O$_3$/PI 三层复合薄膜的载流子陷阱能量和释放电荷量均开始高于单层薄膜，在无机含量（质量分数）为 28 % 时，三层复合薄膜的 E_t=0.99 eV，Q=16.47×10^{-9}C，单层复合薄膜的 E_t=0.94 eV，Q=6.91×10^{-9}C，这是由于在高掺杂量下，三层复合薄膜中层间界面的结构变得更加完整，抵消了 Al$_2$O$_3$ 颗粒与基体之间界面数量不足以及体系中陷阱数量不足的影响，同时层间界面结构中有大量的较深陷阱，使得复合薄膜具有更深的陷阱深度。图中还可以观察到，当纳米 Al$_2$O$_3$ 颗粒的含量（质量分数）达到 28 % 时，单层复合薄膜的释放电荷量 Q 与掺杂量（质量分数）为 16 % 相比明显降低，这可能是由于在高掺杂量下，纳米 Al$_2$O$_3$ 颗粒高浓度区增多使复合薄膜中的界面结构大幅度减少，从而降低了体系的陷阱数量；三层复合薄膜中的层间界面可以有效地弥补纳米粒子-PI 基体界面数量不足的问题，使体系仍然保持很高的陷阱密度。

5.4　Al$_2$O$_3$/PI 三层复合薄膜层间界面结构与电性能关联性分析

5.4.1　Al$_2$O$_3$/PI 复合薄膜的光激放电特性分析

图 5-27 为不同 Al$_2$O$_3$ 质量分数的 Al$_2$O$_3$/PI 单层及三层复合薄膜的光激放电谱图。通过式（5-10）可以计算出陷阱的能量范围。

$$E = \frac{hc}{\lambda} \tag{5-10}$$

式中，λ 为波长；h 和 c 为常数，分别为 6.63×10^{-34} 和 3×10^8；E 的单位为 J。功率谱密度（power spectral density，PSD）作为一种非破坏性试验手段，用来研究聚合物材料内部空间电荷储存特性以及陷阱特性，已经被广泛认可。试样中的陷阱能级越深，则空间电荷脱离陷阱时需要的能量越高，即波长越短；试样中的陷阱密度越大，则外部测试电流越大。

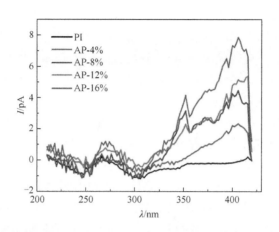

图 5-27　不同 Al_2O_3 质量分数的 Al_2O_3/PI 单层复合薄膜的光激放电谱图

从图 5-27 中可以看出，不同 Al_2O_3 质量分数的 Al_2O_3/PI 单层复合薄膜其陷阱主要集中在波长 310～420nm，纯 PI 薄膜在 310～420nm 出现了带状峰，其峰值很小，这表明纯 PI 薄膜中的电荷很少，即纯 PI 薄膜中陷阱密度很小。在短波长方向，薄膜中出现了"W"形杂峰，这可能是由于聚酰亚胺的光电导效应所导致的。随着纳米 Al_2O_3 含量增加，单层复合薄膜试样中的电流峰向长波长方向移动，电流峰值逐渐变大，这表明纳米 Al_2O_3 颗粒的加入引入了陷阱能量在 2.96～3.81eV 的陷阱，并且随着纳米 Al_2O_3 含量增加，薄膜中的陷阱密度逐渐增大。在聚酰亚胺无机纳米复合材料中存在大量的有机-无机相界面，这种结构使得复合材料内部存在大量的空间电荷，而光激电流主要是由空间电荷的脱陷产生的。随着复合薄膜中无机纳米粒子含量增加，复合材料中的有机-无机相界面随之增多，在向样品中注入电荷的过程中，复合材料中的空间电荷积聚现象明显，在光激发的过程中空间电荷的脱陷现象相对加剧，从而激发出的电流变大。

为了研究三层薄膜层间界面对其光激放电特性的影响，对掺杂层纳米 Al_2O_3 质量分数为 16%的单层及三层复合薄膜的 PSD 谱图进行对比，如图 5-28 所示。从图中可以看出，相同掺杂层含量，三层复合薄膜中的陷阱密度明显多于单层复合薄膜。这是由于三层薄膜中引入了三层复合薄膜的中间层为纯 PI 层，单位体积内引入的纳米 Al_2O_3 颗粒以及纳米-基体界面结构数量更少，结合复合薄膜的断面 TEM 图分析可知，引入层状结构后，在层/层之间存在明显的界面和过渡层。层/层界面和过渡层的存在不可避免地增加了复合薄膜内部的陷阱密度，进而导致空间电荷积聚现象有所增加。

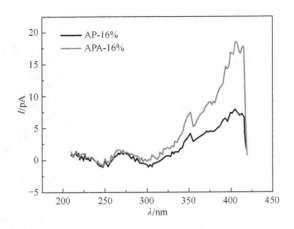

图 5-28　纳米 Al$_2$O$_3$ 质量分数为 16% 的 Al$_2$O$_3$/PI 单层和三层复合薄膜的光激放电谱图

5.4.2　Al$_2$O$_3$/PI 三层复合薄膜介电谱分析

影响电介质介电常数的因素主要有两个，一个是电介质材料单位体积中的分子数量，另一个是电介质材料在外电场下的极化率。在电介质材料中介质的可极化程度以及在复合相体系中界面极化程度的大小均可以对电介质的介电系数起到重要影响，介质中可极化结构的极性越强，取向极化程度以及介电系数也越大；在复合相体系中，界面及界面极化程度越大，介电系数也越大[13]。

为了讨论三层复合薄膜层间界面对复合薄膜介电性能的影响，首先通过调整复合薄膜的亚胺化工艺，设计并制备了层间界面结合程度不同的三类"三明治"结构复合薄膜，具体的制备工艺如下。

Ⅰ 类复合薄膜：此类薄膜采用优化后的逐层铺膜及亚胺化工艺，具体工艺如下：第一层：80℃，30min；第二层：80℃，30min；第三层：80℃，1h；120℃，20min；160℃，20min；200℃，20min；240℃，20min；280℃，20min；320℃，20min；350℃，1h。扫描电子显微镜分析结果显示，此类复合薄膜的层间结合紧密，未见明显的层间裂隙。

Ⅱ 类复合薄膜：适当提高第一层薄膜的预亚胺化温度至 120℃，其余工艺不变。

Ⅲ 类复合薄膜：适当降低第一层薄膜的预亚胺化温度至 60℃，其余工艺不变。

针对该三类复合薄膜，测试其宽频介电谱，分析界面结合程度的不同对复合薄膜介电性能的影响，具体试验数据如图 5-29 所示。

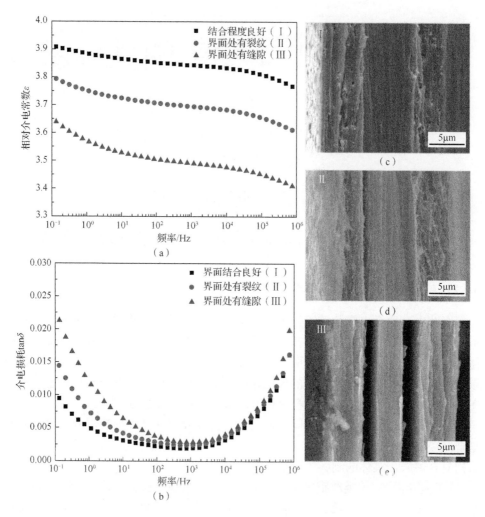

图 5-29　不同层间结合程度的三层复合薄膜介电谱

由图 5-29 可见，在相同频率下，界面结合程度最佳的三层复合薄膜的介电常数最大，随着界面结合程度降低，复合薄膜的介电常数也随之降低。分析原因认为，良好的界面结合有利于提高复合薄膜的界面极化程度，使其介电场强较高；若层间界面结合不好，复合薄膜的界面极化程度也相应变差，导致材料的介电常数偏低；当界面存在明显缝隙时，缝隙内大量空气的存在使得复合薄膜的界面极化程度显著下降，导致材料的介电常数最低。

在上述试验的基础上，继续分析当复合薄膜层间界面结合紧密时，不同纳米 Al_2O_3 含量对复合薄膜介电性能的影响及其规律。图 5-30 为不同纳米 Al_2O_3 含量的 Al_2O_3/PI 三层复合薄膜的介电频率谱。由图 5-30 可知，在 $10^{-1}\sim10^5Hz$ 的频率范围内，当加入的纳米 Al_2O_3 颗粒掺杂量（质量分数）较大（≥16%）时，三层复合薄膜具有高于纯膜的介电常数，并且随着掺杂量的增加三层复合薄膜的介电常数会进一步增大；当纳米 Al_2O_3 颗粒的掺杂量（质量分数）较小（≤8%）时，Al_2O_3/PI 三层复合薄膜的介电常数则会低于纯膜。这与单层复合薄膜的介电常数测量结果一致，一方面是由于在高掺杂量下，通过引入具有高介电常数的纳米 Al_2O_3 颗粒以及其与 PI 基体之间的纳米-基体界面结构，会提高三层复合薄膜整体的介电常数；同时通过对比 Al_2O_3/PI 单层复合薄膜与三层复合薄膜的介电常数，我们发现在不同掺杂量下，三层复合薄膜的介电常数均要低于单层复合薄膜，如图 5-31 所示。与单层复合薄膜相比，三层复合薄膜由于引入层结构使得影响其介电常数的因素变得更加复杂，首先在三层复合薄膜中存在两种界面结构，即纳米-基体界面结构以及层间界面结构，与前者相比，层间界面具有更多的缺陷和深陷阱，会积累和形成更多的空间电荷和电偶极矩，导致更强的界面极化产生，提高复合薄膜的介电常数；其次由于三层复合薄膜的中间层为纯 PI 层，单位体积内引入的纳米 Al_2O_3 颗粒以及纳米-基体界面结构数量更少，所以对复合薄膜整体的介电常数起到降低的作用。在上述两种作用机理的共同作用下，与单层复合薄膜相比，三层复合薄膜呈现出较低的介电常数，这表明三层结构的设计有利于降低复合薄膜的介电常数。

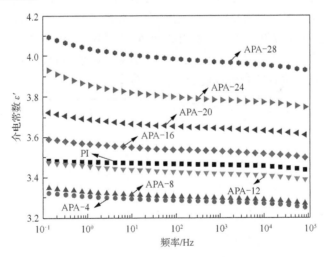

图 5-30　不同 Al_2O_3 含量的 Al_2O_3/PI 三层复合薄膜的介电频率谱

影响介电损耗的内因是电介质的极性和单位体积内极性基团的数量。电介质的极性基团越强，极性基团的密度越大，介电损耗就越大。聚合物电介质具有较长的分子链，分子间相互作用阻力较大，取向过程通过高温下的大分子链段和低温下的极性基团的微布朗运动实现[14]。

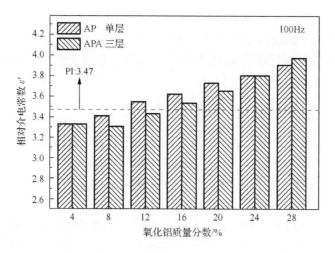

图 5-31　不同 Al_2O_3 含量 Al_2O_3/PI 单层及三层复合薄膜的介电常数对比

　　图 5-32 为不同掺杂量的 Al_2O_3/PI 三层复合薄膜的介电损耗随外电场频率的变化曲线。由图 5-32 可知，Al_2O_3/PI 三层复合薄膜的介电损耗随外电场频率的增大呈现出先下降后增高的趋势，并且均大于纯膜的介电损耗，变化趋势及其原因均类似于单层复合薄膜。但是与单层复合薄膜相比，在相同纳米 Al_2O_3 含量下 Al_2O_3/PI 三层复合薄膜具有更低的介电损耗（图 5-33）。这也可能是由于纯 PI 层的存在，使三层复合薄膜中单位体积内纳米 Al_2O_3 颗粒与 PI 基体之间的纳米-基体界面结构的数量更少所导致的。这表明三层结构可以使复合薄膜产生更低的介电损耗，对提高复合薄膜的介电性能起到一定的作用。

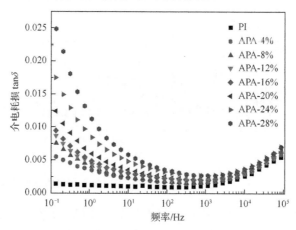

图 5-32　不同 Al_2O_3 含量 Al_2O_3/PI 三层复合薄膜的介电损耗

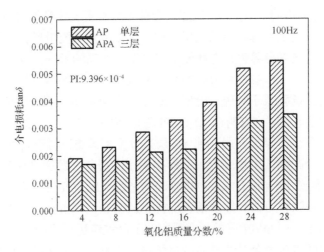

图 5-33　不同 Al_2O_3 含量 Al_2O_3/PI 单层及三层复合薄膜介电损耗对比

5.4.3　Al_2O_3/PI 三层复合薄膜击穿场强分析

图 5-34 为不同 Al_2O_3 含量下 Al_2O_3/PI 单层和三层复合薄膜的击穿场强测量结果。

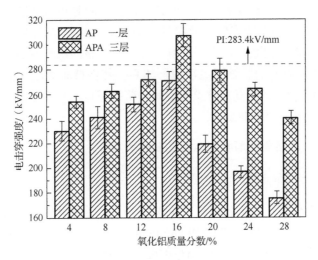

图 5-34　不同 Al_2O_3 含量下 Al_2O_3/PI 单层和三层复合薄膜的击穿场强

由图 5-34 也可以看出，Al_2O_3/PI 三层复合薄膜击穿场强随纳米 Al_2O_3 含量的变化趋势与单层复合薄膜类似，但是在相同 Al_2O_3 含量下 Al_2O_3/PI 三层复合薄膜的击穿场强均高于单层复合薄膜。当纳米 Al_2O_3 颗粒的质量分数达到 16%时，Al_2O_3/PI 三层复合薄膜的击穿场强达到最大值，为 293.72 kV/mm。根据加入纳米

Al_2O_3 颗粒含量的不同，Al_2O_3/PI 三层复合薄膜具有更加优异的击穿场强。其原因在于 Al_2O_3/PI 三层复合薄膜中的三层结构，可以起到分配电场强度的作用。

首先，由前文复合薄膜介电性能研究可知，在当纳米 Al_2O_3 颗粒质量分数大于 12 %后，Al_2O_3/PI 单层复合薄膜的介电常数均要高于纯膜，并且 Al_2O_3/PI 单层复合薄膜的击穿场强低于纯膜。此时，掺杂层分得的电场强度较低，而纯 PI 层分得的电场强度较高，这表明在 Al_2O_3/PI 三层复合薄膜中三层结构可以起到分压的作用，使得在高击穿场强层（纯 PI 层）分配到高电场强度，而在低击穿场强层（掺杂层）分配到低电场强度，从而提高了三层复合薄膜整体的击穿场强。

其次，中间纯 PI 层的存在，也可以起到增强 Al_2O_3/PI 三层复合薄膜击穿场强的作用，这种增强作用在高掺杂量表现得更加明显，在击穿场强下降阶段，与单层复合薄膜相比，Al_2O_3/PI 三层复合薄膜的下降趋势更为平缓，幅度更低。

最后，空间电荷也会对薄膜的击穿场强产生影响。在薄膜内部空间电荷的产生和积累过程中，会伴随有以下效应产生：畸变薄膜的内部电场，引起内部电场的重新分布；激励薄膜的内部载流子，增加热电子的生成速率；增强薄膜的内部应力，导致大分子链的断裂等，在这些效应的综合作用下，薄膜的击穿场强会被大幅度降低。由 Al_2O_3/PI 复合薄膜的空间电荷特性研究可知，与纯 PI 薄膜相比 Al_2O_3/PI 复合薄膜内部空间电荷量明显降低，纳米 Al_2O_3 颗粒可以起到抑制空间电荷的作用，这使复合薄膜具有更高的击穿场强；同时在高纳米 Al_2O_3 含量下，纳米 Al_2O_3 颗粒之间的团聚效应使得复合薄膜中的纳米-基体界面结构大幅度减少，降低了体系的陷阱数量，但三层复合薄膜中完整的层间界面可以在一定程度上弥补纳米-基体界面的数量不足，使得体系仍然保持相对较高的陷阱密度及深度，抑制了 Al_2O_3/PI 三层复合薄膜中空间电荷的积累，从而使得三层复合薄膜击穿场强的下降趋势更加缓慢。

5.4.4　Al_2O_3/PI 三层复合薄膜耐电晕性能分析

1. 三层复合薄膜耐电晕时间分析

针对耐电晕性能研究，分别测试了纯 PI 薄膜以及纳米 Al_2O_3 质量分数分别为 4%、8%、12%、16%、20%、24%和28%的 Al_2O_3/PI 三层复合薄膜的耐电晕时间，薄膜平均厚度为 25±1μm，其测试结果如图 5-35 所示。

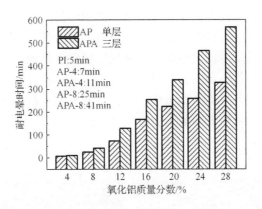

图 5-35　不同 Al_2O_3 含量 Al_2O_3/PI 三层复合薄膜的耐电晕时间

图 5-35 为不同无机组分下 Al_2O_3/PI 单层、三层复合薄膜的耐电晕时间的测试结果，并与纯 PI 薄膜的耐电晕性能进行了比较。如图所示，与 Al_2O_3/PI 单层复合薄膜一样，随着纳米 Al_2O_3 颗粒的加入，Al_2O_3/PI 三层复合薄膜具备优于纯 PI 薄膜的耐电晕性能，耐电晕时间得到了大幅度的提高，并且其耐电晕时间随着纳米 Al_2O_3 颗粒含量增加而大幅度增加。当无机含量（质量分数）为 28% 时，三层复合薄膜的耐电晕时间达到最大值，为 570min，较纯 PI 薄膜耐电晕时间提高了 113 倍。

对不同纳米 Al_2O_3 含量下 Al_2O_3/PI 单层、三层复合薄膜的耐电晕时间也进行了对比，在相同 Al_2O_3 含量下，Al_2O_3/PI 三层复合薄膜的耐电晕时间均高于单层复合薄膜。在层间界面中存在着数量更多的深陷阱结构，使载流子在移动过程中更容易被陷阱捕获并且难以脱陷，形成均匀的内部电场，阻碍载流子的移动，使其具有较单层复合薄膜更好的耐电晕特性，另外三层结构有利于电晕产生的热量沿着表面散失，而不易积聚于薄膜内部，减少了热击穿发生的可能性。随着三层薄膜氧化铝含量增加，表面热量散失的性能越来越好，因此随着无机同等含量增加，三层薄膜的耐电晕时间比单层有了更大幅度提高。

在纳米-基体界面中，三层的耐电晕能力不同，边界层具有一定程度的结构有序度，与纳米颗粒之间存在着比较强的相互作用，具有很强的耐电晕能力，松散层的耐电晕能力最弱。当电晕放电路径到达颗粒界面的边界层时，很难穿透边界层向径向发展，而更倾向于在松散层中移动并绕过无机颗粒。三层复合薄膜中层间界面两侧存在松散层浓度差，当电晕放电路径由高松散层浓度一侧向低松散层浓度一层发展时，即从掺杂层向纯 PI 层发展，这种松散层浓度梯度使得层间界面能够对电晕放电路径起到很强的阻碍作用，延长了其耐电晕时间。随着纳米 Al_2O_3 含量增加，层间界面两侧松散层的浓度差增大，对电晕放电路径的阻碍作用更强，因此我们发现在高掺杂量下 Al_2O_3/PI 三层复合薄膜的耐电晕时间比单层复合薄膜提高得更多；另外，层间界面中大量能级较深的陷阱可以抑制空间电荷的积累，阻碍载流子移动，提高其耐电晕性能。图 5-36 为复合薄膜电晕老化模型，图 5-37 不同掺杂层含量的层间界面区电晕放电路径的扩散示意图。从图上可以看出，单层薄膜的放电路径和热传导主要沿着纵向贯穿整个薄膜，而三层复合薄膜的放电路径以及热散失主要是沿着表面进行，这种改变有利于减少三层薄膜的纵深破坏并能及时散失热量，从而提高薄膜的耐电晕时间。

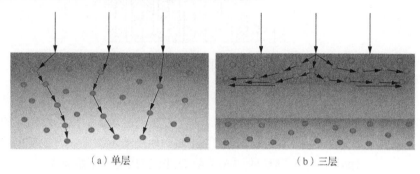

（a）单层　　　　　　　　　　　　（b）三层

图 5-36　Al$_2$O$_3$/PI 复合薄膜电晕老化模型

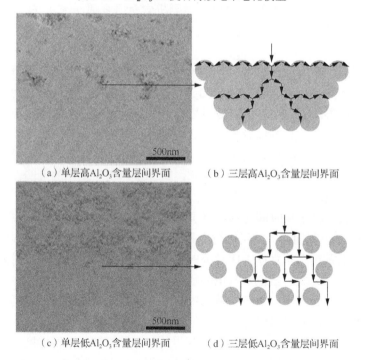

（a）单层高Al$_2$O$_3$含量层间界面　　　（b）三层高Al$_2$O$_3$含量层间界面

（c）单层低Al$_2$O$_3$含量层间界面　　　（d）三层低Al$_2$O$_3$含量层间界面

图 5-37　层间界面区中电晕放电的扩散路径

2. Al$_2$O$_3$/PI 复合薄膜电晕老化前后表面形貌变化

图 5-38 为薄膜表面电晕老化区域的宏观形貌图。从图中可以观察到，耐电晕老化后薄膜表面形成一种近似圆环结构，其中区域 A 为腐蚀区，区域 B 为中心区，并且电晕老化击穿点很难通过肉眼从薄膜表面的宏观形貌图中观察到。

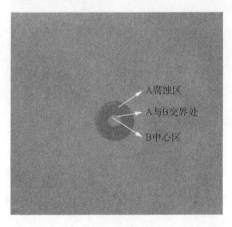

图 5-38　薄膜表面电晕老化区域的宏观形貌图

耐电晕老化试验使用的电极为 Φ6mm 圆柱/平板电极，由于电极间距离为薄膜厚度，因此电极与薄膜接触区域为圆形。试验电压为 2 kV，作用于薄膜表面的电场强度远低于薄膜的击穿场强，因此短时间内不会在电极与薄膜的接触区域发生击穿破坏。由于圆柱电极端部存在着约 Φ1mm 大小的倒角，电晕老化放电则主要发生在倒角与薄膜之间的气隙内，电晕放电能够侵蚀薄膜试样的表面组织、破坏表面形貌，因此形成区别于未电晕老化薄膜表面形貌的电晕老化腐蚀区域，即 A 区。在圆柱形电极中部与薄膜试样紧密接触的区域内由于未形成放电气隙，表面放电量很少，对薄膜试样表面的侵蚀作用非常微弱，其表面形貌几乎没有发生改变，因此形成与未电晕老化薄膜表面形貌非常接近的未腐蚀区域，即 B 区。电晕破坏是一个复杂的过程，试验过程中挑选 3 个电晕击穿老化孔位于不同区域的薄膜进行 SEM 形貌观察。

图 5-39 为电晕击穿老化孔位于电晕腐蚀区（A 区）的 SEM 图像。从图中可以看出，电晕击穿老化孔为直径约 20 μm 的圆形孔洞，电晕击穿老化孔附近 PI 基体被腐蚀得非常严重，击穿老化孔周围为大量的蜂窝状破坏，稍远处为大量的絮状无机物，薄膜表面基体被破坏殆尽，电晕击穿老化孔由远及近破坏程度逐渐加深，这是因为，电极倒角处的电晕放电最强，对薄膜造成了严重的破坏，在击穿发生的一瞬间也会形成更强的注入电流，对薄膜击穿位置造成了更为严重的破坏。

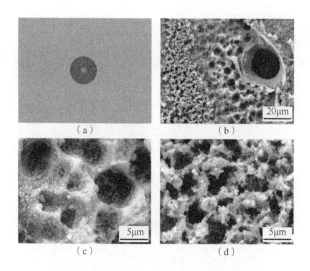

图 5-39　电晕击穿老化孔及电晕腐蚀区形貌

图 5-40 为电晕击穿老化孔位于中心区（B 区）的 SEM 图像。从图中可以看出，电晕击穿老化孔为直径约 20μm 的圆形孔洞，大小与发生在腐蚀区的击穿老化孔一致。从图中可以看出，电晕中心区域几乎没有被电晕腐蚀破坏，中心区域薄膜表面形貌平整。这是因为，电极正下方的中心区域电场强度比较弱，电晕放电很难在此发生。而此处发生击穿显然不是电晕破坏造成的，结合文献报道，原因可能是中心区位置为热量不易散失的区域，随着时间延长，此处的热量越积越多，最终引发了热击穿。

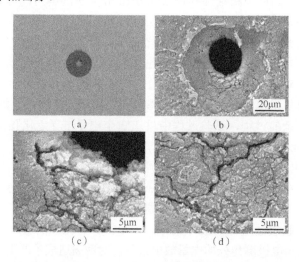

图 5-40　电晕击穿老化孔及电晕腐蚀区形貌（交界处）

　　图 5-41 为电晕击穿老化孔位于电晕腐蚀区与中心区交接处的 SEM 图像。试验中复合薄膜在此处出现电晕击穿老化孔的概率要比另外两种击穿的概率大。在此处发生的击穿有以上两种击穿的共同特点构成，击穿老化孔周围的形貌和中心区比较，发生了明显破坏，但是破坏远不如电晕区的击穿严重，原因可能是发生在此处的击穿由热积累和电晕破坏共同决定。

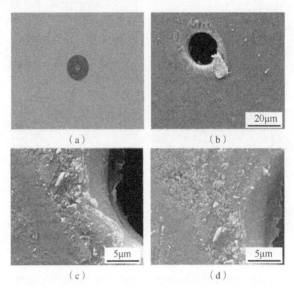

图 5-41　电晕击穿老化孔及电晕腐蚀区形貌（中心处）

　　图 5-42 是纯 PI 薄膜在电晕老化过程中的表面微观形貌变化，其中图 5-43（a）、图 5-43（b）、图 5-43（c）、图 5-43（d）分别是电晕老化 1min、2min、3min 及 5min 后的薄膜试样表面 SEM 图。在电晕放电现象初期，纯 PI 薄膜试样表面变得凸凹不平，电晕区域内有大量的小鼓泡结构出现，如图 5-43（a）所示。随着电晕放电时间的增加，鼓泡结构逐渐变大并连成片。当电晕放电时间达到 5min 时，部分鼓泡结构发生破裂形成较深的击穿老化孔，导致薄膜试样被电晕击穿，表明纯 PI 薄膜的耐电晕时间为 5min。在外界高频方波脉冲电压的作用下，从电极注入的载流子会不断冲击 PI 大分子链，使基体结构逐渐被破坏，同时薄膜内部会产生大量的具有较高化学活性的 H·和 O·自由基，这些高活性自由基能够腐蚀聚合物大分子链，侵蚀薄膜表面，使薄膜表面的 PI 基体发生化学及物理降解，PI 基体的降解产物一部分形成气体从薄膜表面挥发出去，因此薄膜试样表面的平整度变差并逐渐形成鼓泡结构。在电晕放电的过程中纯 PI 薄膜内部也会产生热效应，随着电晕放电时间的增加，薄膜内部的温度逐渐升高，容易产生局部高温，导致薄膜内部出现氧化、熔融等现象，进而腐蚀基体。当电晕放电时间进一步增加，纯 PI

薄膜基体的腐蚀更加严重，表面鼓泡结构逐渐破裂，内部逐渐形成腐蚀通路，最终导致纯 PI 薄膜被电晕击穿。

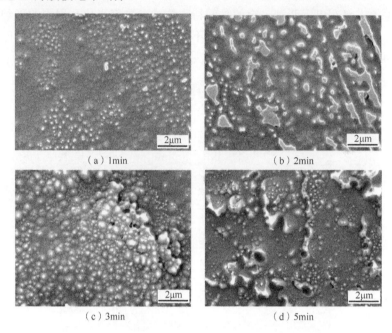

（a）1min　　　　　　　　　　　　　（b）2min

（c）3min　　　　　　　　　　　　　（d）5min

图 5-42　　纯 PI 薄膜电晕老化过程中的表面微观形貌变化

图 5-43 是纳米 Al_2O_3 质量分数为 16 ％的三层复合薄膜在电晕老化过程表面微观形貌的变化，图 5-43（a）～图 5-43（d）分别是电晕老化 10min、50min、150min 及 250min 后的薄膜试样表面 SEM 图。由于 Al_2O_3/PI 三层复合薄膜的层间结构为掺杂层-纯 PI 层-掺杂层，与三层复合薄膜具有相同无机含量的单层复合薄膜位于纯 PI 层两侧，因此我们观察到的 Al_2O_3/PI 三层复合薄膜表面的微观形貌变化实际上即为单层复合薄膜的表面变化。在电晕放电现象初期，薄膜表面开始观察到纳米颗粒的出现，随着电晕放电时间增加，暴露出来的纳米颗粒数量越来越多，并且开始出现较大的纳米颗粒团。与纯 PI 薄膜表面的鼓泡现象不同，在电晕放电过程中复合薄膜的表面更像是一个腐蚀沉积的过程，PI 基体被腐蚀，暴露出来的无机颗粒逐渐接近并团聚在一起，在薄膜表面形成许多沟槽状结构。当复合薄膜最终被电晕击穿时，沟槽增大增深，结构松散，薄膜表面完全被腐蚀成近似絮状结构，如图 5-43（d）所示。

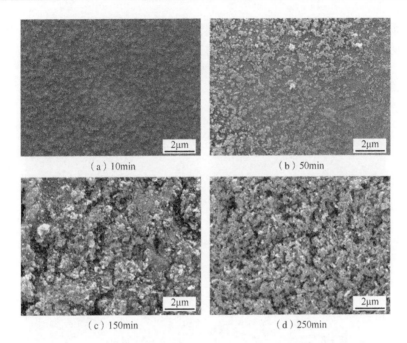

（a）10min　　　　　　　　　　　（b）50min

（c）150min　　　　　　　　　　　（d）250min

图 5-43　Al$_2$O$_3$/PI-16 %三层复合薄膜电晕老化过程中的形貌变化

3. Al$_2$O$_3$/PI 三层复合薄膜电晕击穿老化孔形貌特点

为研究电晕击穿老化孔的微观结构与形貌，进一步将 Al$_2$O$_3$/PI 三层复合薄膜表面电晕击穿老化孔处的 SEM 图放大，并对其内部结构与形貌进行观察。图 5-44 为三层复合薄膜电晕击穿老化孔的表面形貌特征，图 5-44（a）为电晕击穿老化孔的形貌，图 5-44（b）～图 5-44（d）为电晕击穿孔由近到远的三个区域，腐蚀程度逐渐减弱。

图 5-45 为 Al$_2$O$_3$/PI 三层复合薄膜表面电晕击穿老化孔内部的微观形貌。由图 5-45（a）可知，在电晕击穿老化孔中也具有比较明显的分层结构；图 5-45（b）～图 5-45（d）对应三层薄膜电晕击穿老化孔的三个区域。根据 Al$_2$O$_3$/PI 三层复合薄膜的成膜原理，复合薄膜表面为掺杂层，通过对表面层的断面进行观察，如图 5-45（b）所示，可以比较容易地发现因电晕腐蚀而形成的沟槽或孔洞结构的断面，同时也能够观察到纳米 Al$_2$O$_3$ 颗粒的聚集团；图 5-45（c）显示了电晕击穿老化孔中间部位的断面形貌，其形貌与表面层断面形貌存在很大的区别，类似于一种泡状结构的断面形貌，与前面关于纯 PI 薄膜在电晕老化过程中表面会出现鼓泡结构的观察结论非常吻合，同时我们又对断面的某点进行了点扫描能谱分析，如图 5-46（a）所示。图 5-46（a）中发现其主要由 O、C 元素组成且没有 Al 元素出现，表明该断面区域为纯 PI 层；图 5-45（d）显示了电晕击穿老化孔下端区域的部分断面形貌，由图中可以观察到，该区域的断面形貌与图 5-45（b）中非常类似，均为沟槽或孔洞结构的断面结构，同时也对断面的某点进行了点扫描能谱分析，如图 5-46（b）显示其主要组成元素为 O、C 和 Al，说

明该断面区域为掺杂层。因此 Al$_2$O$_3$/PI 三层复合薄膜表面电晕击穿老化孔由上到下的结构为掺杂层、纯 PI 层以及掺杂层，表明三层复合薄膜被电晕击穿。

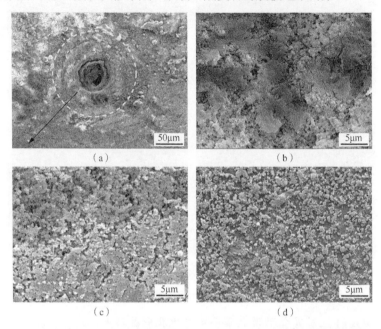

图 5-44　Al$_2$O$_3$/PI 三层复合薄膜表面电晕击穿老化孔内部的微观形貌

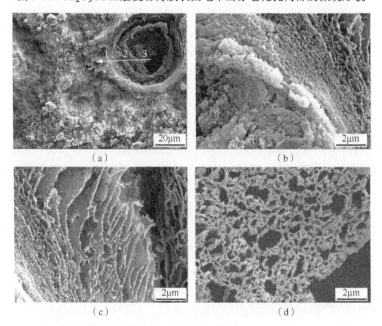

图 5-45　三层复合薄膜电晕击穿老化孔形貌

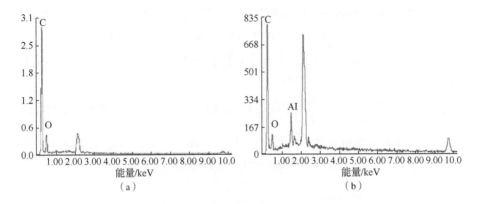

图 5-46　三层复合薄膜电晕击穿老化孔内部点扫描

5.5　聚酰亚胺薄膜电晕老化降解动力学研究

一般来说，化学反应动力学的研究对象包括以下三个方面：化学反应进行的条件（温度、压力、浓度及介质等）对化学反应速率的影响；化学反应的历程（机理）；物质的结构与化学反应能力之间的关系。聚合物降解动力学可以用来解释在特定条件下聚合物分解的内在机理，进而可以研究聚合物降解的规律并对聚合物的老化进行预测。本节在总结前人聚合物降解动力学分析的基础上，首先对薄膜的热降解进行了分析，之后对电晕放电下聚酰亚胺薄膜降解动力学进行研究，从聚合物降解角度上探讨聚酰亚胺薄膜的耐电晕机理。

5.5.1　聚合物热老化反应动力学基础

聚酰亚胺薄膜在电晕条件下降解的整个过程描述非常复杂，很难用精确的动力学模型来描述，原因是电晕本身产生了复杂的影响因素，包含了热效应、电效应和电化学效应，目前主要考虑到电晕带来的热效应，一般用热老化来模拟聚酰亚胺分子降解的过程[14]。

聚合物材料的热老化降解反应其本质上是高分子链的热裂解反应，其裂解反应速度为时间的函数，随着时间的延长热降解越来越严重，热降解反应转化率 α 的计算公式可表示为

$$\alpha = \frac{W_0 - W_t}{W_0 - W_f} \tag{5-11}$$

目前，利用热失重来计算聚酰亚胺降解动力学分析的方法包括 Nwekrik 法、Kissinger 法、Flynn-Wall-Ozawa 法、Coats-Redfern 法等[15-17]。

　　首先采用 Coats-Redfern 法对薄膜进行热降解分析，根据周浩然等[18]的计算，此时聚酰亚胺的反应级数 $n=2$，Coats-Redfern 法的方程可以简化如下。

$$\ln\left(\frac{\alpha}{T^2(1-\alpha)}\right) = \ln\left(\frac{AR}{\beta E}\left(1-\frac{2RT}{E}\right)\right) - \frac{E}{RT} \tag{5-12}$$

　　通过 $\ln\left(\dfrac{\alpha}{T^2(1-\alpha)}\right)$ 对 $\dfrac{1000}{T}$ 作图进行线性拟合之后，就可以求出活化能 E。

图 5-47 为纯膜的热失重曲线。失重率在 5%、10%、15%、20%、25%时分别对应的温度图见表 5-3，由 Coats-Redfern 法拟合的参数见表 5-4。

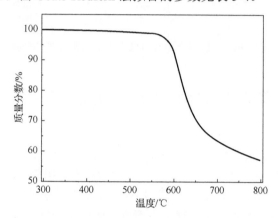

图 5-47　薄膜的热失重曲线

表 5-3　纯膜不同热失重率对应的温度

质量损失/%	温度/℃
5	591.84
10	604.60
15	614.28
20	623.62
25	635.07

表 5-4　纯膜的热降解拟合参数

$\ln\left(\dfrac{\alpha}{T^2(1-\alpha)}\right)$	$\dfrac{1000}{T}$
−15.7109	1.689646
−15.0064	1.653986
−14.5755	1.627922
−14.2574	1.603541
−14.0061	1.57463

将表 5-4 中的数据进行线性拟合得到的热降解曲线如图 5-48 所示，拟合得到的拟合的方程为 $\ln\left(\dfrac{\alpha}{T^2(1-\alpha)}\right) = -14.94\dfrac{1000}{T} + 9.63$。

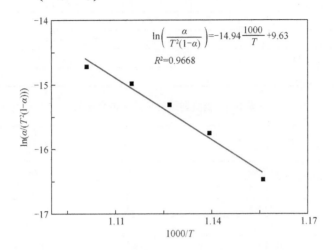

图 5-48　线性拟合的热降解曲线

根据 Coats-Redfern 法的简化方程可得

$$-\frac{E}{RT} = -14.94\frac{1000}{T}$$

从而可以求出薄膜的热降解活化能为

$$E = 27.9791 \times 1000 \times R = 14.94 \times 1000 \times 8.314 = 124.21\text{kJ/mol}$$

同理，对复合薄膜进行求解。图 5-49 为复合薄膜的热失重曲线图。

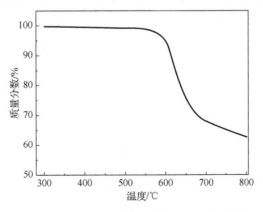

图 5-49　复合薄膜的热失重曲线图

不同失重下的温度见表 5-5，Coats-Redfern 法拟合的参数见表 5-6。

表 5-5　复合薄膜不同热失重率对应的温度

质量损失/%	复合薄膜/℃
5	598.87
10	614.76
15	625.45
20	635.48
25	649.67

表 5-6　复合薄膜的热降解拟合参数

$\ln\left(\dfrac{\alpha}{T^2(1-\alpha)}\right)$	$\dfrac{1000}{T}$
-15.7345	1.669811
-15.0397	1.626651
-14.6115	1.598849
-14.2951	1.573614
-14.0515	1.539243

将表 5-6 中的数据进行拟合，结果如图 5-50 所示。

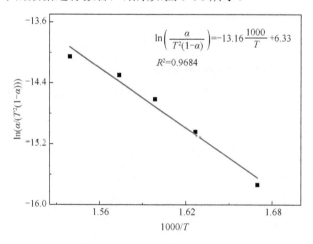

图 5-50　线性拟合的薄膜热降解曲线以及方程

由此到复合薄膜的拟合的方程为 $\ln\left(\dfrac{\alpha}{T^2(1-\alpha)}\right)=-13.16\dfrac{1000}{T}+6.33$。

根据 Coats-Redfern 法的简化方程可得

$$-\frac{E}{RT}=-13.16\frac{1000}{T}$$

从而可以求出复合薄膜的热降解活化能 E 为

$$E = 13.16 \times 1000 \times R = 13.16 \times 1000 \times 8.314 = 109.41 \text{kJ/mol}$$

从热老化模拟出的热降解活化能结果来看，纯膜的热老化降解活化能为
124.21kJ/mol，复合薄膜的热老化降解活化能为 109.41kJ/mol。纯膜的热老化降解
活化能和复合薄膜的热老化降解活化能相差不大，而且纯膜的热老化降解活化能
稍微高一些。从降解角度来讲，活化能越高，薄膜应该越难于降解，在实际应用
过程中应该拥有更好的耐电晕性能，而实际上，复合薄膜的耐电晕性能要高于纯
膜，表明用热老化模型很难从聚合物的降解角度对薄膜耐电晕的性能进行分析。
因此，基于前人研究成果，除了对聚酰亚胺薄膜进行常规的热老化降解分析外，
还通过薄膜在持续电晕放电下的质量损失进行检测，对聚酰亚胺薄膜在电晕下的
降解动力学分析。

5.5.2　聚酰亚胺复合薄膜电晕降解机理分析

考虑到薄膜在试验过程中因为电晕老化击穿和电流过大而出现保护性断电，
导致电晕无法持续的问题。本节采用薄膜双层叠加，在测试薄膜下面放入一个大
小为 4 cm×4 cm 氧化铝掺杂量（质量分数）为 13%的聚酰亚胺/氧化铝复合薄膜，
这样可以防止短时间内出现保护性断电问题，从而可以维持持续的电晕放电。试
验装置简图如图 5-51 所示。

试验的测试条件：试验电压峰峰值为 2 kV；脉冲波形为方波；脉冲频率为 20
kHz；脉冲间隔为 25μs；脉冲占空比为 50%；脉冲极性为双极性；电极类型为 Φ6mm
圆柱/平板电极；电极间距离为试样厚度。试样大小为 1cm×1cm。考虑到电晕放电
下，薄膜的质量损失很小，薄膜质量损失的确定由 Perkin-Elmer TGA7 型热重分
析仪上的精密天平来进行定量，该天平可以精确到 0.01 mg，解析度 1μg，灵敏度
0.1μg，热重噪声<1μg。

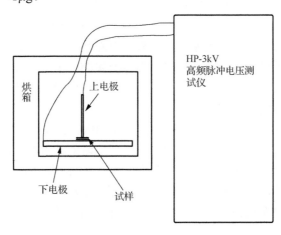

图 5-51　聚酰亚胺电晕降解动力学分析试验装置简图

聚酰亚胺薄膜的电晕降解过程本质上就是聚酰亚胺分子链在电晕作用下，受到电晕的多重作用而发生了降解反应，最终导致分子链生成了可挥发性的小分子物质，如水蒸气、一氧化氮、二氧化氮、一氧化碳、二氧化碳等气体[19,20]。在此前提基础上，为了方便模型的建立和计算，特别说明以下三条假设条件。

（1）假设电晕放电全部分布在电晕环区一定的面积内，该区域可以通过测量进行确定，面积的大小与电晕环的大小相等，而且电晕放电在此区域呈现均匀分布，既该区域内薄膜的表面承受相同强度、相同大小的放电。

（2）假设电晕放电的强弱不受薄膜厚度的影响，电晕放电会破坏薄膜表面，引起薄膜厚度的变化，考虑到薄膜厚度变薄会引发电晕发生改变，纯膜试样的厚度和复合薄膜试样的厚度也存在差异，因此假定放电强度不变。

（3）假设电晕放电在试验过程中不受其他因素（如温度变化和时间变化等）的影响，即在试验进行过程中电晕维持均匀稳定的放电直到试验结束。

在电晕放电下聚酰亚胺分子的降解非常复杂，在不考虑具体生成物的情况下，可分为两种不同的降解路径。路径 1 为，首先在电晕破坏作用下聚酰亚胺开始降解引起聚合度下降从而形成低聚物，接着低聚物再进一步受破坏转化为挥发物引起质量损失。降解路径 1 可简单表示如下：

$$聚酰亚胺 \longrightarrow 低聚物$$
$$低聚物 \longrightarrow 挥发物$$

电晕放电的瞬间有高达 $1000\ ^\circ C$ 的高温，考虑到电晕放电瞬间产生的热效应，表层的聚酰亚胺分子可能在高温作用下，直接就发生了气化分解而造成质量损失。与此同时，电晕放电下产生的低聚物也可能生成热效应造成的质量损失（挥发物 A）和电化学造成的质量损失（挥发物 B）。因此此时的降解路径（路径 2）可表示为

$$聚酰业胺 \longrightarrow 低聚物 + 挥发物$$
$$低聚物 \longrightarrow 挥发物 A（热效应） + 挥发物 B（电化学效应）$$

从以上分析可以看出，电晕放电下聚酰亚胺薄膜发生了较为复杂的反应，一方面，电晕破坏使分子链断裂发生降解形成低聚物；另一方面，电晕破坏直接使聚酰亚胺部分直接气化，与此同时生成的低聚物也可能直接气化。这些因素都可以引起聚酰亚胺薄膜的质量损失。

图 5-52 为纯膜在不同温度下对不同电晕放电老化时间下的质量损失。从图上可以看出，一方面，在同一温度下随着电晕放电时间的延长，薄膜的质量损失不断增加，这是由于电晕放电产生的高活性气体（O_3、NO_2、NO 等），高能射线（紫外线等）以及高温导致薄膜分解气化产生了质量损失；另一方面，随着温度升高，薄膜的质量损失也在加快，这是因为随着温度升高，薄膜的降解速率增加，薄膜更加容易被分解气化。

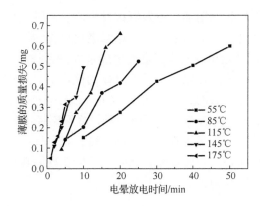

图 5-52 不同温度下纯膜在电晕放电下的质量损失图

图 5-53 为复合薄膜在不同温度下对不同电晕放电老化时间下的质量损失,从图上可以看到和图 5-52 中纯膜的质量损失有类似的趋势,即在同一温度下随着电晕放电时间的延长,薄膜的质量损失不断增加,随着温度的升高,薄膜的质量损失加快。出现这些现象的原因和纯膜类似,也是由于降解速率随着温度升高不断加快造成的。另外,和图 5-52 中纯膜在相同温度和时间下作比较可以发现,复合薄膜的质量损失比薄膜有了明显下降,这说明引入氧化铝之后薄膜抵抗电晕的能力明显增加了,复合薄膜的质量损失就变小了。

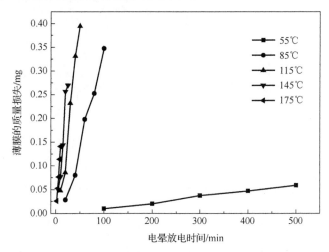

图 5-53 复合薄膜在电晕放电下的质量损失图

根据上述试验结果,对复合薄膜电晕放电过程的理论分析认为,在电晕放电作用下,聚酰亚胺分子主链上的酰亚胺环发生开环反应,碳氮键(C—N)开始出现断裂,同时醚键(C—O—C)发生断裂,导致分子链的聚合度出现下降;随着聚酰亚胺薄膜承受电晕时间增加，更多醚键发生断裂，导致聚酰亚胺分子链进一步发生裂解，聚合度进一步被降低，随着电晕老化进程继续，酰亚胺环上另外一个碳氮键（C—N）也开始出现断裂，进而生成了大量芳香环衍生物，聚酰亚胺分子量开始急剧地降低。之后在以上高活性气体的催化下，经过再结合、进一步降解和破碎过程最终转化为 H_2O、NO、NO_2、CO、CO_2 等小分子挥发物。在降解过程中，聚酰亚胺分子主要降解路径主要有两种，降解路径 1 如图 5-54 所示，酰亚胺环上的 C—N 键断裂，生成不稳定的中间产物，该基团会继续反应生成苯胺、邻苯二甲酸亚酰胺和 CO，之后苯胺和邻苯二甲酸亚酰胺在活性物质下进一步破碎结合生成了小分子挥发物。

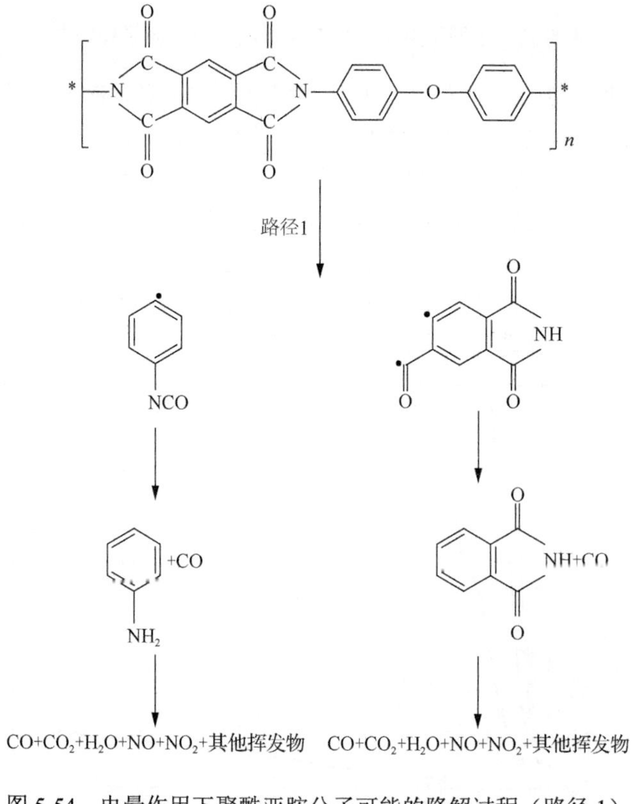

图 5-54　电晕作用下聚酰亚胺分子可能的降解过程（路径 1）

　　降解路径 2 如图 5-55 所示，为醚键与酰亚胺环相连的 C—N 键断裂，当该C—N 键与醚键同时断裂时形成的中间产物与 H·结合后形成苯酚的同时，断键后形成的酰亚胺环内通过原子置换并断键释放出 CO_2、NO_2、NO 后形成苯甲氰、间苯二甲氰、对苯二甲氰和苯环等混合物，并在高活性气体的作用下经过破碎再结合最终转化为小分子挥发物[21, 22]。因此，高活性气体的存在大大降低了聚酰亚胺分子的降解活化能。

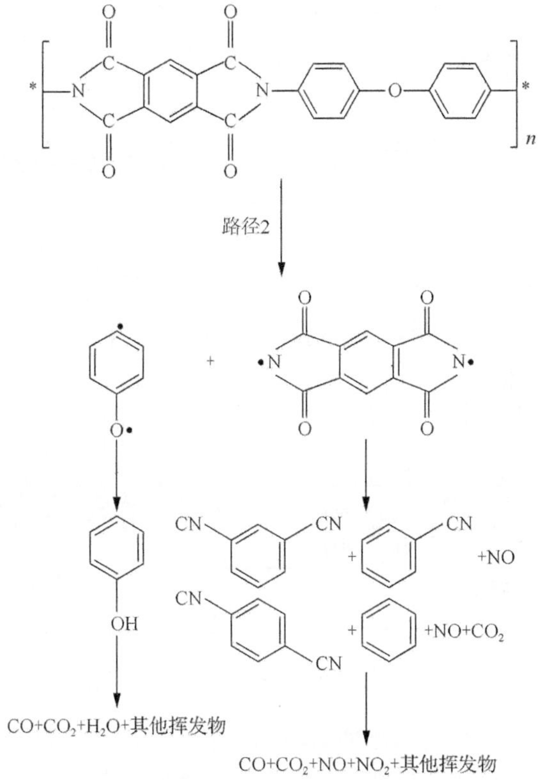

图 5-55　电晕作用下聚酰亚胺分子可能的降解过程（路径 2）

　　试验结果表明，复合薄膜的电晕降解活化能要比纯膜高，也就是说引入氧化铝之后，可以提高聚酰亚胺分子的电晕降解活化能。这是因为对于聚酰亚胺薄膜来说，其电晕老化过程可以说是表面电晕放电对其从表面开始并缓慢向介质内部发展的破坏过程。电晕放电产生高能电子束、紫外线、臭氧等，对薄膜表面进行侵蚀破坏，使介质表面的有机物发生化学及物理降解，降解的有机物最终作为气体挥发，具体表现为聚合物的质量损失，厚度变薄。随着老化的进行，放电进一步侵蚀薄膜表面，薄膜被腐蚀的区域增大并逐渐向内部发展。而通过引入氧化铝粒子制备的复合薄膜，其中无机粒子具有更好的导电性，可以匀化电场，屏蔽高能电子束，紫外线和电晕产生的有害气体，同时无机粒子本身就具有化学稳定性和耐电晕性能，随着薄膜表面有机相的减少，无机物裸露并聚集在薄膜的表面，形成了耐电晕阻挡层，起到保护薄膜被电晕进一步伤害的作用，因此提高了薄膜的降解活化能，从而延长了薄膜的耐电晕寿命[23, 24]。

　　纯膜和复合薄膜的电晕降解过程模型见图 5-56 和图 5-57，纯膜在电晕放电下持续受到电晕的破坏，而复合膜由于表面氧化铝层的存在，对内部的基体起到了保护作用，大大减少了电晕对聚酰亚胺分子的伤害。

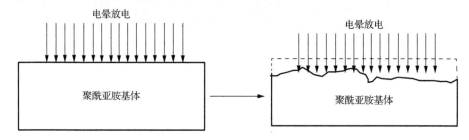

图 5-56 纯膜的电晕老化降解过程模型

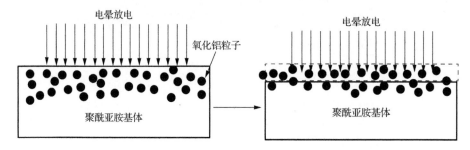

图 5-57 复合薄膜的电晕老化降解过程模型

电晕放电会产生紫外线等高能射线和高能粒子，其能量大概在 3～5eV。从表 5-7 中的聚酰亚胺分子的键能可以看出，这些射线会足够使聚酰亚胺分子中的 C—C、C—O 键和部分官能团的化学键断裂，引起聚酰亚胺薄膜分解、变色、进而降低聚酰亚胺的分子量，而氧化铝的引入可以大量吸收高能粒子，对分子起到了保护作用[25]。因此，复合薄膜的降解活化能得到了提高。

表 5-7 聚酰亚胺分子中化学键的键能

化学键	键能/eV
C—C	3.58
C—H	4.24
C—O	3.70
C—N	3.16
C=C	6.24
C=O	8.27

电晕放电可以产生瞬间高达 1000°C 的高温，很明显会引发薄膜发生热老化，从这个角度来说，考虑薄膜的热老化是必要的，但是从以上分析来看还要考虑到电晕放电在多方面对薄膜造成的破坏性影响，仅仅用热老化来模拟电晕老化是不

够的。此外，还可以看出，纯膜的热老化降解活化能（124.21 kJ/mol）和电晕下的降解活化能（14.72 kJ/mol）相差了 8.4 倍，复合薄膜的热降解活化能（109.41 kJ/mol）和电晕下的降解活化能（48.37 kJ/mol）相差了 2.3 倍。由以上分析可知，复合薄膜中引入氧化铝之后，提高了薄膜抗电化学降解的能力，因此相差倍数较小；而纯膜没有任何的防护，大大增加了电化学降解的可能，因此相差倍数大。这说明纯膜在电晕放电下除了热老化之外更容易发生电化学降解，而引入氧化铝的复合薄膜由于氧化铝的抗电晕和保护聚酰亚胺分子的作用，大大增加了抵抗电晕对聚酰亚胺分子的化学降解的能力，因此热老化和电晕老化的相差倍数明显缩小了。

5.6　本章小结

本章首先针对聚酰亚胺复合薄膜的绝缘特性进行了全面介绍，对其击穿机理进行了分析；其次，结合复合薄膜耐电晕性能测试结果，分析并提出 Al$_2$O$_3$/PI 三层复合薄膜中层间界面两侧存在松散层浓度差的观点，说明了层间界面起到提高其耐电晕性能的作用；之后在总结前人研究的聚酰亚胺薄膜降解过程的基础上，利用热老化分析按照 Coats-Redfern 法计算出纯膜和复合薄膜的热降解活化能，同时建立了聚酰亚胺薄膜在电晕下的降解动力学模型。理论分析认为，聚酰亚胺薄膜的电晕降解活化能比热降解活化能小说明电晕对薄膜的破坏不仅仅是热效应造成的，电晕所产生高活性气体、高能射线和粒子对薄膜会造成严重的破坏，引发薄膜的电化学降解。纯膜由于缺少保护更容易发生电化学降解。复合薄膜中由于引入了氧化铝，氧化铝对聚酰亚胺分子形成了保护作用，从而提升了薄膜的抗电晕降解的能力，进而提高了薄膜的耐电晕寿命。

参 考 文 献

[1] 邱昌容, 曹晓珑. 电气绝缘测试技术[M]. 3 版. 北京: 机械工业出版社, 2001: 69-71.

[2] 石慧. 耐电晕纳米 Al$_2$O$_3$ 聚酰亚胺复合薄膜的制备与性能研究[D]. 哈尔滨: 哈尔滨理工大学, 2013: 23-25.

[3] 陈昊. 纳米氧化铝改性聚酰亚胺薄膜的结构与性能研究[D]. 哈尔滨: 哈尔滨理工大学, 2009: 17-18.

[4] Shi H, Liu L Z, Weng L, et al. Preparation and characterization of polyimide/Al$_2$O$_3$ nanocomposite film with good corona resistance[J]. Polymer Composites, 2016, 37(3): 763-770.

[5] 刘学忠, 徐传骧. PWM 变频调速电动机端子上电压特性的研究[J]. 电工技术学报, 2000, 15(5): 26-29.

[6] Shi H, Liu L Z, Weng L, et al. The microstructure and property study of tri-layer polyimide/Al$_2$O$_3$ nanocomposite films[J]. International Journal of Manufacturing Technology and Management, 2016, 30(6): 443-455.

[7] 赵瑞刚, 景治, 范建中. 变频调速技术的原理、应用及节能分析[J]. 内蒙古科技与经济, 2009(5): 97-98.

[8] Cui X, Zhu G, Liu W, et al. Mechanical and dielectric properties of polyimide/silica nanocomposite films[J]. Plastics Rubber & Composites, 2015, 44(10): 435-439.

[9] Siddiqiu K M, Sahay K, Giri V K. Simulation and transient analysis of PWM inverter fed squirrel cage induction

motor drives[J]. Journal on Electrical Engineering, 2014.

[10] Feng Y, Yin J H, Chen M H, et al. Dielectric properties of PI/BaTiO$_3$ with disparate inorganic content[C]. Proceedings of the 6th International Forum on Strategic Technology, IFOST, 2011, 226-229.

[11] Laurent C, Massines F, Mayoux C. Optical emission due to space charge effects in electrically stressed polymers[J]. IEEE Transactions on Dielectrics and Electrical Insulation, 1997, 4(5):585-603.

[12] Lidzey D, Bradley D, Alvarado S, et al. Electroluminescence in polymer films[J]. Nature, 1997, 386(2): 135-138.

[13] Zha J W, Dang Z M, Song H T, et al. Dielectric properties and effect of electrical aging on space charge accumulation in polyimide/TiO$_2$ nanocomposite films[J]. Journal of Applied Physics, 2010, 108(9): 094113.

[14] 虞鑫海, 徐永芬, 赵炯心, 等. 134BAPB/PMDA 聚酰亚胺薄膜的热降解动力学研究[J]. 化学与粘合, 2008(4): 5-8, 32.

[15] Zhang M Y, Liu L Z, Weng L, et al. Fabrication and properties of aluminum oxide/polyimide composite films via ion-exchange technique using different alkali solution[C]. The 8th International Forum on Strategic Technology, 2013 (1): 77-80.

[16] 张明玉, 姜秀刚, 刘立柱, 等. 聚酰亚胺在电晕放电下击穿特点分析[C]. 中国电介质材料年会, 2015: 283-286.

[17] Zhang M Y, Liu L Z, Weng L, et al. Fabrication and characterization of polyimide/Al$_2$O$_3$ composite films via surface modification and ion-exchange techniques[J]. Pigment and Resin Technology, 2016, 45(1): 77-90.

[18] 周浩然. PI/Al$_2$O$_3$ 杂化薄膜 AI 含量分析方法、电晕老化及热老化寿命研究[D]. 哈尔滨: 哈尔滨理工大学, 2011.

[19] 张明玉, 刘立柱, 翁凌, 等. 聚酰亚胺/氧化铝复合薄膜在电晕放电下的老化过程以及击穿特点[J]. 高电压技术, 2016.

[20] 叶建栋. 纳米 Al$_2$O$_3$ 掺杂聚酰亚胺薄膜热老化研究[D]. 哈尔滨: 哈尔滨理工大学, 2010: 31-39.

[21] 何世禹, 杨德庄, 焦正宽. 空间材料手册[M]. 北京: 中国宇航出版社, 2012: 29-36.

[22] 罗阳, 吴广宁, 夏金凤, 等. 方波脉冲电压下聚酰亚胺降解机理(英文)[J]. 高电压技术, 2013, 39(8): 1925-1931.

[23] 李卓, 宋海旺, 刘金刚, 等. 含磷聚酰亚胺薄膜在原子氧环境中的降解研究[J]. 航天器环境工程, 2011(2): 228-232.

[24] Dinetz S F, Bird E J, Wagner R L, et al. A comparative study of the gaseous products generated by thermal and ultra-violet laser pyrolyses of the polyimide PMDA-ODA[J]. Journal of Analytical and Applied Pyrolysis, 2002, 63(2): 241-249.

[25] El-Hag A H, Simon L C, Jayaram S H, et al. Erosion resistance of nano-filled silicone rubber[J]. IEEE Transactions on Dielectrics and Electrical Insulation, 2006, 13(1): 122-128.

第 6 章　微电子领域用聚酰亚胺复合薄膜

随着微电子科学技术不断革新，各类型电子元器件尺寸越来越小[1]。近年来，电子封装的元件主要是无源器件，其所占比例在六成以上，而电容器所占的比例又超过了一半。有报道指出，利用高介电常数材料制备成的无源器件的尺寸只是传统振荡器和介质相的 $1/K^{1/2}$（K 为介质的介电常数）[2]。由此可知，高介电常数材料的制备是电子器件微型化发展的关键。所以，如何能获得兼具高介电常数和低介电损耗的新型电介质工程材料已成为目前国内外的研究热点。

早期的高介电材料，大多为单一组分的介电材料（铁电陶瓷材料），尽管这一类材料具有较高的介电常数，但这类材料的烧结温度高、可加工性差，且难以加工成薄膜状产品，因此无法满足产品小型化、轻型化的要求[3]。聚合物材料具备良好的加工成型性能、柔性好和介电损耗低等优点，但其介电常数和储能密度普遍较低，限制了这类材料的应用。因此，将陶瓷材料和聚合物材料复合已成为工程电介质领域研究人员的重点研究方向之一。

由于该类复合材料在电能存储过程中会自身发热，而使用环境温度通常较高也会导致材料温度升高，当温度升高到聚合物基体的热分解温度时，会导致材料发生形变，因此热稳定性是复合材料非常重要的一项技术指标[4]，必须选择具有良好耐热性能的树脂基体。聚酰亚胺具有极好的耐热性，适合于作为基体材料，制备具有良好耐热性能的高介电常数复合材料。近年来，以聚酰亚胺为基体进行高介电复合材料的制备及性能研究工作受到了微电子领域研究学者的广泛关注，本书作者及其研究团队也在这一领域开展了一定研究，现将部分研究结果归纳总结后列于本章中。

6.1　BaTiO$_3$/PI 复合薄膜

钛酸钡是钛酸盐系列电子陶瓷的基础母体原料，被称为电子陶瓷业的支柱，它具有高的介电常数和低介电损耗的特点，有优良的铁电、压电、耐压和绝缘性能，在电子和光学工业中得到广泛的应用[5]，被广泛地应用于制造陶瓷敏感元件，尤其是正温度系数热敏电阻（positive temperature coefficient thermistor）、多层陶瓷电容器（multilayer ceramic capacitor）、热电元件、压电陶瓷、声呐、红外辐射探测元件、晶体陶瓷电容器、电光显示板、记忆材料、聚合物基复合材料及涂层等[6]。

关于 BaTiO$_3$ 的高介电特性研究，目前较多集中在制备 BaTiO$_3$ 薄膜上。但包括 BaTiO$_3$ 在内的纯无机材料薄膜脆性很大，难以得到大面积、柔顺性的高介电常数膜。与聚合物相结合制备聚合物基 BaTiO$_3$ 复合膜是克服这些缺点的主要手段之一[7]。

6.1.1　BaTiO$_3$/PI 复合薄膜的制备

采用原位聚合法和机械分散法分别制备了一系列纳米 BaTiO$_3$/PI 复合薄膜（表 6-1），并将下列薄膜分为 1、2、3、4、5 进行无机粉体质量分数的对比。

表 6-1　BaTiO$_3$/PI 复合薄膜的组分配比

方法	试样编号	组分	无机粉体质量分数/%
	PI -0	纯膜	0
原位聚合法	PI 1-1	纳米 BaTiO$_3$/PI	10
	PI 1-2	纳米 BaTiO$_3$/PI	20
	PI 1-3	纳米 BaTiO$_3$/PI	30
	PI 1-4	纳米 BaTiO$_3$/PI	40
	PI 1-5	纳米 BaTiO$_3$/PI	50
机械分散法	PI 2-1	纳米 BaTiO$_3$/PI	10
	PI 2-2	纳米 BaTiO$_3$/PI	20
	PI 2-3	纳米 BaTiO$_3$/PI	30
	PI 2-4	纳米 BaTiO$_3$/PI	40
	PI 2-5	纳米 BaTiO$_3$/PI	50

6.1.2　BaTiO$_3$/PI 复合薄膜的微结构

如图 6-1 所示为分别采用原位分散法和机械分散法制备的 BaTiO$_3$/PI 复合薄膜的表面形貌 SEM 图，其中纳米钛酸钡粉体的体积分数均为 10 %。由图 6-1 可以看出，粉体的不同分散方式对最终产物的均匀性具有非常明显的影响。采用原位分散法制备的 BaTiO$_3$ 掺杂 PI 复合材料（图 6-1（a））内部无机粒子的分散非常均匀，几乎看不到明显的团聚现象，说明该方法能够有效地将纳米钛酸钡粉体进行分散。使用机械分散法制备 BaTiO$_3$/PI 复合材料，SEM 图显示无机纳米钛酸钡粉体在聚酰亚胺薄膜内部出现了非常明显的团聚现象。

图 6-2 所示为纳米钛酸钡体积分数分别为 10%~50%的 BaTiO$_3$/PI 复合材料断面扫描图。由图 6-2 可以看出，随着无机粉体体积分数不断增加，钛酸钡粒子的分布越来越密集，但是无机相粒子的分散性均保持得较好，当体积分数达到 50% 时仍未出现明显的团聚现象。由此可见，使用原位分散法制备高钛酸钡粉体含量的聚酰亚胺复合薄膜是完全可行的。

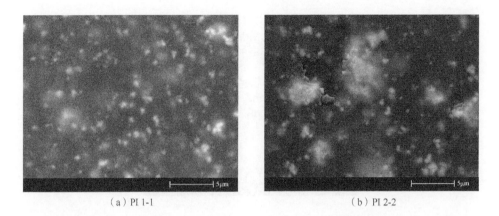

（a）PI 1-1　　　　　　　　　　　　　　　（b）PI 2-2

图 6-1　原位分散法和机械分散法制备的 BaTiO₃/PI 复合材料的表面形貌 SEM 图

（a）PI 1-1　　　　　　　　　　　　　　　（b）PI 1-2

（c）PI 1-3　　　　　　　　　　　　　　　（d）PI 1-4

（e）PI 1-5

图 6-2 不同体积含量的纳米钛酸钡/聚酰亚胺复合薄膜断面 SEM 图

图 6-3 为 $BaTiO_3$ 粒子、纯聚酰亚胺及 PI 1-5 复合薄膜的 FTIR 图。从图中可以看出，纯 PI 的特征吸收峰出现在 $1780cm^{-1}$、$1720cm^{-1}$、$1380cm^{-1}$ 和 $725cm^{-1}$，分别为 C=O 基团的不对称、对称伸缩振动、C—N 的伸缩振动和酰亚胺环上 C=O 的弯曲振动。而对于 $BaTiO_3$/PI 复合薄膜，除了 PI 的特征吸收峰外，在 $545cm^{-1}$ 处还出现了 $BaTiO_3$ 粒子的特征吸收峰；而且在 $2900 \sim 3200cm^{-1}$ 范围内几乎没有聚酰胺酸的—COOH 和—NH_2 基团的特征吸收峰，证明复合薄膜的亚胺化基本完全，$BaTiO_3$ 粒子的引入对聚酰胺酸的亚胺化无明显影响。

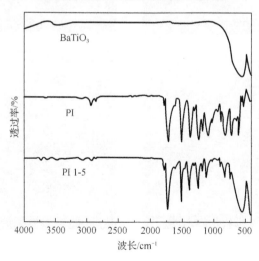

图 6-3 PI 薄膜的 FTIR 图

为了探讨 BaTiO₃/PI 复合薄膜在制备过程中无机相和有机相的稳定性，对样品进行了 XRD 测试，结果如图 6-4 所示。可以看出，纯的 BaTiO₃ 粒子在 $2\theta = 32.6°$，$39.8°$，$46.4°$，$57.2°$ 等处存在明显的衍射峰，对照标准 PDF（joint committee on powder diffraction standards，JCPDS）卡片可知，此 BaTiO₃ 粉体为立方晶型。与纯的 BaTiO₃ 粒子相比，BaTiO₃/PI 复合薄膜中 BaTiO₃ 对应的 XRD 峰没有明显的改变，表明复合物中 BaTiO₃ 粒子的晶体结构在制备过程中保持稳定。然而，复合膜中聚酰亚胺的 XRD 峰与纯聚酰亚胺相比发生了一定的改变：在纯的聚酰亚胺 XRD 谱图中，在 $2\theta = 17.5°$ 出现的馒头形衍射峰说明纯聚酰亚胺膜中的聚合物分子聚集成一个有序结构；而对于复合膜，聚酰亚胺相的衍生峰在 $2\theta = 5.2°$ 处。由此可知，BaTiO₃ 粒子的加入破坏了聚酰亚胺分子的有序排列，降低了聚酰亚胺分子链的排列密度，致使 d 值的增加，从而导致 2θ 角的减小。从 XRD 谱图上来表示，即 PI 衍射峰的左移。

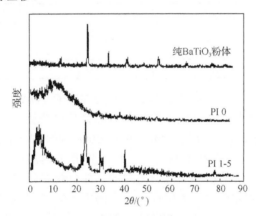

图 6-4　复合薄膜的 XRD 谱图

6.1.3　BaTiO₃/PI 复合薄膜的性能

如图 6-5 所示为采用机械分散法和原位分散法制备的钛酸钡体积分数为 10% 的聚酰亚胺复合薄膜的 TGA 曲线。为明确无机粉体对复合薄膜热稳定性的影响程度，图中还加入了在相同条件下测试的纯聚酰亚胺薄膜的 TGA 曲线。表 6-2 列出了薄膜初始分解温度及热失重 10%、30% 时所对应的温度。

试验结果表明，与纯膜相比，向聚酰亚胺中引入钛酸钡粉体后，显著提高了复合薄膜的热稳定性。两种方法制备的复合薄膜，失重 20% 时的温度分别为 623℃ 和 618℃，均明显高于纯膜的热分解温度（607℃）。此外，数据分析进一步表明，两种复合薄膜的 TGA 曲线基本一致，说明无机粉体的分散方式对复合薄膜热稳定性的影响并不显著。

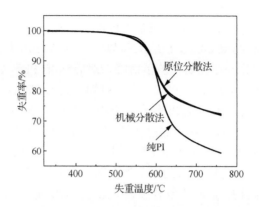

图 6-5　不同分散方式制备的 BaTiO₃/PI 复合薄膜 TGA 曲线

表 6-2　不同分散方式制备的 10%BaTiO₃/PI 复合薄膜的热分解温度　　　　单位：℃

薄膜编号	T_d	$T_{10\%}$	$T_{30\%}$
PI-0	574	588	607
PI 1-1	565	586	623
PI 2-1	562	587	618

图 6-6 为聚酰亚胺和钛酸钡/聚酰亚胺复合薄膜的 TGA 曲线。由图可以看出，相较于纯聚酰亚胺薄膜，掺杂纳米钛酸钡后的聚酰亚胺复合薄膜的热稳定性获得了明显提高。表 6-3 为体积分数 10%、20%、30%、40% 和 50% 的复合薄膜初始分解温度 T_d 及失重 10% 时的温度 $T_{10\%}$。可以看出，所有薄膜的初始分解温度均基本相同，说明钛酸钡粉体的引入对复合薄膜的初始分解温度并没有明显的影响。但是，随着钛酸钡粉体体积分数的提高，复合薄膜热失重 10% 时的温度依次升高，分别为 586℃、588℃、596℃、602℃ 和 621℃，说明钛酸钡粒子的加入明显地提高了样品的热稳定性。分析原因认为，热分解温度的升高应归因于聚酰亚胺和钛酸钡粒子之间的相互作用力增强，从而限制了聚酰亚胺分子链段的热分解[8]。

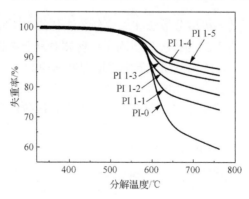

图 6-6　BaTiO₃/PI 复合薄膜的 TGA 曲线

表 6-3　不同体积分数 BaTiO₃/PI 复合薄膜热分解温度　　　　单位：℃

温度	PI-0	PI 1-1	PI 1-2	PI 1-3	PI 1-4	PI 1-5
T_d	745	565	560	562	559	558
$T_{10\%}$	588	586	588	596	602	621

高介电常数的 BaTiO₃ 粉体引入 PI 薄膜后，必然对 PI 薄膜的导电性产生影响。为确定该影响的程度，测试了不同 BaTiO₃ 体积分数的 PI 复合薄膜的击穿场强，试验结果如图 6-7 所示。

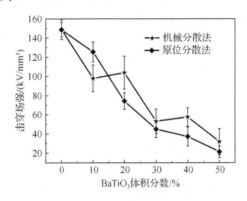

图 6-7　BaTiO₃/PI 复合薄膜的击穿场强曲线

由图 6-7 可以看出，BaTiO₃ 体积分数改变对复合薄膜的击穿场强产生非常巨大的影响。原因在于 BaTiO₃ 粉体具有高的介电常数，引入 PI 薄膜后，相当于向绝缘材料中引入了导电相，结果必然导致复合薄膜的击穿场强急剧下降。同时，图 6-7 还表明，采用不同粉体分散方式制备的 BaTiO₃/PI 复合薄膜的击穿场强变化规律并不相同。采用原位分散法制备的复合薄膜，随无机粉体体积分数的增加，击穿场强的下降较为均匀，且每次试验的分散性并不大（误差线上下浮动幅度不大）。而采用机械分散法制备的复合薄膜，击穿场强的变化波动性较大，且误差线的上下浮动幅度较大，说明试验结果的分散性较大。结合扫描电子显微镜分析认为，这可能与两种分散方式对无机粉体的分散效果不同有关。原位分散法对无机粉体的分散效果较好，BaTiO₃ 粉体在 PI 薄膜中分布均匀，能很好地发挥高介电常数的作用。而机械分散法对无机粉体的分散效果较差，BaTiO₃ 粉体在 PI 薄膜中主要以大块的团聚体的形式存在。在进行电击穿试验时，电极与粉体富集区或粉体缺失区接触的概率都很大，因此导致初期试验结果（即 BaTiO₃ 体积分数低于 30% 时）的分散性较大。而随着 BaTiO₃ 体积分数大于 30% 后，无机粉体已经充满了整个薄膜内部，此时团聚体的影响反而变小。从试验结果上来看，则表现出单组击穿场强试验结果分散性的降低。

如图 6-8 所示为复合材料在工频（50Hz）作用下测得的介电常数和介电损耗。由图可知，$BaTiO_3$/PI 纳米复合薄膜的介电常数及介电损耗均随 $BaTiO_3$ 填充量的增加而增大。但增加的幅度并不相同，介电常数的增幅明显大于介电损耗。

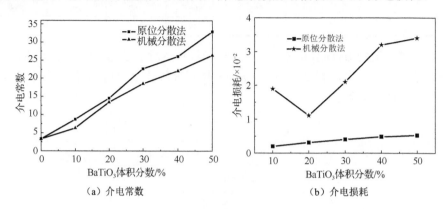

图 6-8　$BaTiO_3$/PI 复合薄膜的介电常数和介电损耗

通过比较两种不同的分散方式所获得的复合薄膜的介电常数及介电损耗可知，采用原位分散法制备的复合薄膜的介电常数大于采用机械分散法制得的，且介电损耗明显较低。当 $BaTiO_3$ 体积分数达到 50% 时，介电常数达到了 32.9，比纯膜的 3.3 提高了将近 10 倍，而介电损耗的增加却不到 3 倍。由此说明纳米 $BaTiO_3$ 在聚合物中得到了较好的分散，并没有大量的空隙产生。进一步分析可知，由于两种方法制备样品的内部均匀性存在明显差异，采用原位分散法制备的样品内部 $BaTiO_3$ 的分散均匀性明显优于采用机械分散法获得的样品，因此材料的介电常数提高幅度较大，而介电损耗则相应降低。

在测试的频率范围内，$BaTiO_3$/PI 复合薄膜的介电常数随陶瓷材料的体积分数增加而增加。最简单的模型是 Newnham 等提出的关于复合材料的串联排列和并联排列模型[8]。两种模型的介电常数计算公式如下：

串联模型：
$$\varepsilon^{-1} = V_c \varepsilon_c^{-1} + V_p \varepsilon_p^{-1} \tag{6-1}$$

并联模型：
$$\varepsilon^1 = V_c \varepsilon_c^1 + V_p \varepsilon_p^1 \tag{6-2}$$

式中，V_c、V_p 为陶瓷材料和聚合物材料的体积分数；ε、ε_c、ε_p 分别为复合材料、陶瓷材料、聚合物材料的介电常数。

两种模型中串联模型适用于填料的尺寸远小于复合材料的厚度情况，而并联模型则适用于填料的尺寸与复合材料厚度相当的情况。

在大多数情况下，可以将串联模型和并联模型的计算公式统一为
$$\varepsilon^n = V_c \varepsilon_c^n + V_p \varepsilon_p^n \tag{6-3}$$

即复合材料的介电常数与组成各相的介电常数及其体积分数成幂指数规律，这相

当于两种理想模型的混合情况，其中 n 为适配因子，其取值范围在-1～1。

再由并联模型式（6-3）可进一步推导出

$$\varepsilon = V_c(\varepsilon_c - \varepsilon_p) + \varepsilon_p \qquad (6\text{-}4)$$

由式（6-4）可知，采用并联模型时，复合材料的介电常数与陶瓷相的体积分数呈线性关系。

基于此，本节模拟了复合材料的介电常数和填料体积分数的相关性，如图 6-9 所示。

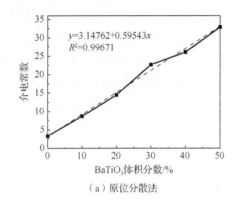
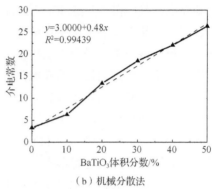

（a）原位分散法　　　　　　　　　　　（b）机械分散法

图 6-9　BaTiO$_3$/PI 复合薄膜介电常数线性模拟

从模拟的 $\varepsilon\sim V_c$ 曲线中可以看出，两者之间的线性关系符合得较好。也就是说，复合材料更多的可以看成是一种并联模型。结合复合薄膜断面 SEM 图，分析认为，可能的原因在于 BT 粒子的尺寸大约为 100nm，而薄膜的厚度在 30～50μm 之间，两者的数量级差值不超过 3，即填料的尺寸并不远小于复合材料的厚度，因此为并联模型。具体的模型结构可用图 6-10 表示。

图 6-10　BaTiO$_3$/PI 复合材料介电常数的并联模型

6.2 Ag@ Al$_2$O$_3$/PI 高介电复合薄膜

在研究聚酰亚胺基高介电常数复合材料的初期，人们致力于研究铁电陶瓷粉末填充的聚酰亚胺基复合材料。然而，大量试验结果证实[9-13]，铁电陶瓷填料对聚酰亚胺介电常数的提高作用非常有限，即使在填料体积分数高达50%甚至更高时，其介电常数仍很难超过50，反而会降低复合材料的力学性能和加工性能[14]。

近年来，基于逾渗理论的导电粒子填充聚合物基介电功能材料的研究成为研究热点。根据该理论，当导电填料掺杂量接近并小于逾渗阈值时，复合材料将展现出比聚合物基体高出很多的介电常数。而大多材料的逾渗阈值（体积分数）不超过20%，因此复合材料可以在较低的无机粒子掺杂量下，便可获得较高的介电常数而尽量不破坏材料的力学性能。目前，Al、Ag、Ni 及炭黑等导电粒子，已被用于制备导电粒子/聚合物复合材料，此种复合材料具有较高的介电常数，被认为很有希望应用在嵌入式电容器中[14,15]。但是，Al、Ag 等导电粒子，主要产生电子位移极化，产生的消耗以电导损耗为主。当导电粒子的体积过大，达到或超过逾渗阈值时，就会形成导电通路，产生较大的介电损耗。因此，目前研究的关键问题集中于提高材料介电常数的同时，控制介电损耗的增加，使两者之间达到平衡，最终制备出具有高介电常数、低介电损耗的聚合物基复合材料。

6.2.1 Ag@ Al$_2$O$_3$ 核壳纳米粒子的制备

分别采用一步法和两步法制备出 Ag@ Al$_2$O$_3$ 核壳纳米粒子，在将其加入聚酰亚胺中混合均匀，经热业胺化后制备出复合薄膜。表6-4～表6-6是制备不同 Ag@Al$_2$O$_3$ 粉体的各反应物用量。

表 6-4 制备不同 Ag@Al$_2$O$_3$ 粉体的各反应物用量

$n(Ag)/n(Al_2O_3)$	异丙醇铝溶液	硝酸银溶液
1：5	1.02g/160mL	0.68g/60mL/20mL
1：10	2.04g/160mL	0.68g/60mL/20mL
1：15	3.06g/160mL	0.68g/60mL/20mL
1：20	4.08g/160mL	0.68g/60mL/20mL

注：$n(Ag)/n(Al_2O_3)$ 表示物料摩尔比

表 6-5　不同掺杂量 Ag@Al$_2$O$_3$ 粉体的聚酰亚胺复合薄膜

编号	$n(Ag)/n(Al_2O_3)$	掺杂量（质量分数）/%
1	1∶10	0
2	1∶10	2
3	1∶10	4
4	1∶10	6
5	1∶10	8
6	1∶10	10
7	1∶10	12

表 6-6　不同 Ag@Al$_2$O$_3$ 粉体复合薄膜的制备

编号	$n(Ag)/n(Al_2O_3)$	掺杂量（质量分数）/%
A	1∶5	8
B	1∶10	8
C	1∶15	8
D	1∶20	8

6.2.2　Ag@Al$_2$O$_3$ 核壳粒子结构分析

图 6-11 分别表示了不同方法制得的 Ag@Al$_2$O$_3$ 粉体颗粒的紫外-可见光光谱图像，并与空白试样和未包覆氧化铝的 Ag 溶胶进行了比较。其中空白试样是由 N，N-二甲基甲酰胺和异丙醇按体积比为 1∶1 混合制成的。其中 a 为空白试样，b 为 Ag 胶体，c 为一步法制备的 Ag@Al$_2$O$_3$ 粒子溶液，d 为二步法制备的 Ag@Al$_2$O$_3$ 粒子溶液。

从图 6-11 中可以看出，空白试样的紫外-可见光光谱曲线 a 接近于一条直线，没有出现吸收峰，而其他含纳米粒子溶液的紫外-可见光光谱曲线却表现出不同的吸收峰；而且具有三氧化二铝包覆层的金属银纳米颗粒与未被包覆的纳米银颗粒相比，即曲线 c、d 与曲线 b 相比，一步法和二步法制备的 Ag@Al$_2$O$_3$ 粒子的紫外-可见吸收光谱有明显差异，吸收峰分别向长波方向有不同程度的移动，这可能是在银核表面存在一个介电层的缘故。

此外，通过二步法合成的 Ag@Al$_2$O$_3$ 粒子的紫外-可见吸收峰比一步法合成的 Ag@Al$_2$O$_3$ 粒子偏移量要大、强度较弱，这与氧化物壳层的厚度、核的直径大小以及分散液的折射率都有一定的关系。同时，初步表明，通过一步法合成的 Ag@Al$_2$O$_3$ 粒子的粒径比两步法合成的要小，粒径更均匀。

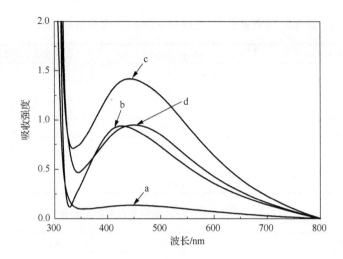

图 6-11　不同合成方法制得粒子的紫外-可见光光谱

　　基于上述讨论，图 6-12 为通过一步法制备的，不同 Ag/Al$_2$O$_3$ 摩尔比的 Ag@Al$_2$O$_3$ 粉体颗粒溶液的紫外-可见光光谱图像，其中 a，b，c，d 分别代表 n(Ag)：n(Al$_2$O$_3$)为 1：5，1：10，1：15，1：20 时的试样。

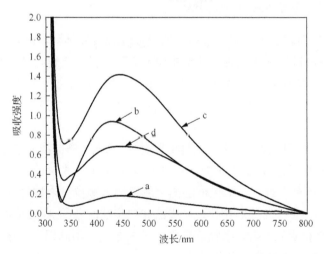

图 6-12　不同 n(Ag)：n(Al$_2$O$_3$)合成的粒子的紫外曲线

　　由图 6-12 可知，紫外吸收峰出现在 400～500nm，随着 Ag 和 Al$_2$O$_3$ 摩尔比的减小，也就是随着异丙醇铝浓度不断增加，生成的包覆粒子中，三氧化二铝壳层厚度逐渐增加，吸收峰先向长波方向移动（红移），然后向短波方向移动（蓝移）。这是由于在三氧化二铝壳层的厚度较小时，厚度增加，围绕包覆粒子的部分局部折射率变大，而且由于壳层的存在，粒子的直径比裸露的粒子直径较大一些，因而吸收峰先红移。但是，当三氧化二铝壳层的厚度足够大时，三氧化二铝壳层的散射作用逐渐成为主导作用，厚度继续增加，散射作用的增强，即在波长较短处的吸收作用逐渐增强，这种效果促使了表面等离子激元谱带的蓝移，最终导致图中吸收峰向短波方向移动的现象。以上试验结果初步证明，一步法制备的 Ag@Al$_2$O$_3$ 粉体颗粒，Ag/Al$_2$O$_3$ 摩尔比不同时，也就是在制备过程中通过调节 Ag$^+$ 和 Al^{3+}的浓度比，可以获得一种壳层厚度可以调控的新型 Ag@Al$_2$O$_3$ 粒子。

采用 FEI Sirion200 型扫描电子显微镜，对通过不同方法合成的 Ag@Al$_2$O$_3$ 粒子的微观结构进行了观察。如图 6-13（a）和图 6-13（b）分别为通过一步法和二步法制得的 Ag@Al$_2$O$_3$ 粒子的 SEM 图。

（a）一步法　　　　　　　　　　　　　　　（b）二步法

图 6-13　不同合成方法制得 Ag@Al$_2$O$_3$ 粒子的 SEM 图

从图中的结果可以看出，通过一步法制得的 Ag@Al$_2$O$_3$ 粒子如图 6-13（a）比二步法制得的粒子如图 6-13（b）要小，并且二步法合成的 Ag@Al$_2$O$_3$ 纳米粒子有明显的团聚现象。这可能是因为，虽然两种方法采用的初始原料的 Ag$^+$ 和 Al^{3+}浓度相同，但通过二步法制备 Ag@Al$_2$O$_3$ 纳米粒子，在第一步合成银溶胶时，银粒子的浓度较大，容易发生团聚，导致最终制得的包覆粒子粒径也较大；另一个原因，可能是通过二步法制备 Ag@Al$_2$O$_3$ 纳米粒子，在第二步的包覆过程中，由于 Ag 粒子的生成和 Al$_2$O$_3$ 的生成并不是同步的，在包覆时，可能一些团聚的银粒子由于自身重力而沉于容器底部，未被包覆，而另一些银粒子可能被包覆得较多，造成最终包覆的不均匀，不紧密，且粒径较大。综上所述，采用一步法可制备颗粒尺寸较小，粒径均匀的 Ag@Al$_2$O$_3$ 纳米粒子。

由上述紫外-可见光光谱的分析可知，通过调节制备过程中银离子和铝粒子的浓度，可以制备出壳层厚度可控的 Ag@Al$_2$O$_3$ 粒子，即粒径不同的 Ag@Al$_2$O$_3$ 纳米粒子。图 6-14 是放大 40000 倍的通过一步法制备的 n(Ag)：n(Al$_2$O$_3$)不同的 Ag@Al$_2$O$_3$ 粒子的 SEM 图。其中，图 6-14 中的（a），（b），（c），（d）分别表示 n(Ag)：n(Al$_2$O$_3$)为 1：5，1：10，1：15，1：20 时制备的粒子电镜图。

图 6-14　不同 $n(\text{Ag})：n(\text{Al}_2\text{O}_3)$合成的粒子的 SEM 图

由图 6-14（a）可知，在 $n(\text{Ag})：n(\text{Al}_2\text{O}_3)$为 1：5 时，粒子的粒径较大，有部分团聚现象，随着铝离子浓度的继续增大，Ag@Al$_2$O$_3$粒子的粒径依次减小，在 $n(\text{Ag})：n(\text{Al}_2\text{O}_3)$为 1：10 时，图 6-14（b）可以看出，粒径已经达到纳米级别，且粒径均匀，没有团聚现象，这可能是因为在铝离子浓度较低的情况下，制备过程中银含量相对较多，相互间团聚在一起，致使合成的 Ag@Al$_2$O$_3$粒子的银核较大，壳层的厚度较小，还有部分银粒子未被包覆完全，使得最终粒子的粒径较大；$n(\text{Ag})：n(\text{Al}_2\text{O}_3)$为 1：10 时，粒子的包覆基本完全，随着 $n(\text{Ag})：n(\text{Al}_2\text{O}_3)$继续减小，即粒子中三氧化二铝生成量增多时，在反应体系中，银的生成和氧化铝的生成越来越同步，未等银粒子之间相互结合就被氧化铝包覆，即银核的直径变小，包覆完全，最后生成的 Ag@Al$_2$O$_3$粒子也越来越小，如图 6-14（d）所示，在 $n(\text{Ag})：n(\text{Al}_2\text{O}_3)$为 1：20 时，粉体的粒径最小，也说明通过控制银和三氧化二铝初始原料的浓度比，大体可以控制粒子的粒径。

结合上述 Ag@Al$_2$O$_3$粒子的紫外-可见光光谱的分析结果，即随着 $n(\text{Ag})：n(\text{Al}_2\text{O}_3)$值的减小，生成的 Ag@Al$_2O_3$核壳粒子的三氧化二铝壳层厚度是依次增大的，但粒径是依次减小的。

采用 EQUINOX55 型红外光谱测试仪测试对试样进行扫描，光波的波数与粉体试样透光率的关系如图 6-15 所示。

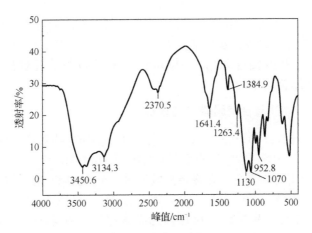

图 6-15 Ag@Al₂O₃ 粉体颗粒的红外分析图

从图 6-15 中可看出，在波数 3450.6cm⁻¹ 处为—OH 单桥伸缩峰，1263.4cm⁻¹ 处为仲醇类的—OH 面内弯曲峰，1384.9cm⁻¹ 处可能为 C—H 面内弯曲峰或者—OH 的面内弯曲峰，说明试样中有羟基化合物，可能为反应过程中使用的溶剂异丙醇。同时图中可以看到 3134.3cm⁻¹，952.8cm⁻¹ 附近有明显吸收峰，根据红外标准数据，这分别与羧酸的—OH 的伸缩峰和面内弯曲峰接近，说明试样中含有羧基化合物。

而 1130cm⁻¹ 处和 1070cm⁻¹ 处为叔胺的 C—N 伸缩峰，说明试样中可能为 Me₂NCOOH。并且图中在 1641.4cm⁻¹ 处有一特征峰，与 Al—O—Al 在 1637cm⁻¹ 处的特征吸收峰较接近，可判断试样中有 Al₂O₃ 存在，与文献值吻合。

图 6-16 为一步法制备的 Ag 和 Al₂O₃ 的摩尔比为 1∶10 的 Ag@Al₂O₃ 纳米粒子的 TEM 图，调节放大倍数，可观察到颗粒的总体分布图像及单个颗粒的图像。

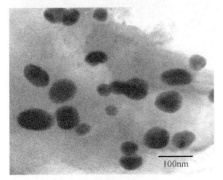
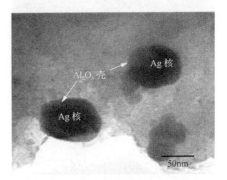

（a）总体分布图　　　　　　　　　　（b）单个粒子图

图 6-16 Ag@Al₂O₃ 纳米颗粒的 TEM 图

从总体分布图（图 6-16（a））中，可以看出所合成的 Ag@Al₂O₃ 纳米颗粒在分散液中分散情况良好，极少的粒子聚集在一起，绝大多数颗粒的尺寸与平均颗粒的尺寸接近，粒子近似呈球形，达到纳米级别。

从单个粒子图（图 6-16（b））中，可以清晰地看出颗粒的直径约为 50mn，其中，黑色的部分为银核，灰色部分为氧化铝壳层，并且氧化物壳层的厚度比核的直径小得多，厚度接近均匀，Al_2O_3 对 Ag 的包覆情况良好，初步形成了 $Ag@Al_2O_3$ 核壳结构纳米粒子。

6.2.3　$Ag@Al_2O_3$/PI 复合薄膜微结构分析

图 6-17 中（a）、（b）、（c）、（d）分别是 $Ag@Al_2O_3$ 纳米粒子掺杂量（质量分数）为 4%，8%，10%，12%时的复合薄膜断面 SEM 图。

通过对比分析可以看出，在掺杂量较低时，$Ag@Al_2O_3$ 粒子的分布比较均匀，且随着掺杂量的增加，粒子分布逐渐紧密，达 8%，见图 6-17（b），可以看出，粒子掺杂到聚酰亚胺基体后，粒径仍为纳米级别，并未发生二次团聚；但当 $Ag@Al_2O_3$ 粒子掺杂量继续增加至 10%和 12%时，$Ag@Al_2O_3$ 粒子在聚酰亚胺基体中的分散状况由开始的纳米级别分散不断变差，逐渐出现颗粒变大、团聚，且团聚后粒子的粒度不均匀，剥离聚合物而形成缺陷等现象；断裂面处的聚酰亚胺基体由开始的断裂整齐逐渐变为明显的参差不齐，说明亚胺化程度不断地变差，聚酰亚胺聚合物分子的分子量分布逐渐变广。总而言之，随着 $Ag@Al_2O_3$ 粒子掺杂量的增大，无论 $Ag@Al_2O_3$ 粒子还是聚酰亚胺的形态均趋于不理想的状态。

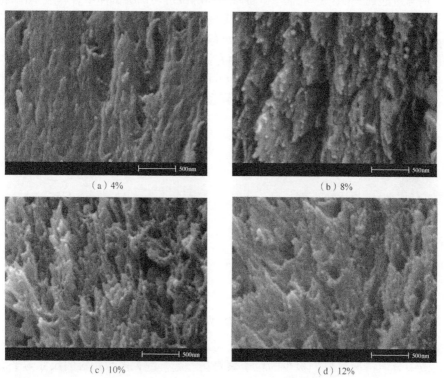

（a）4%　　　　　　　　　　（b）8%

（c）10%　　　　　　　　　　（d）12%

图 6-17　复合薄膜断面 SEM 图

6.2.4 Ag@Al₂O₃/PI 复合薄膜性能分析

反应过程中，通过控制银和三氧化二铝初始原料的浓度比，可以控制最终核壳粒子的整体粒径和壳层厚度。在 $n(Ag)：n(Al_2O_3)$ 为 1：10 时，合成的 Ag@Al₂O₃核壳粒子的粒径虽然不如 $n(Ag)：n(Al_2O_3)$ 为 1：20 时的粒径小，但也已经达到了纳米级别，考虑无机填料相同的质量分数时，$n(Ag)：n(Al_2O_3)$ 为 1：10 的粉体比 $n(Ag)：n(Al_2O_3)$ 为 1：20 的粉体中含银粒子的质量多，当掺杂到聚酰亚胺当中时，得到的介电常数可能会比较高，所以本试验选用的粉体是 $n(Ag)：n(Al_2O_3)$ 为 1：10 时制备的 Ag@Al₂O₃核壳纳米粒子，并且采用原位聚合的方法添加到聚酰亚胺基体当中。

图 6-18（a）和图 6-18（b）分别是在频率 50Hz 的测试环境下，Ag@Al₂O₃纳米粒子的掺杂量对复合薄膜的介电常数和介电损耗的影响。

首先，通过图 6-18（a）和图 6-18（b）不难看出，在 Ag@Al₂O₃纳米粒子掺杂量（质量分数）在 8%以下时，PI/Ag@Al₂O₃复合薄膜的介电常数随着 Ag@Al₂O₃纳米粒子掺杂量的增大而逐渐增大，在掺杂量（质量分数）为 8%时，复合薄膜的介电常数最大，达 26.1，与纯膜相比，提高了 7 倍左右，这可能是由于电场方向的交替导致了极化现象，使复合薄膜内部发生了界面极化现象，而导电的 Ag@Al₂O₃纳米粒子数量的增加，也使得极化程度增大，最终导致复合薄膜的介电常数增大。当 Ag@Al₂O₃核壳纳米粒子掺杂量（质量分数）高于 8%，在 10%和 12%时，PI/Ag@Al₂O₃复合薄膜的介电常数随着 Ag@Al₂O₃核壳纳米粒子掺杂量的增加而发生略微的减小的变化，这可以通过复合薄膜的 SEM 分析结果来说明，在复合薄膜内部结构出现了大量的缺陷，这些缺陷通常包括 Ag@Al₂O₃纳米粒子的团聚，Ag@Al₂O₃纳米粒子与聚酰亚胺基体的结合性差，以及聚酰亚胺薄膜内部结构存在的气孔等。

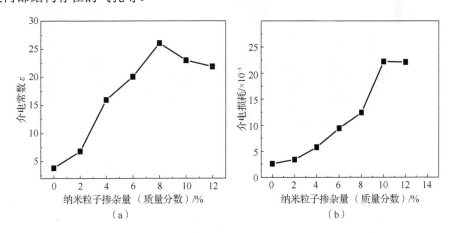

图 6-18 掺杂量对复合薄膜的介电常数和介电损耗的影响

由图 6-18（b）可知，当 Ag@Al₂O₃纳米核壳粒子掺杂量（质量分数）小于

2%时，PI/Ag@Al$_2$O$_3$复合薄膜的介电损耗还维持在很小的范围，这可能是由于三氧化二铝外壳对电子由一个Ag核迁移到另一个Ag核的过程起到了阻碍和屏蔽的作用，该作用有效降低了电导损耗。因此，在这个掺杂范围内，PI/Ag@Al$_2$O$_3$复合薄膜的介电损耗变化不大。Ag@Al$_2$O$_3$纳米粒子掺杂量（质量分数）小于8%时，PI/Ag@Al$_2$O$_3$复合薄膜的介电损耗缓慢上升，在Ag@Al$_2$O$_3$纳米粒子掺杂量（质量分数）在8%～10%时，PI/Ag@Al$_2$O$_3$复合薄膜的介电损耗迅速增加，在Ag@Al$_2$O$_3$纳米粒子掺杂量（质量分数）达到10%之后，PI/Ag@Al$_2$O$_3$复合薄膜的介电损耗变化趋于平缓。该现象也可由逾渗理论得到解释，即在电场作用下，PI/Ag@Al$_2$O$_3$复合材料中，Ag粒子极化过程中主要是电子位移极化，产生的损耗主要是电导损耗，当Ag粒子的质量分数过大，达到或超过逾渗阈值时，粒子间的间距会过小，电子便会在各Ag粒子间发生迁移，从而形成导电通路，产生较大的介电损耗。此外，在复合薄膜的介电常数达最大时，即掺杂量（质量分数）为8%时，介电损耗仅为0.0124。

进一步分析可知，通过一步法在合成过程中调节银和三氧化二铝初始原料的浓度比，可以制备出粒径大小不同且氧化铝壳层厚度也不同的Ag@Al$_2$O$_3$纳米粒子。由于在无机粒子掺杂量（质量分数）相同的情况下，不同大小的粒子中银的质量分数不同，添加到聚酰亚胺基体中时，制备的复合薄膜的介电常数和介电损耗应该也有所不同。

图6-19（a）是采用原位聚合法掺杂8%不同n(Ag)：n(Al$_2$O$_3$)的纳米粒子而制得的复合薄膜的介电常数和介电损耗的变化图。其中，A，B，C，D分别代表n(Ag)：n(Al$_2$O$_3$)为1：5，1：10，1：15，1：20时制备的Ag@Al$_2$O$_3$纳米粒子。

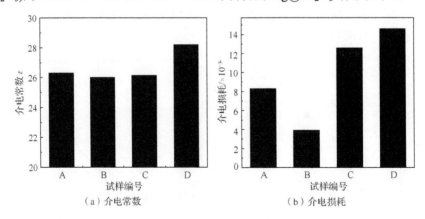

（a）介电常数　　　　　　　　　　（b）介电损耗

图6-19　Ag@Al$_2$O$_3$粒子大小对PI/Ag@Al$_2$O$_3$复合薄膜介电常数和介电损耗的影响

通过图6-14分析可知，A粉体由于粒径最大，可能是未被包覆完全，所以预计A粉体在复合薄膜中的分散性应该也会很差，介电性能也可能不会太好；而B，C，D粉体，尺寸都达到了纳米级别，相比较而言，B粉体虽然粒径是最大的，但相同掺杂量的情况下，B粉体的物料摩尔比n(Ag)：n(Al$_2$O$_3$)为1：20的D粉体中银粒子的质量分数大，当掺杂到聚酰亚胺中时，得到的介电常数应该会最高的，但试验结果如图 6-9 所示，Ag@Al$_2$O$_3$ 纳米粒子的大小对复合薄膜介电常数的影响并不是很大，而且是掺杂 n(Ag)：n(Al$_2$O$_3$)为 1：20 的 D 粉体时 PI/Ag@Al$_2$O$_3$ 复合薄膜的介电常数最大，达 28.2，和试验前预计的结果有些出入，这可能是由于粒径相对较大的 Ag@Al$_2$O$_3$ 纳米粒子（B 粉体）与粒径相对较小的（D 粉体）相比，粒径相对较小的纳米粒子在聚酰亚胺中的分散性更好，紧密性更好，导致其介电常数没有理论预计的高。

纯 PI 薄膜的介电损耗为 0.002，由图可知，添加不同粉体粒子制备的复合薄膜的介电损耗，都比纯 PI 薄膜的大，但变化规律并不明显，n(Ag)：n(Al$_2$O$_3$)为 1：20 的 PI/Ag@Al$_2$O$_3$ 复合薄膜的介电损耗最大为 0.0146，是纯 PI 薄膜的 7 倍。n(Ag)：n(Al$_2$O$_3$)为 1：10 的 PI/Ag@Al$_2$O$_3$ 复合薄膜介电损耗反常，此时介电常数较小的原因可能是相对于 n(Ag)：n(Al$_2$O$_3$)为 1：5 的 Ag@Al$_2$O$_3$ 纳米粒子，n(Ag)：n(Al$_2$O$_3$)为 1：10 的 Ag@Al$_2$O$_3$ 纳米粒子包覆更加完全，更有效降低了由 Ag 造成的电导损耗；而相对于 n(Ag)：n(Al$_2$O$_3$)为 1：15 和 1：20 的 Ag@Al$_2$O$_3$ 纳米粒子，n(Ag)：n(Al$_2$O$_3$)为 1：10 的 Ag@Al$_2$O$_3$ 纳米粒子的粒径较小，团聚等缺陷较少，因此也可减少复合薄膜介电损耗。

除了讨论掺杂粒子的大小对复合薄膜介电常数的影响之外，我们要进一步研究，如何能将 Ag@Al$_2$O$_3$ 粒子以分散性最好、含量最高且最紧密的堆积方式，添加到聚酰亚胺基体中，进而获得具有较高介电常数的复合薄膜。

通过前面的试验结果可知，复合薄膜的介电常数最高的组分并不是非添加纳米粒子粒径最大组分（n(Ag)：n(Al$_2$O$_3$)为 1：10 的 B 号 Ag@Al$_2$O$_3$ 纳米粒子），而是粒径最小组分（n(Ag)：n(Al$_2$O$_3$)为 1：20 的 D 号 Ag@Al$_2$O$_3$ 纳米粒子），这正是粒径较大的颗粒在聚合物基体中的粒子的间隙大，堆积不紧密所致。为解决这一问题，根据单一尺寸球形粒子的最大堆积理论，所以本试验，选 B 和 D 这两种粒径不同的粒子，掺杂的质量比为 3：1，经原位聚合的方法得到了双粉体掺杂的 PI/Ag@Al$_2$O$_3$ 复合薄膜，这样，小的粒子填充大粒子之间的空隙，增加粒子间紧密性的同时，还有效增强了大粒子的分散性。

图 6-20 中 B 和 D 分别为掺杂质量分数为 8% 的纳米粒子，n(Ag)：n(Al$_2$O$_3$)分别为 1：10 和 1：20 的复合薄膜，E 是掺杂 n(Ag)：n(Al$_2$O$_3$)=1：10 粉体为 8% 和 n(Ag)：n(Al$_2$O$_3$)=1：20 粉体为 2.67%（掺杂比例为 3：1）的两种粉体的复合薄膜。

从图 6-20（a）可以清楚看出，采用双粉体的添加制得的 PI/Ag@Al$_2$O$_3$ 复合薄膜的介电常数要明显高于掺杂一种粉体制得薄膜的介电常数，无论是添加粒径较大的 n(Ag)：n(Al$_2$O$_3$)=1：10 粉体，还是粒径较小的 n(Ag)：n(Al$_2$O$_3$)=1：20 粉体。该结果还需用微观结构来分析，即采用小尺寸的 Ag@Al$_2$O$_3$ 粒子填充在大粒子间的空隙，这样既提高了粒子填充的紧密性，又防止了大尺寸粒子的分散性差现象的出现。因此，相较于掺杂一种粉体的复合薄膜，掺杂双粉体复合薄膜的介电常数有一定的提高。

由图 6-20（b）可知，掺杂双粉体的复合薄膜介电损耗与掺杂单一 $n(Ag)$：$n(Al_2O_3)$=1：20 粉体的薄膜相比，明显降低，为 0.0104，为纯 PI 薄膜的 5.2 倍。说明，掺杂双粉体的复合薄膜，不仅能提高其介电常数，而且还能降低其介电损耗。

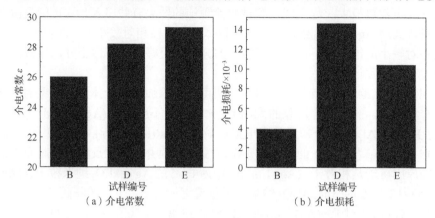

图 6-20　双粉体掺杂对复合薄膜的介电常数和介电损耗的影响

上述详细讨论了掺杂量、Ag@Al$_2$O$_3$ 粒子大小及双粉体掺杂对复合薄膜介电性能的影响，确定了采用双粉体掺杂的 $n(Ag)$：$n(Al_2O_3)$=1：10 和 $n(Ag)$：$n(Al_2O_3)$=1：20 粉体（两者掺杂比例为 3：1）制备的复合薄膜的介电性能最好。下面再分别讨论，掺杂量对击穿场强、体积电阻率、力学性能、透光性及热稳定性的影响。

图 6-21 为 PI/Ag@Al$_2$O$_3$ 薄膜的击穿场强与 Ag@Al$_2$O$_3$ 粒子掺杂量的关系曲线图。从图中可以看出，当掺杂了 Ag@Al$_2$O$_3$ 粒子时，聚酰亚胺的击穿场强开始大幅度下降，掺杂量（质量分数）在 4%时，下降趋于平缓，而在掺杂量（质量分数）达 10%时，又开始急剧下降。

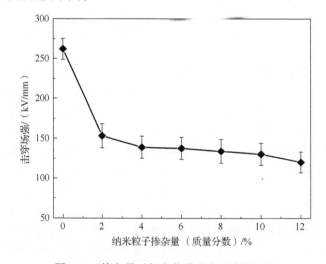

图 6-21　掺杂量对复合薄膜击穿强度的影响

　　这是因为，向聚酰亚胺当中添加 $Ag@Al_2O_3$ 粒子时，由于复合薄膜中开始存在了有机-无机相界面，而添加的无机粒子又是纳米粒子，故界面的作用更加显著，在电场的作用下，更容易形成导电的通道而造成材料的击穿，与并不存在这种界面的纯聚酰亚胺比较而言，击穿场强明显降低。此外，掺杂的 $Ag@Al_2O_3$ 粒子中，银是电导率很大的导体，也会引起复合薄膜击穿场强的迅速下降。

　　因为随着无机粒子含量的增加，在复合薄膜中存在着两种不同的作用，分别能使击穿场强有不同的变化趋势。一方面，随着 $Ag@Al_2O_3$ 核壳纳米粒子掺杂量的增加，粒子之间逐渐形成了均匀的网络结构，使电子的运输变得更加困难，导致击穿场强逐渐增大。另一方面，随着无机含量的增加，粒子之间会逐渐开始发生团聚，这些团聚粒子，在聚酰亚胺基体当中会作为杂质粒子存在，不但会逐渐提高材料的电导率，还会引起聚酰亚胺基体中缺陷数量的增加，从而使击穿场强逐渐降低[16]。所以，$Ag@Al_2O_3$ 纳米粒子含量（质量分数）在 4%～8%时，这两种趋势会相互中和，进而出现了图中击穿场强随无机（粒子）掺杂量增加而趋于平缓的现象。

　　当 $Ag@Al_2O_3$ 纳米粒子含量继续增加时，粒子的团聚会更加明显，对击穿场强的影响会更大，即在基体与团聚体的界面处，会出现弱键连接，引入更多的带电粒子，在电场的作用下，在基体与团聚体的界面处，产生极化，并容易产生电树，最终导致击穿场强再次急剧下降。因此，我们在考虑增大掺杂量来获得高介电常数的同时，也应综合考虑其耐击穿的强度。

　　图 6-22 是 PI/$Ag@Al_2O_3$ 复合薄膜的体积电阻率随掺杂量的变化曲线，从图中可以明显地看出，随着 $Ag@Al_2O_3$ 纳米粒子掺杂量的增大，复合薄膜的体积电阻率呈现先略有增大然后急剧下降的趋势，峰值出现在掺杂量（质量分数）为 4% 左右，达到 $9.26×10^{13}\Omega\cdot m$，比纯 PI 薄膜高出 26.8%。

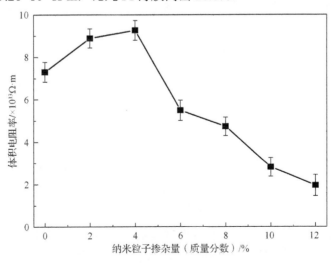

图 6-22　掺杂量对复合薄膜体积电阻率的影响

在 PI/纳米 Ag@Al$_2$O$_3$ 复合体系中，聚酰亚胺是连续相，纳米 Ag@Al$_2$O$_3$ 是分散相，所以该复合薄膜的体积电阻率不仅与聚酰亚胺和纳米 Ag@Al$_2$O$_3$ 粒子相关，还与两相间的界面密切相关。虽然聚酰亚胺基体的体积电阻率本身就较大，但在制备过程中难免会引入许多离子，所以介质中的导电大多是离子作为输运载流子。当 Ag@Al$_2$O$_3$ 纳米粒子含量较少时，虽然引入的粒子中包含导电的银粒子，但其在聚酰亚胺基体中分散比较均匀，外部还包覆了 Al$_2$O$_3$ 壳层，而且粒子的间隙较大，很难形成导电通道，所以对材料电阻率的影响并不大；反而是纳米粒子表面的大量不饱和键和缺陷还会捕获复合材料中的载流子，使其成为束缚电荷，降低材料中载流子的浓度，从而使复合薄膜的体积电阻率有一定提高[17,18]。当 Ag@Al$_2$O$_3$ 纳米粒子在聚酰亚胺中含量超过某一临界值后，随着 Ag@Al$_2$O$_3$ 纳米粒子的继续增多，纳米 Al$_2$O$_3$ 本身所携带的杂质离子数量不能忽略，而且其在聚合物中的分散逐步变得不均匀，产生团聚、颗粒变大等缺陷，再加上颗粒之间距离减小，载流子迁移所需克服的势垒降低，因此使复合薄膜的体积电阻率迅速降低。

表 6-7 列出了不同掺杂量的 Ag@Al$_2$O$_3$ 核壳粒子复合薄膜的拉伸强度和断裂伸长率。从表 6-7 中可以发现，掺杂量不同的 Ag@Al$_2$O$_3$/PI 复合薄膜的力学性能有明显的差异。Ag@Al$_2$O$_3$/PI 复合薄膜比纯 PI 薄膜力学性能要差，并且复合薄膜的拉伸强度和断裂伸长率的变化趋势相同，随着无机粒子含量的增加，力学性能大体呈依次下降的趋势，在掺杂量（质量分数）为 2% 时，复合薄膜的拉伸强度和断裂伸长率出现骤变。

表 6-7　不同掺杂量的 Ag@Al$_2$O$_3$ 核壳粒子的复合薄膜的力学性能

掺杂量（质量分数）/%	拉伸强度/MPa	断裂伸长率/%
0	105.9	24.12
2	82	8.7
4	105	11.5
6	89	10
8	95	8.4
10	73	5.3

这是因为 Ag@Al$_2$O$_3$ 颗粒本身强度低，与基体的界面黏接性较差，导致材料的两相结合处存在一定数量的缺陷，掺杂量较少时，当施加外力时，颗粒作为应力集中点，局部应力大于强度，其周围的缺陷区域便会最先产生微裂纹，发生断裂，所以添加了 Ag@Al$_2$O$_3$ 粒子复合薄膜的拉伸强度和断裂伸长率都明显低于纯聚酰亚胺，并且掺杂质量分数为 2% 的 Ag@Al$_2$O$_3$ 纳米粒子时，复合薄膜的力学性能尤其差。随着纳米 Ag@Al$_2$O$_3$ 粉体质量分数的增加，粒子相互碰撞的概率增大，团聚增多，使其与聚酰亚胺基体的相容性变差，并削弱了 Ag@Al$_2$O$_3$ 粒子的纳米效应。此外，引入杂质的数量增多，缺陷增多，当增加压力时会发生脆性断裂，

进而降低了聚酰亚胺分子链之间的相互作用力,使其拉伸强度与断裂伸长率下降。

　　薄膜的透光过程包括光先吸附在固体薄膜中,然后在薄膜中散射。光的透过性在很大程度上取决于光的波长和聚合物中的分子、基团、无机粒子等结构的尺寸以及聚合物的聚集态结构。结晶和取向会使材料结构联系紧密,影响光吸收,并阻碍光透过,而对于非结晶聚合物,比如聚乙烯、涤纶,其中无定形的掺杂量决定了它们的透光系数,聚合物交联的程度也会影响光的透过性[19]。目前,聚酰亚胺类聚合物的吸收光谱及结构的相关报道还比较少,但文献[20]报道可以利用紫外-可见光光谱的透过率对薄膜的透光性进行比较。研究发现,纳米无机粒子的加入会降低以单组分聚合物为基体的复合材料的透明性。

　　本试验将不同掺杂量的复合薄膜和纯聚酰亚胺薄膜剪成宽度适中的窄条,以空气为空白残壁,采用 UV-2450 型紫外-可见光光谱仪进行 200~800nm 的全波长扫描。光波的波长与不同掺杂量的聚酰亚胺薄膜透光率的关系如图 6-23 所示。

　　图 6-23 是掺杂不同质量分数(0,2%,4%,6%,8%,10%)的无机粒子的 PI/Ag@Al$_2$O$_3$ 复合薄膜的紫外-可见光光谱透射率曲线图。通过这个紫外-可见光光谱图可以看出,复合薄膜的透过率与纯的聚酰亚胺薄膜的相比,有不同程度的降低,说明所制得的复合薄膜具有良好的紫外吸收能力。在波长为 450~800nm 时,相同波长下,随着无机粒子质量分数的逐渐增大,复合薄膜的透过率呈下降趋势,这可能是因为无机相纳米粒子对光有阻挡和散射作用。因此,无机含量越高,复合薄膜的紫外-可见光透过率越低。

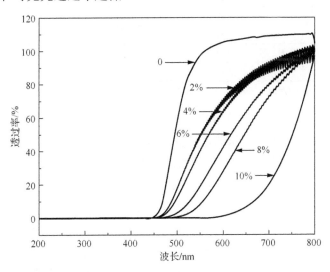

图 6-23　不同含量 Ag@Al$_2$O$_3$ 粒子复合薄膜紫外-可见光光谱图

图 6-24 和表 6-8 是不同 Ag@Al$_2$O$_3$ 纳米粒子质量分数（0，4%，6%，8%，10%）复合薄膜的热失重曲线和相关数据。

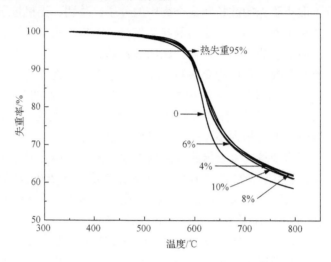

图 6-24　不同的含量的 Ag@Al$_2$O$_3$ 纳米粒子复合薄膜的 TG 曲线

表 6-8　不同含量的 PI/Ag@Al$_2$O$_3$ 复合薄膜的分解温度

无机含量（质量分数）/%	$T_{5\%}$/℃	$T_{10\%}$/℃	$T_{10\%}-T_{5\%}$/℃
0	584.2	600.1	15.9
4	583.0	604.8	21.8
6	582.6	605.5	22.9
8	584.0	611.2	27.2
10	575.1	602.5	27.4

注：$T_{5\%}$是薄膜失重 5%时的分解温度；$T_{10\%}$是薄膜失重 10%时的分解温度

从图 6-24 中可以发现，在 300～500℃，热失重曲线平稳，仅有很小的失重。这可能是由于在薄膜中有少量的水和低分子物，有机单体反应充分和聚酰胺酸的热亚胺化非常完全。从表 6-8 可以更直观地看出，PI/Ag@Al$_2$O$_3$ 复合薄膜失重 5%的温度较纯的聚酰亚胺薄膜略低些。但是，PI/Ag@Al$_2$O$_3$ 复合薄膜失重为 5%和10%的温度差要高于纯的聚酰亚胺薄膜。研究发现，随着 Ag@Al$_2$O$_3$ 粒子含量的进一步增加，这个温度差会逐渐增大，减缓了复合薄膜的热分解速度，说明用 Ag@Al$_2$O$_3$ 改性聚酰亚胺，可显著提高聚酰亚胺薄膜的热稳定性。

此外，从表中还可以看出，当 Ag@Al$_2$O$_3$ 纳米粒子质量分数为 8%时，复合薄膜在失重为 5%和 10%的温度相对其他掺杂量薄膜的温度要高。分析认为，在一定的杂量范围内，随 Ag@Al$_2$O$_3$ 纳米粒子含量的增加，Ag@Al$_2$O$_3$ 纳米粒子与聚酰亚胺形成了相互贯穿的网络结构，有利于热量的传导和散失，所以在无机含量

（质量分数）为 8%时复合薄膜的热分解温度升高，当掺杂量继续增加时，聚酰亚胺的有序度被严重破坏，导致复合薄膜的热分解温度又开始下降。

6.3 AlN/PI 复合薄膜

大量的试验和应用都已经证明，云母等无机材料耐电晕性能比较优异，经过分析其中含有 TiO_2、AlN、MgO、SiO_2 等成分，许多科研工作者试图将有机材料中引入 TiO_2、Al_2O_3、AlN、SiO_2 等无机材料，以提高其导热和介电等性能[21-23]。我们尝试用 AlN 改性 PI 复合薄膜，提高了 PI 薄膜电学性能，扩大它在变频电机等领域的使用范围[23]。聚合物基纳米材料不仅具有纳米无机材料的性质，而且又将无机物的热稳定性、尺寸稳定性和刚性与聚合物的介电性能、加工性及韧性糅合在一起，从而产生很多优异的性能。研究表明在聚酰亚胺中加入具有纳米效应的纳米材料将得到一种同时具有无机材料和有机材料各方面性能和特征的新型材料。因此，研究纳米 PI 复合薄膜的结构、制备与性能，对于开发出具有高性能的绝缘材料有重要的意义。

6.3.1 AlN/PI 复合薄膜的制备

制备聚酰亚胺复合薄膜的工艺流程如图 6-25 所示。

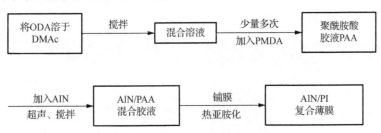

图 6-25 AlN/PI 复合薄膜的制备工艺流程

6.3.2 AlN/PI 复合薄膜的微结构

图 6-26 是不同分散方式的 PI 复合薄膜放大倍数 1000×表面扫描电子显微镜图，图 6-26（a）、图 6-26（b）为砂磨分散法和机械分散法制备的 AlN/PI 复合薄膜，其中 AlN 粉体掺杂量（质量分数）均为 6%。图中的白色颗粒为 AlN 粒子，深色区域为聚酰亚胺基体，有机相为连续相，AlN 粒子被有机相包裹在其中，图 6-26（a）中可以看出纳米 AlN 粒子在薄膜中分散较图 6-26（b）均匀，且无机

粒子尺寸较小，出现极少量的团聚现象，无机相镶嵌在聚酰亚胺基体中，其两相界面模糊，相容性较好，图 6-26（b）中无机粒子被包裹在聚酰亚胺基体中，与图 6-26（a）相比无机粒子尺寸变大，有明显的团聚现象，两相界面较图 6-26（a）明显，无机粒子和 PI 基体间的相容性较差。由此说明砂磨分散法对纳米 AlN 粒子的分散效果明显优于机械分散法。

分析原因认为，导致分散效果差异较大的主要原因为：在球磨机中，粉末不断受到玛瑙球的高能冲击，发生玛瑙球—粉末—玛瑙球、玛瑙球—粉末—内壁的碰撞，反复实现破裂作用，最终形成细小、混合均匀的颗粒。同时，由于聚酰胺酸（PAA）和 AlN 粉末的延展性相差较大，AlN 粉末被破裂、分散后，被延性较好的 PAA 捕获，随着球磨进行的过程，粉末变得更细小、更分散。

图 6-27 是纳米 AlN 不同质量分数的 PI 纳米复合薄膜放大倍数 10000×断面 SEM 图。为进一步分析砂磨分散法对纳米 AlN 粉末的分散效果，对采用砂磨分散法制备的 AlN 含量不同的系列复合薄膜进行了 SEM 分析。

由图可以清晰地观察到，在无机填料质量分数为 2%、4%、6%分散效果较好，随着纳米 AlN 含量的增加其在 PI 基体中的表观尺寸增大，纳米团聚体数量增多，粒子呈不规则形状，两相界面更加明显，相容性变差。当无机掺杂量达到 8%时这是由于无机粉体在有机相中相容性不好，随着无机粉体含量的提高，AlN 粒子相互碰撞的概率增加，粉体堆积在一起，形成团聚，对 PI 薄膜结构造成很大的破坏，大量 AlN 团聚体的出现破坏了 PI 基体内部的均匀性，弱化了 PI 与 AlN 粒子的结合程度，相当于在 PI 内部形成缺陷。

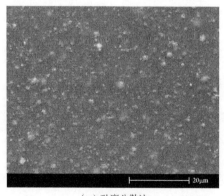 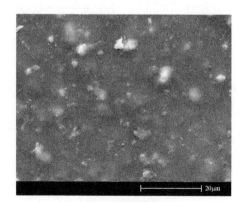

（a）砂磨分散法　　　　　　　　　　　　　　（b）机械分散法

图 6-26　两种方法制备的 AlN/PI（6%）复合薄膜 SEM 图片

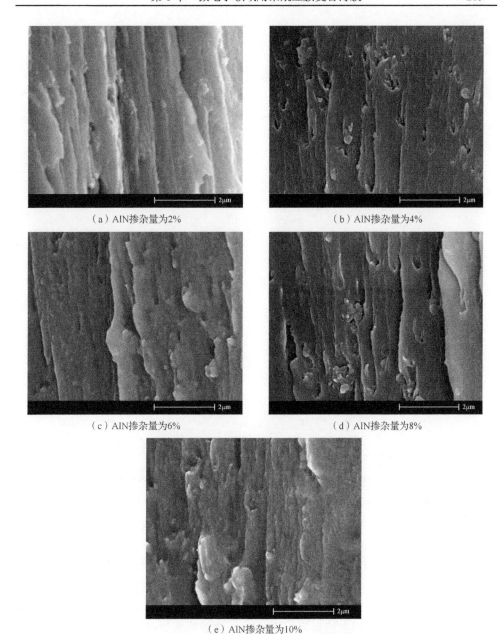

（a）AlN掺杂量为2%　　　　　　　　　　（b）AlN掺杂量为4%

（c）AlN掺杂量为6%　　　　　　　　　　（d）AlN掺杂量为8%

（e）AlN掺杂量为10%

图 6-27　AlN 不同质量分数的 PI 复合薄膜的 SEM 图

　　图 6-28 是不同种类硅烷偶联剂改性氮化铝（AlN 质量分数为 4%）掺杂的 PI 复合薄膜 10000×断面 SEM 图。图 6-28（b）、图 6-28（d）是经过偶联剂 KH550（4%）、KH570（2%）改性 AlN 纳米粉体的复合薄膜。

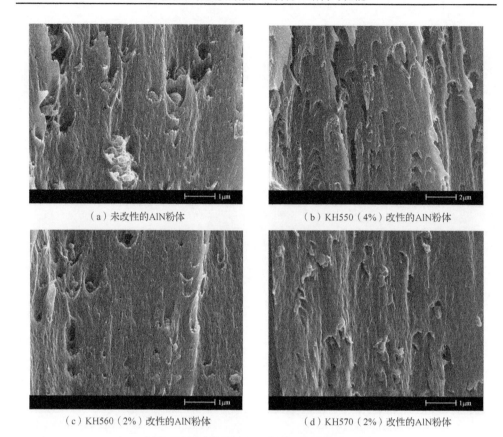

（a）未改性的AlN粉体   （b）KH550（4%）改性的AlN粉体

（c）KH560（2%）改性的AlN粉体   （d）KH570（2%）改性的AlN粉体

图 6-28   不同种类硅烷偶联剂改性的 AlN/PI 复合薄膜

　　从图 6-28 中可看出，纳米 AlN 粒子在 PI 基体中分散较均匀，无机粒子的表观尺寸较小，无机相和聚酰亚胺基休间的界面较模糊，相谷性较好；图 6-28（a）、6-28（c）分别是未改性 AlN/PI 复合薄膜、KH560（2%）改性 AlN/PI 复合薄膜，可明显看出无机粒子表观尺寸变大，无机粒子形状不规则，有明显的团聚现象，较多的团聚体镶嵌在 PI 基体的微孔中，且两相界面明显。使用硅烷偶联剂 KH550（4%）、KH570（2%）相容性好的原因可能是其中能够和有机聚合物作用的活性官能团—NH_2 与 PAA 分子链末端的酸酐基团或分子链中的羧基形成酰胺键，有机官能团既参与了 PAA 的主链反应，又与 PAA 主链形成氢键及其他配位键的作用，达到了良好的"偶联"效果，同时硅烷偶联剂中活性基团的活性也会影响与有机聚合物 PAA 的偶联效果。

　　图 6-29 是不同分散方式的 PI 纳米复合薄膜紫外-可见光透过率曲线，图中曲线（a）和（b）分别为砂磨分散法、机械分散法制备的 AlN 质量分数为 6% 的复合薄膜在波长为 600nm 时的透过率。

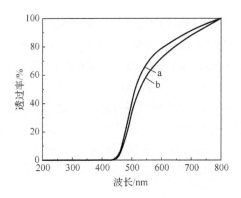

图 6-29 两种方法制备的 AlN/PI（6%）复合薄膜紫外-可见光光谱

a. 砂磨分散法；b. 机械分散法

砂磨分散法、机械分散法制备的 PI 复合薄膜的紫外-可见光的透过率分别为 82.4%和 79.1%。同一掺杂量下，砂磨分散法的 AlN 复合薄膜紫外-可见光透过率比机械分散法的 AlN 复合薄膜紫外-可见光透过率高，通过前面的 PI 复合薄膜的表面 SEM 分析得知，砂磨分散法的 AlN 复合薄膜中粒子表观尺寸较小，团聚体少，在基体中分散均匀，两相相容性明显好于机械分散法的 PI 复合薄膜。

图 6-30 是 AlN 不同含量的 PI 纳米复合薄膜紫外-可见光透过率曲线，从图中可看出，在波长为 600nm 时，纯 PI 薄膜和掺杂纳米 AlN 粉体质量分数为 2%、4%、6%、8%和 10%的 PI 复合薄膜紫外-可见光的透过率分别为 91.1%、86.2%、84.7%、71.0%、62.0%，随着 AlN 纳米粒子含量的增加，复合薄膜对紫外-可见光透过率呈急剧下降趋势，这是因为随着 AlN 纳米含量的增加，AlN 纳米颗粒间的相互碰撞的概率也随之增加，纳米粒子间发生团聚可能性增大，出现数量更多的纳米团簇，无机相尺寸增大，阻挡了 PI 复合薄膜紫外-可见光的透过，使 PI 复合薄膜的紫外-可见光透过率呈下降趋势。

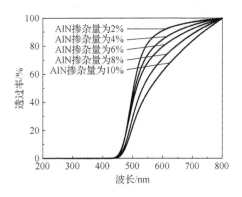

图 6-30 AlN 不同掺杂量（质量分数）的 PI 复合薄膜的紫外-可见光光谱

图 6-31 是不同种类硅烷偶联剂改性氮化铝（AlN 质量分数为 6%）掺杂的 PI 复合薄膜紫外-可见光透过率曲线。当紫外-可见光波长为 600nm 时，未改性的 AlN 和使用偶联剂 KH550（4%）、KH560（2%）、KH570（2%）的 PI 复合薄膜的紫外-可见光透过率分别为 79.4%、82.5%、81.2%、82.7%。可见掺杂经偶联剂 KH550（4%）改性的 AlN 粉体的复合薄膜可见光透过率最高，根据断面 SEM 的分析可知，这是由于使用偶联剂 KH550（4%）的 PI 复合薄膜 AlN 粒子分散均匀，团聚现象少，无机粒子的尺寸相对较小所致。但是，从整体上看，不同种类偶联剂的 PI 复合薄膜紫外-可见光透过率变化并不大，由此可见偶联剂的种类对透过率的影响很小。

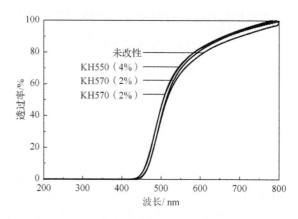

图 6-31　不同种类硅烷偶联剂改性的 AlN/PI 复合薄膜紫外-可见光光谱

6.3.3　AlN/PI 复合薄膜的性能

表 6-9 和表 6-10 分别是砂磨分散法与机械分散法制备的不同 AlN 掺杂量的 AlN/PI 复合薄膜的初始分解温度、失重 10% 和 30% 时所对应的温度。

表 6-9　砂磨分散法制备 AlN/PI 复合薄膜热分解温度

AlN 质量分数	失重温度/℃		
	T_d	$T_{10\%}$	$T_{30\%}$
2%	577	595	639
4%	582	598	650
6%	589	608	662
8%	585	602	655
10%	581	595	649

注：T_d 为初始分解温度；$T_{10\%}$ 为失重 10% 时的温度；$T_{30\%}$ 为失重 30% 时的温度

表 6-10　机械分散法制备 AlN/PI 复合薄膜热分解温度

AlN 质量分数	失重温度/℃		
	T_d	$T_{10\%}$	$T_{30\%}$
2%	577	594	642
4%	579	596	646
6%	582	599	650
8%	575	597	642
10%	569	592	635

对比表 6-9 与表 6-10 可以看出，砂磨分散法所得薄膜热性能相对较高。这是因为复合薄膜的热分解温度是无机物和有机物共同作用决定的。砂磨分散法更有利于氮化铝的分散，有利于与 PI 形成网络结构所以得到比机械分散法更高的热分解温度。

由表 6-9 和表 6-10 可以看出，无论采用何种方法，AlN 含量对复合薄膜热分解温度的影响规律基本一致。随着 AlN 含量增加，薄膜的分解温度不断提高，当 AlN 含量（质量分数）达到 6%时，薄膜的分解温度达到最大。当 AlN 含量继续增加，薄膜的分解温度反而下降。分析原因认为，在一定掺杂量范围内，随着氮化铝含量的增加，氮化铝自身或氮化铝与 PI 间形成相互贯穿的网络结构，这种结构很有利于热量的传导和散失，所以在 AlN 含量（质量分数）小于 6%时热分解温度逐渐升高，在 AlN 含量（质量分数）大于 6%时 PI 的有序度严重被破坏，薄膜的热分解开始下降。

如表 6-11 所示为不同偶联剂改性后的纳米 AlN 掺杂改性聚酰亚胺复合薄膜的热分解温度数据。纳米 AlN 对 PI 有机基体的热稳定性可能有以下两方面的影响：一是纳米 AlN 通过偶联剂和聚酸亚胺分子产生化学氢键，在聚酰亚胺中形成的三维网络使聚酰亚胺分子链的刚性增强，阻碍内部的热运动，从而提高热分解温度；二是无机相的引入还可能破坏聚酰亚胺链段的规整性和结晶性，降低分解温度[24]。当经偶联剂处理的纳米 AlN 添加到聚酰亚胺中使得无机相纳米 AlN 和有机相 PI 之间的作用力增强，在体系中形成了连续完整的三维络，因此使分解温度上升很多，耐热性能得到较大提高。

由表 6-11 可知，通过掺杂改性纳米 AlN 的 PI 复合薄膜的热稳定性均高于未改性的 PI 膜。由于偶联剂对无机粒子的改性使其与有机基体的相容性更好，无机粒子和 PI 基体形成更多的氢键或其他配位键，客观上限制了 PI 分子的热运动，要想使 PI 分子链断裂，必须克服这种相互作用，因此提高了 PI 分子在加热过程中断裂需要的能量，致使 PI 复合薄膜的耐热性均高于纯 PI 薄膜；其中使用偶联剂 KH550（4%）改性 AlN 粉体的薄膜热分解温度最高，其原因可能是 KH550 中的—NH$_2$ 与 PAA 分子链末端的酸酐基团或分子链中的羧基形成酰胺键，有机官能团既参与了 PAA 的主链反应，又与 PAA 主链形成氢键及其他配位键的作用，加强了 PI 分子之间的相互作用力，改变 PI 材料中的应力作用点，使 PI 分子链运动受阻，柔性减小，导致其热分解温度提高。

表 6-11　不同种类硅烷偶联剂改性的 AlN/PI 复合薄膜的热分解温度　　　单位：℃

试样	T_d	$T_{10\%}$	$T_{30\%}$
未改性	577	589	630
KH550（4%）	589	608	662
KH560（2%）	577	595	639
KH570（2%）	585	602	655

聚合物的力学性能是其作为材料使用的基本性能，失去了力学性能，其他性能再优异也不能使用。高聚物的拉伸行为是受玻璃化转变温度影响，在玻璃化转变温度上下的拉伸行为也不同。聚酰亚胺的玻璃化转变温度很难测定，受测量方法包括升温速率、气氛及所用的仪器类型、相对分子质量、制备方法，尤其是热历史等的影响，聚酰亚胺在热亚胺化时甚至要加热到 300℃ 以上，而此时聚酰亚胺分子链会因脱氢产生游离基，游离基相互复合就会发生枝化甚至交联，从而影响其玻璃化转变温度。但聚酰亚胺的前驱体，聚酰胺酸的玻璃化转变温度在 150℃ 左右，热亚胺化过程中，聚酰亚胺与聚酰胺酸共聚物的玻璃化转变温度随着亚胺化温度的上升而上升，所以热亚胺化结束后所得的聚酰亚胺薄膜的玻璃化转变温度应在 300℃ 以上，考虑到 300℃ 以上可能带来的枝化与交联，其玻璃化转变温度可能会在 300~400℃。

聚酰亚胺薄膜在常温下是玻璃态高聚物，在常温下进行拉伸测试的聚酰亚胺复合薄膜，可能会发生脆性断裂或达到屈服点，产生强迫高弹形变。聚酰亚胺分子链刚性很大，分子间作用力较小，冷却时堆砌松散，会留下较大的自由体积，同时 PMDA-ODA 型聚酰亚胺由于 ODA 中醚键的存在，链段具有一定的柔性，所以聚酰亚胺在玻璃态具有强迫高弹性而不脆。

图 6-32 为两种分散方式不同 AlN/PI 复合薄膜的拉伸强度及断裂伸长率曲线。

从数据中可看出，随着掺杂纳米 AlN 粒子质量分数的增加，PI 复合薄膜的拉伸强度与断裂伸长率随着纳米 AlN 粒子质量分数的增加逐渐下降。这首先是由于随着掺杂纳米 AlN 粒子质量分数的增加，纳米 AlN 粒子相互碰撞的概率加大，团聚倾向增大，使其与 PI 基体的相容性变差，削弱了无机粒子的纳米效应，其次是由于这些无机小分子的引入相当于引入的杂质离子，形成较多缺陷，降低了 PI 分子链之间的相互作用力，使其在拉伸过程中拉伸强度与断裂伸长率下降。

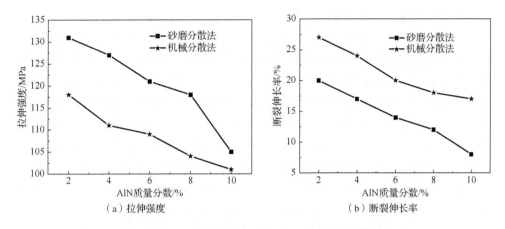

（a）拉伸强度　　　　　　　　　　　（b）断裂伸长率

图 6-32　薄膜力学性能随氮化铝质量分数的变化

从图 6-32 可以看出，砂磨分散法制备的复合薄膜的拉伸强度要比机械分散法略高，但是断裂伸长率却有所大幅下降。这是由于经高速搅拌后，AlN 粒子以接近纳米级的水平均匀分散在聚酰亚胺膜中。当薄膜受力变形时，AlN 粒子能有效阻止聚酰亚胺高分子链的相对移动，导致薄膜的应力显著增加，而应变明显下降。

图 6-33 是不同种类硅烷偶联剂的 AlN/PI 复合薄膜的拉伸强度和断裂伸长率，从中可以看出，掺杂改性纳米 AlN 粒子的 PI 复合薄膜的力学性能均比未掺杂低，不同种类偶联剂对 PI 复合材料的力学性能影响较大。

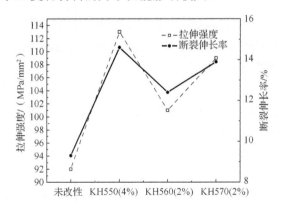

图 6-33　不同种类硅烷偶联剂改性的 AlN/PI 复合薄膜的拉伸强度及断裂伸长率

使用 KH550（4%）薄膜力学性能较好，可能是其有机官能团与 PAA 分子链末端的酸酐基团或分子链中的羧基形成酰胺键，另一端与 Al—OH 形成 Al—O—Si 键或氢键，在 PI 和 AlN 之间形成较强的单分子界面层，在拉伸过程中，偶联剂充分发挥了分子桥的作用。断面 SEM 图表明了使用该偶联剂改性的 AlN 粒子在基体中分散均匀，团聚较少，两相相容性较好。

作为变频电机的主绝缘材料，其破坏和老化主要是由于局部放电的发展，最终导致电介质的击穿。所以，在研究材料耐局部放电的时候，首先要考虑到材料的耐击穿强度，这就需对其击穿机理进行研究。绝缘材料的击穿就是当施加到材料上的电场强度增加到某个临界值时，电介质的电导率剧增，电介质由绝缘状态变为导电状态的过程。介质发生击穿时，通过介质的电流剧烈增加，通常以介质伏安特性斜率趋向于 ∞ （即 $dI/dU = \infty$）作为击穿的标志。发生击穿时的临界电压称为击穿电压，相应的电场强度称为介质的击穿强度。从理论上讲，介质击穿分为电击穿和热击穿两类，电击穿被认为是介质在强电场作用下产生的本征物理过程，而热击穿则是由介质几何形状与散热条件等非本征因素决定的。

本试验选用不锈钢材质电极，其中上电极直径为 25mm、倒角半径为 2.5mm；下电极直径 75mm。试验前对电极表面抛光，试验时两电极同心放置，以减小电极边缘放电。为消除外界对薄膜击穿性能测试结果的影响，试验前对薄膜进行了处理。试验步骤如下。

干燥处理：将待测试样置于烘箱中，150℃下处理 24h。为的是消除由于吸潮在薄膜表面积累的空间电荷。

击穿试验：轻轻地用丙酮清理薄膜表面的细微杂质；将薄膜置于绝缘介质中；打开测试开关按照快速升压的方式在 20s 内均匀升压至击穿。每种试样测试五组数据。

如图 6-34 所示为两种方法制备的 AlN/PI 复合薄膜的击穿强度曲线。由图可以看出，随着 AlN 含量的增加，复合薄膜的击穿场强逐渐降低。当 AlN 掺杂量为 8%时击穿场强又开始变高，这是由于纳米氮化铝形成了均匀的网络结构，一方面电了运输容易很多，另一方面均匀的连续网络结构对于局部放电过程中产生的热量也有很好的传导作用，这也证实了纳米氮化铝的引入改善了 PI 薄膜的导热性。当掺杂量（质量分数）为 10%时击穿场强急剧下降，此时纳米粒子的团聚所带来的负面作用已超过其正面作用。

进一步对比两种不同方法制备的复合薄膜的击穿场强数据可知，采用砂磨分散法所制备的复合薄膜的击穿场强明显高于采用机械分散法制备的复合薄膜。这应该是由于采用砂磨法后，AlN 粉末在 PI 基体中的分散更均匀。而采用机械分散法时，会在 PI 复合薄膜内部产生大量的 AlN 粉末团聚体，在薄膜表面形成缺陷，造成局部放电，形成击穿，从图 6-26 中可看出砂磨法大大减少了团聚现象，所以击穿场强大幅提高。

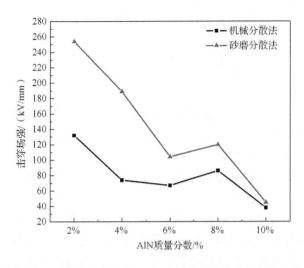

图 6-34　两种方法制备的 AlN/PI 复合薄膜的击穿强度曲线

图 6-35 是不同种类硅烷偶联剂改性氮化铝（AlN 质量分数为 4%）的击穿场强，未使用偶联剂的 PI 复合薄膜的分子链排列有序度低，固体材料的微观结构不完整，材料的击穿场强降低，所以未使用偶联剂的 PI 复合薄膜的击穿场强较低。使用偶联剂 KH550（4%）的薄膜击穿场强最高，达到 220.2kV/mm，原因是 KH550（4%）的多个活性官能团能够更多地和有机聚合物作用，纳米 AlN 粒子与聚酰亚胺分子发生"桥连"作用，使复合薄膜中分子链的排列发生了改变，使聚酰亚胺分子的有序区域更疏散并与无定形区的联系更紧密，所以复合薄膜的击穿场强增强。

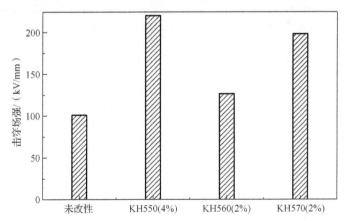

图 6-35　不同种类硅烷偶联剂改性的 AlN/PI 复合薄膜的击穿场强

6.4 本章小结

电子封装技术的发展对于集成电路技术的进步起着决定性的作用。目前先进的系统封装技术需要采用低成本大面积的有机基板，而基板上封装的元件主要采用无源器件，其所占份额高达 70%。与此同时，在如此众多的无源器件中，电容器所占的比例超过 60%。有报道指出，采用高介电常数材料制备的无源器件尺寸仅为传统振荡器和介质相的 $1/\sqrt{K}$ （K 为介质的介电常数）[2]。由此可见，高介电常数材料的研究是电子器件向微型化、高速化发展的一个关键。具有高介电常数的新型介电材料的开发也成为电子材料行业发展的重要研究领域。所以，如何能获得具有高介电常数、低介电损耗、易加工等综合性能优越的新型材料，也是目前研究的新问题。本章重点介绍了选择不同导电填料如 TiC、Ag、AlN 掺杂聚酰亚胺复合薄膜的制备方法及性能研究，重点介绍了填料种类、填料修饰方法、填料含量等因素复合薄膜介电性能的影响。

参 考 文 献

[1] 徐洋, 钟朝位, 张树人. CaCu₃Ti₄O₁₂高介电材料的研究进展[J]. 材料导报, 2007, 21(5): 25-26.

[2] Kretly L C, Almeida A F L, Sombra A S B, et al. Dielectric permittivity and loss of CaCu₃Ti₄O₁₂(CCTO) substrates for microwave devices and antennas[J]. Journal of Materials Science: Materials in Electronics, 2004, 15(10): 657-658.

[3] 王法军. 聚醚砜基高介电常数复合材料的研究[D]. 武汉: 华中科技大学, 2009: 13-15.

[4] Maison W，Kleeberg R，Heimann R B，et al. Phase content, tetragonality, and crystallite size of nanoscaled barium titanate synthesized by the catecholate process: effect of calcination temperature[J]. Journal of the European Ceramic Society, 2003, 23(1): 127-132.

[5] Pravidanikov N, Kardash I Y, Glukhoyedov N P，et al. A methodology for the preparation of nanoporous polyimide films with low dielectric constants [J]. Soedin, 1973, 15 (2): 399-404.

[6] Buys H C W M, Elven A, Jansen A E，et al. Electrical properties of silica-polyimide composite dielectric thin films prepared via sol-gel reaction and thermal imidization[J]. Synthetic Metals, 1997, 85(1): 1339-1400.

[7] 赵伟栋, 王磊, 潘玲英. 聚酰亚胺复合材料研究进展[J]. 宇航材料工艺, 2013, 43(4): 14-19.

[8] Newnham R E, Sleinner D P, Cross L E. Connectivity and piezoelectric-pyroelectric composite[J]. Materials Research Bulletin, 1978, 13(5): 525-536.

[9] 朱宝库, 谢曙辉, 徐又一, 等. 高介电常数聚酰亚胺/钛酸钡复合膜的制备与性能研究[J]. 功能材料, 2005, 36(4): 546-551.

[10] Wang S F, Wang Y R, Cheng K C, et al. Characteristics of polyimide/barium titanate composite films[C]. Ceramics International, Korea, 2009: 265-268.

[11] Choi S H, Kim T D, Hong J M, et al. Effect of the dispersibility of BaTiO₃ nanoparticles in BaTiO₃/polyimide composites on the dielectric properties[J]. Materials Letters, 2007, 61(11-12): 2478-2481.

[12] 党智敏, 周涛. 介电高分子基复合材料领域的科学问题与挑战[C]. 第十三届全国工程电介质学术会议论文集, 西安, 2011: 26-30.

[13] Xie S H, Zhu B K, Wei X Z, et al. Polyimide/BaTiO₃ composites with controllable dielectric properties[J].

Composites: Part A, 2005, 36(8): 1152-1157.

[14] Devaraju N G, Kim E S, Lee B I. The synthesis and dielectric study of $BaTiO_3$/polyimide nanocomposite films[J]. Microelectronic Engineering, 2005, 82(1): 71-83.

[15] 林友琴. 钛酸钡/聚酰亚胺纳米复合薄膜的制备与性能研究[D]. 北京: 北京化工大学, 2008: 10-15.

[16] Lai Q, Lee B I, Chen S H, et al. High-dielectric-constant silver-epoxy composites as embedded dielectrics[J]. Advanced Materials, 2005, 17(14): 1777-1781.

[17] 宋玉侠. 聚酰亚胺/纳米 Al_2O_3 三层复合薄膜的研究[D]. 哈尔滨: 哈尔滨理工大学, 2009: 14-15.

[18] Liu L Z, Gao X H, Weng L, et al. Preparation of high-dielectric-constant $Ag@Al_2O_3$/polyimide composite films for embedded capacitor applications[C]. 10th International Conference on the Properties and Applications of Dielectric Materials. India, Bangalore, 2012.

[19] 吴海红, 蒋里锋, 俞娟, 等. 聚酰亚胺/导电石墨抗静电复合材料的制备与表征[J]. 塑料工业, 2012, 40(1): 119-122.

[20] 曾芳勇, 赵建青, 杨平身, 等. 线型低密度聚乙烯薄膜透光性的研究[J]. 石油化工, 2006, 35(8): 770-774.

[21] 邹盛欧. 聚酰亚胺发展动向[J]. 化工新型材料, 1999(3): 3-7.

[22] 楼南寿, 凌春华, 付金栋. 耐电晕绕组线的发展[J]. 电线电缆, 2004(4): 13-15.

[23] 汪多仁. 聚酰亚胺的合成与应用的进展[J]. 电线电缆, 2001(6): 10-12.

[24] 曹振兴, 刘立柱, 翁凌, 等. 纳米氮化铝/聚酰亚胺复合薄膜的制备与性能研究[J]. 绝缘材料, 2011, 44(3): 10-13.